中国有机产品认证丛书

中国有机产品认证

有机养殖认证指南

李在卿　梁　平　主编

中国环境科学出版社·北京

图书在版编目（CIP）数据

中国有机产品认证：有机养殖认证指南/李在卿，梁平主编．—北京：中国环境科学出版社，2009
（中国有机产品认证丛书）
ISBN 978-7-80209-882-4

Ⅰ．中… Ⅱ．①李…②梁… Ⅲ．畜牧业—无污染技术—质量管理—认证—中国—指南 Ⅳ．S8-62

中国版本图书馆 CIP 数据核字（2008）第 193690 号

责任编辑 郑 委 孙 莉
责任校对 尹 芳
封面设计 龙文视觉

出版发行 中国环境科学出版社
（100062 北京崇文区广渠门内大街 16 号）
网 址：http://www.cesp.cn
联系电话：010-67112765（总编室）
发行热线：010-67125803
印 刷 北京市联华印刷厂
经 销 各地新华书店
版 次 2009 年 2 月第 1 版
印 次 2009 年 2 月第 1 次印刷
开 本 787×960 1/16
印 张 18
字 数 310 千字
定 价 54.00 元

前言

20 世纪 70 年代以来，越来越多的人注意到，现代常规农业在给人类带来高度的劳动生产力和丰富的物质产品的同时，也由于其生产中大量使用化肥、农药等农用化学品，使环境和食品受到不同程度的污染，自然生态系统遭到破坏，土地生产能力持续下降。为探索农业发展的新途径，各种形式的替代农业概念和措施，如有机农业、生物农业、生态农业、持久农业、再生农业及综合农业等应运而生。虽然名称不同，它们又各有侧重，但其目的都是为了保护生态环境，合理利用资源，实现农业生态系统的持久发展，有机农业是最具代表性的例子。

有机农业是一种在生产中不使用化学合成的肥料、农药、生长调节剂、饲料添加剂等物质，也不采用基因工程生物及其产物，而是遵循自然规律和生态学原理，采取农作、物理和生物的方法来培肥土壤、防治病虫害，以获得安全的生物及其产物的农业生产体系。其核心是建立和恢复农业生态系统的生物多样性和良性循环，以维持农业的可持续发展。

有机农业起源于美国，1940 年美国的罗代尔（J.I.Rodale）买下了位于宾州库兹镇的一个有 63 英亩（约 25.5 hm^2）土地的农场，即“罗代尔农场”，进行了有机园艺的研究，并于 1942 年出版了《有机园艺和农作》（现名《有机园艺》），开始了有机农业的实践，这在当时是应对刚刚起步的石油农业而产生的一种生态和环境保护理念。有机农业思想经历了漫长的实践，直到 20 世纪 80 年代一些发达国家政府才开始重视有机农业，并鼓励农民从常规农业生产向有机农业生产转换，这时有机农业的概念才开始被广泛地接受。

1972 年，全球性非政府组织——国际有机农业运动联盟（IFOAM）在欧洲成立，它的成立是有机农业运动发展的里程碑。IFOAM 的成立推动了以生态环境保护和安全农产品生产为主要目的有机农业、生态农业在欧、美、日以及部分发展中国家的快速发展。

我国有机农业的发展起始于 20 世纪 80 年代中后期，1984 年中国农业大学开始进行生态农业和有机食品的研究和开发。1995 年原国家环境保护总局为了推动我国有机农业的发展，按照国际有机农业运动联盟组织的国际有机生产和加工基本标准与管理要求，制定并发布了《有机（天然）食品标准管理章程》（试行），同时还委托南京环科所中国有机食品发展中心制定了《有机（天然）食品生产和加工技术规范》，初步建立了有机食品生产标准和认证管理体系。2001 年 12 月 25 日原国家环境保护总局发布环境保护行业标准《有机食品技术规范》（HJ/T 80—2001），2002 年 4 月 1 日实施，并成立了有机产品认证认可委员会，开展有机产品认证机构的认可工作。

为促进有机产品的质量和管理水平，保护生态环境，同时为了规范认证认可的各项工作和行为，国家质量监督检验检疫总局于 2004 年 11 月 5 日发布 67 号令《有机产品认证管理办法》，并统一管理了包含有机产品认证的全国认证认可工作；2005 年 1 月 19 日发布了国家标准《有机产品》（GB/T 19630.1 ~ 19630.4—2005），与此相适应，中国认证机构国家认可委员会同时接管了有机产品认可工作。上述工作为中国有机食品认证国际化创造了条件，为争取通过国际有机农业运动联盟组织的评估，获得国际机构的认可提供了基础。

通过各方的努力，我国有机产品的生产和认证已经有了一个良好的开端，并取得了较好的效果，但与发达国家相比，发展还是相对缓慢的。

为了促进我国有机产品的发展，加快有机产品的认证，便于生产者（种植、养殖、加工单位或个人）生产出满足要求的有机产品并能顺利通过有机产品认证，便于咨询人员对需求者的有效服务，便于认证人员有效方便地开展有机产品认证检查，我们组织编写了这套《中国有机产品认证丛书》。丛书分为三本，作者通过参阅国内外相关的图书、文献和资料，结合从事有机产品认证和研究的实践，分别对有机种植、有机养殖和有机加工 3 类有机生产活动的发展历史、标准理解、相关原理和主要技术、内部质量管理体系的建立、文件编写、内部检查、认证实施等进行了详细描述，并给出了文件和记录的案例，还在附录中给出了相关法律法规和标准内容。本丛书的特点是实用性强、可读性强、理论与实际相结合，是一本有机产品认证的指南性工具书。

本丛书由李在卿策划并主编，《有机养殖认证指南》是丛书之一。第 1 章由李在卿编写，第 2 章由范晓云、李在卿编写，第 3 章由梁平、李在卿编写，第 4 章由李在卿、范晓云、梁平编写，第 5 章和第 6 章由李在卿、柳若安、常虹编写。

本书适合于有机产品生产企业的技术和管理及检验人员、有机产品认证咨询人员、有机产品认证检查人员及认证决定和管理人员、有机产品检验机构人员、有机产品认可评审人员阅读。

本书在编写和出版过程中得到了中国环境科学出版社郑委和孙莉两位编辑的帮助和支持，在此深表谢意。

由于作者水平有限，书中如存在不足之处，敬请读者批评指正。

李在卿

2008 年 10 月 1 日

目　录

1 概述

1.1 有机农业的概念

有机农业是一种在生产中不使用化学合成的肥料、农药、生长调节剂、饲料添加剂等物质，也不采用基因工程生物及其产物，而是遵循自然规律和生态学原理，采取农作、物理和生物的方法来培肥土壤、防治病虫害，以获得安全的生物及其产物的农业生产体系。其核心是建立和恢复农业生态系统的生物多样性和良性循环，以维持农业的可持续发展。

有机农业有很多定义，要用简短而明确的语句来表达有机农业的概念并不容易，通常人们采用可以使用或不可以使用某种方法或物质的方式来定义有机农业，因此把有机农业简称为不使用化学物质的农业。该定义尽管简练明确，但忽视了有机农业的精华，会给初次接触有机农业概念的人们带来一些误解。

欧洲把有机农业描述为：一种通过使用有机肥料和适当的耕作措施，以达到提高土壤的长效肥力的系统。有机农业生产中仍然可以使用有限的矿物质，但不允许使用化学肥料。通过自然的方法而不是通过化学物质控制杂草和病虫害。

美国对有机农业的定义是：有机农业是一种完全不用或基本不用人工合成的肥料、农药、生长调节剂和畜禽饲料添加剂的生产体系。在这一体系中，在最大的可行范围内尽可能地采用作物轮作、作物秸秆、畜禽粪肥、豆科作物、绿肥、农场以外的有机废料、含有矿物养分的矿石维持作物养分，利用生物措施和物理措施防治病虫害和杂草，从而保持土壤生产力和可耕性。尽管该定义还不够全面，但该定义描述了有机农业的主要特征，规定了有机农业不能做什么，应该做什么。

国际有机农业运动联盟（IFOAM）给有机农业下的定义为：有机农业包括所有能促进环境、社会和经济良性发展的农业生产系统。这些系统将耕地土壤肥力作为成功生产的关键。通过尊重植物、动物和景观的自然能力，达到使农业和环境各方面质量都最完善的目标。有机农业通过禁止使用化学合成的肥料、农药和药品而极大地减少外部物质投入，相反利用强有力的自然规律来增加农业产量和抗病能力。有机农业坚持世界普遍可接受的原则，并根据当地的社会经济、地理气候和文化背景具体实施。因此，IFOAM 强调和运行发展当地和地区水平的自我支持系统。从这个定义可以看出有机农业的目的是达到环境、社会和经济三大效益的协调发展。有机农业非常注重当地土壤的质量，注重系统内营养物质的循环，注重农业生产要遵循自然规律，并强调因地制宜的原则。

综观以上几种对有机农业定义的描述，可以认为有机农业生产是一种强调以生物学和生态学为理论基础并拒绝使用化学品的农业生产模式。其特点可归纳为 3 点：

1）建立一种由多种种养结合的农业生产体系；

2）系统内土壤、植物、动物和人类是相互联系的有机整体；

3）采用土地（生态环境）可以承受的方法进行耕作。

【参考资料】

对有机农业的几种误解

有学者总结了对有机农业容易产生的误解有以下几个方面：

第一种误解认为“有机农业就是指不用化学合成物质的农业”。如果把有机农业简单地说成为“在生产过程中，不使用人工合成的肥料、农药、生长调节剂和饲料添加剂的农业”是不正确的。有机农业强调持续生产体系的建立，不采取任何管理措施的农业生产体系是不能持续发展下去的，不是有机农业生产。

第二种误解认为“有机农业就是传统农业，发展有机农业是在走回头路”。有机农业是由一些科学家、哲学家在保护我们赖以生存的土壤，生产健康的作物和食品的背景下提出来的，在世界经历了“石油农业”带来的能源、环境和安全危机之后，得以大力提倡和发展并超越现代农业思想的一种农业生产模式。它只有在生物学、生态学发展到一定程度，在人们认识到人与自然的关系只有协调起来才能促进人类进步与发展之后才可能得到认同和推广。因此可以说有机农业是人们在高度发达的科学技术基础上重新审视人与自然关系的结果，而不是复古和倒退。有机农业拒绝使用农用化学品，但绝不是拒绝科学，相反它是建立在应用现代生物学、生态学知识，应用现代农业机械，作物品种；应用现代良好的农业生产管理方法和水土保持技术；应用良好的有机废弃物和作物秸秆的处理技术、生物防治技术的基础上发展起来的农业。

第三种误解认为“有机方法种植的作物产量肯定比现代种植的产量低”。在有机农业生产体系建立期间，有机作物的产量通常会比常规作物的产量低。但从长远来看，一旦建立良性的有机农业生产体系，有机生产的作物产量并不一定会比常规作物产量低，整个有机体系的生产力一定高于常规体系的生产力。而且产量高低也是一个相对的概念，通过超过系统可承受的外部物质的投入来获得过高的产量并不是有机农业追求的目标。

第四种误解认为“有机农业和作物品质低、营养差”。人们通常认为由于在有机农业生产中不允许使用化学肥料，作物在生长中营养元素供应不够，因此作物长势肯定不好，产品质量肯定差。事实上，有机农业强调种植业的平衡，以及有机生产体系内养分的循环和补充，通过有机生产措施培肥土壤肥力，建立持续的作物营养物质供应体系。因此一旦有机农业生产体系建成，并形成良性循环，作物在生长中可以从系统中获得充分的完全营养，其有机生产的产品口感好、味道将比常规农业产品好。

第五种误解认为“有机产品一定是无污染，不含化学残留物质”。食品是否有污染物质是一个相对的概念。自然界中不存在绝对不含任何污染物质的食品。随着高精密分析仪器的检测限的提高，自然界中即使再优质的食品，也或多或少地含有一些污染物质。应该说，有机食品中污染物质的含量比普通食品低，但有机食品并不是绝对无污染。

第六种误解认为“有机农业生产仅仅是简单地用有机肥替代化肥的使用”。为了替代化肥，在有机生产中需要使用大量的有机肥。如果不注意有机肥的科学施用方法和用量，过量使用或使用时间不恰当，其后果不仅要影响作物的生长，还会影响作物的品质，使作物易受病虫害，也会造成环境污染。

第七种误解认为“有机农业劳动力投入多，成本高”。有机农业所需的劳动力投入要比常规农业投入确实多得多，特别表现在利用农业废弃物时的劳动力投入。有机农业生产充分利用了农业系统的废弃物，减轻了对环境的污染，从而减小了社会用于治理环境污染所花费的费用，减轻了由于环境污染对人体健康和社会造成的直接和间接经济损失。人们在计算有机农业和常规农业的投入时，往往忽视了这些投入的真正价值。

消除这些误解，对发展有机农业有着重要的意义。

1.2 国际有机农业的发展

20 世纪 70 年代以来，越来越多的人注意到，现代常规农业在给人类带来高度的劳动生产率和丰富的物质产品的同时，也由于现代常规农业生产中大量使用化肥、农药等农用化学品，使环境和食品受到不同程度的污染，自然生态系统遭到破坏，土地生产能力持续下降。为探索农业发展的新途径，各种形式的替代农业概念和措施，如有机农业、生物农业、生态农业、持久农业、再生农业及综合农业等应运而生。虽然名称不同，但其目的都是为了保护生态环境，合理利用资源，实现农业生态系统的持久发展，它们又各有侧重。有机农业是最具代表性的例子。

关于有机农业的起源，要追溯到 1909 年，当时美国农业部土地管理局局长 King 途经日本到中国，他在研究了中国农业数千年兴盛不衰的经验后，于 1911 年写成了《四千年的农民》一书。书中指出：中国传统农业长盛不衰的秘密在于中国农民的勤劳、智慧和节俭，善于利用时间和空间提高土地的利用率，并以人畜粪便和一切废弃物、塘泥等还田培养地力。该书对英国植物病理学家 Albert Howard 影响很大，他于 20 世纪 30 年代初在《农业圣典》一书中提出了有机农业的思想。受 Howard 的影响，1940 年美国的罗代尔（J.I. Rodale）买下了位于宾州库兹镇的一个有 63 英亩*（约 25.5 hm^2）土地的农场，即“罗代尔农场”，进行了有机园艺的研究，并于 1942 年出版了《有机园艺和农作》（现名《有机园艺》），开始了有机农业的实践，这在当时是应对刚刚起步的石油农业而产生的一种生态和环境保护理念。有机农业思想经历了漫长的实践，直到 20 世纪 80 年代一些发达国家政府才开始重视有机农业，并鼓励农民从常规农业生产向有机农业生产转换，这时有机农业的概念才开始被广泛地接受。有机农业从产生到快速发展与现代农业对环境和人类的影响是分不开的。

1972 年，全球性非政府组织——国际有机农业运动联盟（IFOAM）就是在欧洲成立的，它的成立是有机农业运动发展的里程碑。IFOAM 的成立推动了以生态环境保护和安全农产品生产为主要目的的有机农业、生态农业在欧、美、日以及部分发展中国家的快速发展。

【参考资料】

国际有机农业运动联盟

国际有机农业运动联盟（International Federation of Organic Agriculture Movements, IFOAM），是世界有机农业的倡导者和监督者，是一个独立的全球非营利性组织。IFOAM 成立于 1972 年，成立初期只有英国、瑞典、南非、美国和法国 5 个国家的代表，目前，IFOAM 包含 100 多个国家、700 多个成员单位，已经发展成为当今世界上最广泛、最庞大、最权威的、最具影响力的国际有机农业组织，全世界有机农业运动以国际有机农业运动联盟形式体现。

IFOAM 的任务是领导、联合和协助全世界的有机农业运动。目标是在有机农业原则基础上在全球范围内推广使用具有生态、社会和经济意义的、合理的农业系统。

IFOAM 的宗旨是：全方位地引导、组织并协助有机运动。

20 世纪 90 年代，各个国家通过立法来促进有机农业的发展。发达国家先后制定了国家的有机产品法规或条例，1990 年美国国会通过《联邦有机生产法案》，

* 1 英亩=4 046.856 m^2。

1997 年 3 月发布《有机农业标准》第一稿，2002 年 10 月 21 日正式执行。1991 年欧共体发布《欧共体有机农业条例》。至 2005 年已有 31 个国家颁布并实施有机食品法规、标准，促进了有机农业的规范发展。

美国、欧盟、日本是国际有机农业发展的主要代表。如日本农林水产省在 1988 年度的《农业白皮书》中首次正式提出发展有机农业，决心改革传统的农业生产方式，制定了有机农产品的标准，并正式颁布实施。地方政府十分注重有机农业的发展，并鼓励农民从常规农业生产向有机农业生产转换，推行积极的有机农业政策，促使有机农业的广泛应用。目前，日本从事有机农业生产的农户占农户总数的 30%以上，提供的有机农产品达到 130 多种，有 40 多种出口到欧美等国家。

日本有机农业政策是建立在国土狭小、农产品自给率低的基础上，侧重于农业的土地保护、水源涵养、自然资源保护以及景观保持等功能，通过土壤改良以及减少或尽量不使用农药、化肥，减少对环境的污染或减轻环境的负荷，在兼顾环境保护的基础上，有效地提高农业生产效率，生产出高档次的优质绿色食品。

日本有机农业主要以农作物栽培为主，在实行有机栽培的作物中，有机稻米占 50%，有机蔬菜占 35%，其余为有机水果、有机茶和有机奶肉蛋等。除有机农产品外，日本还有各类特别栽培的农产品，如无农药、减化肥栽培的农产品，减农药、无化肥栽培的农产品，减农药、减化肥栽培的农产品等。

近年来，世界范围内有机农业和有机食品蓬勃发展，有机食品的国际贸易迅速增长。据 2006 年 IFOAM 的统计表明，全球有机土地超过 3 100 万 hm^2，加上以“野生采集植物”名义通过有机认证的面积（1 970 万 hm^2），全球的有机土地面积已超过 5 100 万 hm^2，有机农业以每年约 20%的速度递增，国际有机产品市场也在以每年 20%～30%的速度增长。

据有关文献专家分析，进入 21 世纪以来，世界有机农业的发展呈现下列七大趋势：

（1）由单一、分散、自发的民间活动转向全球性的农业运动

有机农业在“二战”以前就开始在一些西方国家实施。起初只是由个别生产者针对局部市场的需求而自发地生产某种产品，以后逐步由这些生产者自发组合成区域性的社团组织或协会等民间团体，自行制定规则或标准指导生产和加工，并相应产生一些专业民间认证管理机构。由于它的产生是自发性的，在管理、检查、监督等方面不可能形成完善的体系，同时由于当时的有机农业过分强调传统农业，实行自我封闭式的生物循环生产模式，排斥现代农业科学技术，因此，未能得到广大农民与政府的支持，发展极为缓慢。到了 20 世纪 70 年代后，伴随着工业的高速发展，一些发达国家由污染导致的环境恶化也达到了前所未有的程

度，尤其是美、欧、日一些国家和地区工业污染已直接危及人类的生命与健康。这些国家感到有必要共同行动，加强环境保护以拯救人类赖以生存的地球，确保人类生活质量和经济健康发展，因此掀起了以保护农业生态环境为主的各种替代农业思潮。90 年代后，特别是进入 21 世纪以来，实施可持续发展战略得到全球的共同响应，可持续农业的地位也得以确立，有机农业作为可持续农业发展的一种实践模式和一个重要部分，进入了一个蓬勃发展的新时期，无论是在规模、速度还是在水平上都有了质的飞跃。这一时期，全球有机农业、绿色食品生产发生了质的变化，即由单一、分散、自发的民间活动转向政府自觉倡导的全球性生产运动。这主要表现在下列几方面：

首先，IFOAM 组织进一步扩大，已经发展成为当今世界上最广泛、最庞大、最权威的一个拥有来自 115 个国家 570 多个集体会员的国际有机农业组织。

其次，有机农业生产的规模空前增加。

再次，全球有机食品的消费出现了大幅度的增长。根据国际贸易中心（ITC）估测，近两年有机食品增长率为 25%～30%，2008 年全球有机食品零售额将达到 800 亿美元。

（2）由关心环境保护到关注环境保护和食品安全

有机农业发展前期，由于规模和信息等方面的原因，生产的有机食品很少为人们所知晓和接受。发展的主要目的是为了拯救环境，解决农业可持续发展问题。自 20 世纪 90 年代以来，特别是欧洲发生疯牛病事件以来，由于食品的有害物质含量超标以及人畜共患疫病的传播带来的对人体健康的危害，消费者由关心环境问题转向关注环境和食品的安全健康问题。

（3）由绿色食品扩大到绿色产品

在现代化和商品化生产条件下，一个绿色食品从生产到消费不是孤立的。为了生产绿色食品，要求各种投入和产后的加工、包装和运输等也必须是绿色的。只有保证各种投入和产出的加工、包装和运输设备的有机成分达到一定的要求，才能生产加工出绿色食品。为此，便提出了绿色产品的概念，即在投入领域采用包括生物农药、有机肥料、有机饲料、有机兽药等有机农业生产资料；在产出加工领域，采用包括有机添加剂、有机加工和运输设备、有机包装材料及没有被农药、化肥及禁用药物污染的产品。

（4）有机产品认证国际化

有机产品认证是指为保护人体健康，保护资源和环境，维护生态平衡，而对农产品的生产方式、产品的加工方法、产品的贸易行为等，依据一定的标准所开展的认证。随着经济的全球化，有机产品的国际认证成为发挥各国经济优势和扩大出口的关键。因此，争取国际标准认证是发展本国绿色食品生产的前提条件。

（5）从事有机农业的农场数量空前增加，有机产品销售比例不断增加

据估计，欧洲的有机农场数目已从 1986 年的 7 800 家增加至 2007 年的 10 多万家，欧盟国家的有机产品特别是奶制品、蔬菜、水果和肉类主要是国内供应商。法国、西班牙、意大利、葡萄牙、荷兰是有机食品出口国，而英国有机产品 60%～70%依赖进口，德国 50%依赖进口。澳大利亚有超过 2 万个有机农场，占农业的比重约为 10%。非洲的乌干达和坦桑尼亚分别有 7 000 个和 4 000 个有机农场。美国是全球最大的有机农产品销售市场，本国生产的有机产品多数在国内销售，5%～7%销往国外，有 25%～40%的有机蔬菜和水果依靠进口。日本的有机产品主要是大豆加工品和大米，其水果和蔬菜从澳大利亚、新西兰、美国和加拿大进口。

（6）由区域性布局转向全球性布局

虽然全球有机食品消费出现了大幅度增长，但主要集中在欧、美、日等一些发达国家。由于消费者对有机食品需求的不断增长，为全球有机农业生产和贸易提供了新的发展和市场机遇。一方面促进了发达国家使经济优势和自然优势更密切结合；另一方面为发展中国家生产绿色食品提供了机遇。由于大多数发展中国家工业化程度低，农业生产采用自然的、生态的方法较多，发展有机农业具有许多有利条件，为发展中国家农产品出口提供了新的商机。特别是那些不在欧洲、北美、日本生产的有机产品如咖啡、茶叶、可可、香料、热带水果、柑橘、蔬菜等产品，由于发达国家需求量大，将成为发展中国家向发达国家出口的主要农产品之一。

（7）销售渠道多元化

2006 年，世界有机农产品主要种类及其比例为：蔬菜水果为 18.2%、牛奶和蛋类 16.1%、粮食 14.3%、婴儿食品与用品 11.1%、加工食品 7.1%、肉类 6.1%、其他（饮料、食油等）27.1%。随着有机产品规模的扩大和一些大型销售商的介入，现在有机农产品的零售市场已由过去的单一渠道（主要是农户直销）转向多元化经营。据调查，目前各种销售渠道的销售额构成如下：超级市场占 25%～50%、有机农产品专卖店占 25%～40%、直销占 10%～40%。

有关专家认为，国际有机农业的发展经验对我们有如下启示：

（1）有机农业种植技术体系对农业生产技术有一定要求

1）保持时空的多样性和连续性。为了保护土壤、保护稳定的食物生产和长时间的植被覆盖，提倡在同一区域内种植多种作物及保留非生产作物的生长区域。这样，一方面可以保证稳定和多样化的食物供应以及多样化的、营养丰富的

食品；另一方面，多种作物共存增加了田间作物生存的时间，为天敌等益虫生物提供了适宜的生存环境，增强了农业生产系统的稳定性。

2）保证养分的封闭性循环。有机农业经常通过保持养分、能量、水分和废弃物等物质在系统内部的闭合循环来维持土壤肥力。通过从农业生态系统的有机畜牧养殖中收集有机肥来培肥土壤，或者是通过适当的土壤耕作和农艺活动（如土地休闲、轮作）来维持土壤肥力，减少了对外界条件的依赖。

3）提高作物系统的自我调控和作物保护能力。不同作物和不同品种的间、套、混种有利于控制病虫害的危害，也有利于控制杂草的生长。采用合理的栽培技术，如增加覆盖、调整播期和成熟期、利用抗性品种、应用植物杀虫剂及利用驱虫剂等，使农业生产系统病虫危害减少到最小。

（2）要建立完善的有机农业种植技术体系

为实现有机农业生产技术体系对环境、农产品应该达到的要求，世界各国尤其是有机农业发展较好的国家都各自有自成体系的一套种植模式和相关技术。

种植技术系统管理包括在提高土壤质量，实现土壤可持续利用的同时保证作物高产和较高的经济效益，结合农业生产区域的实际情况和市场需求制订整体的生产安排，制定与生产活动相适应的管理体系，确保生产按照有机农业生产标准进行。

1.3 我国有机畜牧业的发展

1.3.1 我国畜牧业发展的现状

近 20 年来我国主要畜产品持续增长。据联合国粮农组织 2005 年公布的统计资料：我国生猪存栏 4.89 亿头，比 2004 年增长 3.37%，占世界存栏数的 50.9%，居世界第一位；绵羊 1.71 亿只，比 2004 年增加 8.61%，占世界的 15.81%；山羊 1.96 亿只，比 2004 年增长 6.76%，占世界第一位；牛 1.15 亿头，比 2004 年增长 2.39%，占世界存栏数的 8.5%，居世界的第 3 位。2005 年我国肉类产量达到 7 756 万 t，占世界产量的 29.26%；禽蛋（不包括鸡蛋）432.6 万 t，占世界产量的 84.12%；鸡蛋 2 434.8 万 t，占世界产量的 41.09%；奶类 2 867 万 t，占世界产量的 4.56%。我国的人均肉类占有量已超过世界平均水平，禽蛋占有量达到发达国家平均水平。

1.3.2 我国畜牧业发展存在的问题

我国畜牧业发展存在以下的问题：

（1）品质变差

由于畜禽生长周期缩短，风味物质的聚积减少，肉的风味随之下降，从而导致品质变差。

（2）畜产品药物残留高

现代养殖业日益趋向于规模化、集约化，随着抗生素、化学合成药物和饲料添加剂等在畜牧业的广泛应用，一方面降低了动物的死亡率，缩短了动物的饲养周期，促进了动物产品产量的增长；另一方面，由于操作和使用不规范以及监督措施不到位，造成了产品中含有兽药、重金属和激素的残留。

（3）防疫体系不完善

兽医防治体系不健全，与国际兽医卫生组织的要求有一定差距，畜禽疫病问题严重。养殖场和产品加工厂存在的病毒、细菌和寄生虫直接污染畜产品，导致部分畜产品卫生质量不过关，影响了畜产品的质量，限制了出口和内销。

（4）畜产品安全管理尚不够完善

管理体系还不够健全，法律法规还不完备，标准体系不配套，检测能力不适应。

（5）动物福利尚未在畜牧业管理中被广泛考虑

1.3.3 发展有机养殖是我国畜牧业可持续发展的必要选择

1994 年经国家环境保护局批准，国家环保局有机食品发展中心（OFDC）宣告成立，标志着我国有机农业生产进入起步发展阶段。在 OFDC 的积极倡导和社会各界的推动下，有机农业在中国取得了突飞猛进的发展，有机畜牧业取得了初步成绩。2001 年辽宁大洼西安生态养殖场在原有生态养殖基础上，启动有机猪养殖计划，当年通过有机养殖认证，这是中国第一家养殖场的有机畜产品通过有机认证，标志着中国有机畜牧业已经进入实施阶段。2003 年 3 月，北京天生有机食品有限公司生产的有机猪通过德国 BCS 认证，实现了中国畜产品通过欧盟有机认证零的突破。此后贵州、新疆、吉林、青海、云南、江苏、浙江等地先后通过开展有机畜牧业的生产，并在养殖单位通过认证，产品包括鸡、羊、牛、马、骆驼、驴、鸭和兔。

有机养殖不同于传统的养殖，需要满足以下要求：

1）有足够的自由空间、足够的新鲜空气和自然阳光作为畜禽的生长或休息场所，保护牲畜不受过度日晒和风吹雨淋，不被关养，有足够清洁的淡水和饲料；

2）尽量使用 100%的有机饲料；

3）对动物粪便实行有效管理和循环利用，防止对土壤和地下或地表水的污染；

4）提供舒适的圈舍、干净的环境和适当的营养，确保畜禽健康生长；

5）使用自然繁殖的方法，禁止使用胚胎移植；

6）在运输过程中善待畜禽；

7）屠宰过程中减少动物的痛苦；

8）对养殖过程进行跟踪检查。

为此，发展我国有机养殖，使其满足上述要求，需要做好以下工作：

1）依托当地生态资源和优势，合理规划发展有机畜牧业；

2）实施科学的有机养殖模式；

3）大力开发和合理利用有机饲料；

4）加强畜禽防病工作；

5）加强畜产品品质安全管理。

1.4 发展有机畜牧业的目标与意义

1.4.1 发展有机畜牧业的目标

发展有机畜牧业要实现以下目标：

1）发展持续的养殖系统；

2）禁止使用任何化学合成物质以及基因工程技术产品；

3）具有严格的养殖环境影响的监测网络和管理系统；

4）限制养殖密度；

5）在屠宰、运输、加工和贸易过程中使各种形式的环境污染最小化；

6）考虑畜禽在自然环境中的生活需求和条件，使畜禽的福利最大化。

1.4.2 发展有机畜牧业的意义

发展有机畜牧业具有以下的意义：

1）有利于生态环境保护；

2）可向社会提供优质的畜禽产品，提高人们的生活质量和健康水平；

3）可获得良好的经济效益；

4）可增强我国农产品的市场竞争力，促进经济的协调发展，促进畜禽产品出口；

5）有机农业可增加就业机会；

6）有利于改善动物福利。

1.5 有机产品

1.5.1 什么是有机产品和有机食品

有机产品是根据国家或相关有机农业生产要求和相应的标准进行生产、加工、储存、运输、销售的供人类消费、动物饲用的产品。

有机食品指来自于有机生产体系，根据有机认证标准生产、加工，并经具有资质的独立的认证机构认证的一切农副产品，如粮食、蔬菜、水果、奶制品、畜禽产品、水产品、蜂产品及调料等，有机食品是有机产品的主要组成部分。

1.5.2 有机食品与绿色食品和无公害食品的区别

有机食品、绿色食品、无公害食品都是与食品安全和生态环境相关的概念，但在安全等级上又各有不同。

无公害食品是指产地环境、生产过程和产品质量符合国家有关标准和规范的要求，经认证合格获得认证证书并允许使用无公害农产品标志的未经加工或者初加工的食用农产品。主要由农业部农产品质量安全中心和各省级农业行政主管部门实施认证，是政府为保证广大人民群众饮食健康的一道基本安全线。政府部门通过实施产地认定、产品认证、市场准入等一系列措施，力争用 5 年的时间，基本实现全国范围内食用农产品的无公害生产。无公害食品证书有效期为 3 年。

绿色食品是指遵循可持续发展原则，按照特定生产方式生产，经专门机构认定，许可使用绿色食品标志商标的无污染的安全、优质、营养类食品。是通过产前、产中、产后的全程技术标准和环境、产品一体化的跟踪监测，严格限制化学物质的使用，保障食品和环境的安全，促进可持续发展；并采用证明商标的管理方式，规范市场秩序。绿色食品 1990 年由农业部农垦局发起，很快发展到全国三十几个省市，目的是通过开发无污染的安全、优质、营养类食品，保护和改善生态环境，提高农产品及其加工品的质量，增进城乡人民身体健康，促进国民经济和社会可持续发展。绿色食品生产标准是介于无公害食品标准和有机产品标准之间的一种安全食品标准。绿色食品证书有效期为 3 年。

绿色食品应具备以下 4 个条件：

1）产品或产品原料产地必须符合绿色食品生态环境质量标准。农业初级产品或食品的主要原料，其生长区域内没有工业企业的直接污染，水域上游、上风口没有污染源对该区域构成污染威胁。该区域内的大气、土壤、水质均符合绿色食品生态环境标准，并有一套保证措施，确保该区域在今后的生产过程中环境质量不下降。

2）农作物种植、畜禽饲料、水产养殖及食品加工必须符合绿色食品生产操作规程。农药、肥料、兽药、食品添加剂等生产资料的使用必须符合《生产绿色食品的农药使用准则》、《生产绿色食品的肥料使用准则》、《生产绿色食品的食品添加剂使用准则》、《生产绿色食品的兽药使用准则》。

3）产品必须符合绿色食品产品标准。

4）产品的包装、储运必须符合绿色食品包装储运标准。产品的外包装除必须符合国家食品标签通用标准外，还必须符合绿色食品包装和标签标准。

有机食品是来自于有机生产体系，根据有机认证标准生产、加工，并经具有资质的独立的认证机构认证的一切农副产品，如粮食、蔬菜、水果、奶制品、畜禽产品、水产品、蜂产品及调料等。有机农业生产体系是指遵照一定的有机农业生产标准，在生产中不采用基因工程获得的生物及其产物，不使用化学合成的农药、化肥、生长调节剂、饲料添加剂等物质，遵循自然规律和生态学原理，协调种植业和养殖业的平衡，采用一系列可持续发展的农业技术以维持持续稳定的农业生产体系的一种农业生产方式。

有机食品在不同的语言中有不同的名称，国外最普遍的叫法是 Organic Food，在其他语种中也有称生态食品、自然食品等。联合国粮农组织和世界卫生组织（FAO/WHO）的食品法典委员会（CODEX）将这类称谓各异但内涵实质基本相同的食品统称为“Organic Food”，中文译为“有机食品”。有机食品是目前最高安全级的食品。有机产品证书有效期为 1 年。

有机食品需要符合以下 4 个条件：

1）原料必须来自于已建立的或正在建立的有机农业生产体系，或采用有机方式采集的野生天然产品。

2）产品在整个生产过程中严格遵循有机食品的加工、包装、贮藏、运输标准。

3）生产者在有机食品生产和流通过程中，有完备的质量控制和跟踪审查体系，有完整的生产和销售记录档案。

4）必须通过独立的有机食品认证机构的认证。

比较以上的定义，可以看出他们之间的区别有：

1）有机食品强调的是来自有机农业生产的产品，而绿色食品强调的是来自最佳生态环境的产品。发展有机农业的重要目的是改造由于现代农业而遭破坏的农业生产环境，通过转换培育出健康、平衡、充满活力的可持续发展的生产系统。因此两者在出发点上有本质区别，即发展有机食品的目的是改造、保护环境，而绿色食品是利用没有污染的生态环境。

2）有机食品和绿色食品生产、加工标准不同。有机食品生产过程强调以生态学原理建立起一套种养结合的完整体系，尽量减少对外部物质的依赖，禁止使用人工合成的农用化学品，而绿色食品标准中却允许使用高效低毒的化学农药，允许使用化学肥料，不拒绝基因工程方法和产品。

3）有机食品和绿色食品管理方法不同。有机食品强调生产全过程的管理，其理论依据是有好的过程必定有好的结果；而绿色食品非常注重产品的检测结果。但有机食品认证主要是对生产方法的认证，同时包括产品的处理，不同其他论证一样只从产品测试来证明，测试结果有时只能用来证明某种产品本身的性能指标。另外在颁证管理上两者也有区别。

有机产品、绿色食品和无公害食品的区别如表 1-1 所示。

表 1-1　有机产品、绿色食品和无公害食品的区别

项目	有机产品 Organic Food	绿色食品 Green Food	无公害食品 Health Food
特点	重视环境保护，强调农产品安全；是环保主义的伊甸园	环境保护和农产品安全两者并重；以技术标准为基础，通过质量认证和商标管理，实现产品质量优质安全和环境安全	重视农产品安全，也要求环境保护；通过建立最基本的食品生产安全标准，实现产品质量安全和环境保护的目的
目标	生态环境保护良好的自然环境	环境良好、食品安全、市场竞争力强	保证基本的消费安全
范围	食用或饮用农产品、纺织品和纤维材料、药材等	食品	食用农产品及初加工品
依据	有机产品认证管理办法《有机产品》（GB/T 19630.1～19630.4—2005）	农业部《绿色食品标志管理办法》及相关法律	《无公害农产品管理办法》和《无公害农产品标志管理办法》
标准水平	参考欧洲联盟 2092/91 条例和美日等国家标准，强调生产和加工过程能够友好维护自然生态环境	参照联合国食品法典委员会（CAC）标准和国外标准，一般高于国内同类产品的标准水平	部分指标等同于国内普通食品标准；部分指标略高于国内普通食品标准
质量水平	生产国和销售国普通农产品质量水平	达到发达国家普通食品质量水平	我国普通农产品质量水平
标识	有国家统一的标识，分有机转换和有机认证	有统一标识	有统一标识
市场价格	比普通农产品高 30%～100%	比普通农产品高 10%～20%	普通农产品价格
认证机构	中国认证机构国家认可委员会（CNAS）认可的机构	中国绿色食品发展中心（OFDC）	农业部农产品质量安全中心

2 有机农业生产原理和技术

2.1 有机农业基本原理

2.1.1 生态原理

有机农业是基于生态学原理完成的农业体系。其理论基础包括循环、整体、再生等生态学原理。

2.1.1.1 整体的原理——既相生相克、又互相补充

相生相克即指自然界（生态系统中）各个要素之间的相互依赖、相互促进或相互制约。亦即体系中各种生物个体都建立在一定数量的基础上，它们的大小和数量都存在一定的比例关系。生物体间的这种相生相克作用，使生物保持数量上的相对稳定，这是生态平衡的一个重要方面。

相互补充即指自然界（生态系统中）各个要素之间的相互补充，助其不足，善其不善，使系统的组成成分及其数量比例趋于合理、优化、完善。系统中不仅同种生物相互依存、相互制约，异种生物（系统内各部分）间也存在相互依存与制约的关系，不同群落或系统之间也同样存在依存与制约关系。

有机农业生态系统由于禁止使用化学农药，为多个物种的生存提供良好的栖息环境，因此保护了生物多样性。充分利用物种间相生相克的原理，人们可以利用生物种群之间的关系，对生物种群进行人为调节。在制订有机耕作计划或转换计划时，充分考虑不同作物品种的间作和套种以及在田块周围种植花草以增加有机生产系统生物多样性，增强系统自然生物防治的能力。多样化种植拥有更多的害虫捕食者和寄生者。因为与单作比较，有机农业提倡的多样化种植能为有害生物的天敌种群提供丰富的可供选择的食物及繁衍与栖息场所，以致天敌数量增加，可以减轻有害生物的危害。

有机农业生态系统本身也是个整体，它包括种植业、畜牧业、水果业、林果业及加工业，它们相互配合、相互协调，按一定的次序组成一个整体，即形成一

个复杂的生产体系，而每一个单项则是这个生产体系的一部分。这个生态系统使土壤肥沃、加强植物的生命力并且也适合于家畜类的畜牧业，生产出健康食品；同时，植物残余物质和畜禽养殖产生的废弃物经科学处理返回于土地，还有利于促进土地生产力的发展和再生。

2.1.1.2 物质循环转化与再生的原理

生态系统中，植物、动物、微生物和非生物成分，借助能量的不停流动，一方面不断地从自然界摄取物质并合成新的物质，另一方面又随时分解为简单的物质，即所谓“再生”，这些简单的物质重新被植物所吸收，由此形成不停顿的物质循环。至于流经自然生态系统中的能量，通常只能流经系统一次，它沿食物链转移时，每经过一个营养级，就有大部分能量转化为热散失掉，无法加以回收利用。因此，为了充分利用能量，必须设计出能量利用率高的系统。

物质的正常代谢是维持农业系统稳定的基础。农业生产中经济效益和生态效益的大小，物质、能量转化效率的高低是决定因素，只有熟悉和掌握了种植、放养、施肥等时间因素，并科学地安排农业生产结构和多层利用，使物质循环和能量流动正常进行，才能实现生物资源再生和生态环境的良性循环。

有机农业的主要目标是形成一个良性循环的农业生态系统。在这个农业生态系统中物质循环与再生是相辅相成、相得益彰的。物质在循环中再生，在再生中循环。系统各要素按照组织原理自发形成、自由组合在一起，形成高效体系。系统的结构合理、功能健全、物质流和信息流正常流动、运转，这样的系统最稳定，净生产量最大，并能够永久维持，周而复始。

遵循这一原理，就可以合理地设计食物链，使生态系统中的物质和能量被分层次多级利用，使生产一种产品时产生的有机废弃物，成为生产另一种产品的投入，也就是使废物资源化，以便提高能量转化效率，减少环境污染。因此，有机农业提倡在体系范围内进行最大限度的物质和资源的再循环。

有机农业强调重视和充分利用农业生态系统内部的能源和资源，尽量减少对外来投入的依赖。提倡多使用有机肥和注重农业病虫害的生物防治，以减轻农用化学物质对生态环境的污染和破坏。有机农业生产要求人们在开展农事活动的同时，要重新认识和处理人与自然的关系，重新定义杂草和害虫，在田间管理中强化生态平衡，注重物种多样性的保护。有机农业生产是通过不减少基因和物种多样性，不毁坏重要的生境和生态系统的方式，来保护利用生物资源，实现农业的可持续发展。在农业生态系统中，一些所谓的有害生物如杂草也非有百害而无一益，若将其数量控制在一定范围内，对于促进农田养分循环、改善农田小气候等有着重要作用。此外，在农业生产中，如果我们能采取合理的措施（如作物合理的间、套、轮作种植方式，减少耕作和采用适合的机械，有选择地使用农药和适度放牧，合理引种等），建立有机农业或生态农业生产体系，将能在发展农业生产的同时，有效地避免或减少农业活动对生物多样性的影响。

保证养分的封闭性循环。有机农业经常通过保持养分、能量、水分和废弃物等物质在系统内部的闭合循环来维持土壤肥力。通过从农业生态系统的有机畜牧养殖中收集有机肥来培肥土壤，或者是通过适当的土壤耕作和农艺活动（如土地休闲、轮作）来维持土壤肥力，可以减少对外在环境的依赖。土壤营养从体系内部的营养源获取，如果生产过程中不能满足，也可以从周边的群落获取。鼓励物质的输入和生产在运输、加工和处理过程中最大限度地保存能量。图 2-1 给出了有机农业生态系统封闭的养分循环。

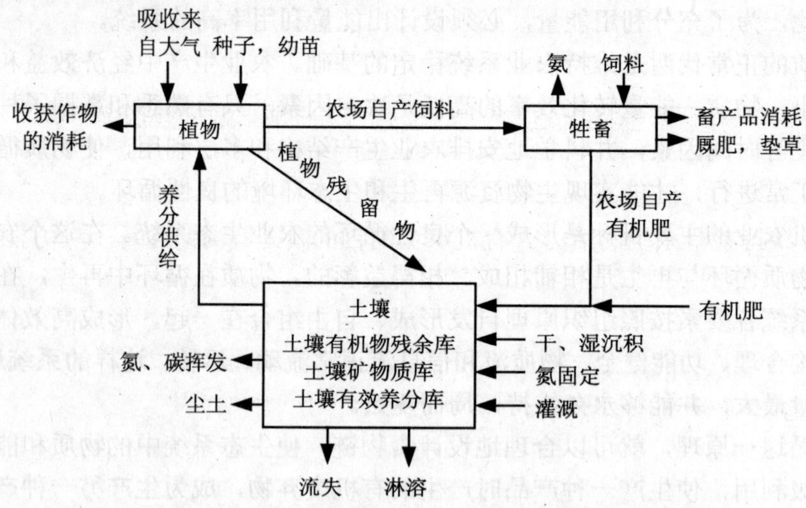

图 2-1 有机农业生态系统尽可能封闭的养分循环

2.1.1.3 物质输入输出的动态平衡的原理

农业生态系统的平衡包括系统内部生物与其生存环境之间的平衡关系，组成要素之间的制约关系，系统之间的反馈关系，还包括人类社会经济、技术与系统的生产力之间的协调关系。

这种平衡关系可通过生态系统的自动调节进行恢复，更重要的是需要人类有目标的控制、补偿。

生物体一方面从周围环境摄取物质，另一方面又向环境排放物质，以补偿环境的损失。也就是说，对于一个稳定的生态系统，无论对生物、对环境，还是对整个生态系统，物质的输入与输出总是相平衡的。

在农业生态系统中，太阳能及水、气、氮、磷、钾等各种营养物质的转化、循环，依照不同的方式和途径（食物链）而形成了不同种类的农业生产，农、林、畜产品的数量与质量水平取决于农业生态系统中的生物量与其所需能量、物质量之间是否能保持动态平衡。这种平衡称为农业生态平衡，它是实现农业经济再生产的基本条件，若被破坏，可使农业受到较大影响和危害。农业生态系统是一种人工生态系统，比自然生态系统结构简单，因而是不稳定的，只有在人类的精心管理下，才能保证其平衡。

生物的生长发育与繁殖需要不断从它的周围环境中吸取它所必需的物质，同时也不停地影响着环境。而受生物影响的环境，特别是土地环境，又反过来作用于生物。当生物体的输入不足时，例如农田肥料不足，或虽然肥料（养分）足够，但未能分解而不可利用，或施肥的时间不当而不能很好地利用，结果作物必然生长不好，产量下降。如果营养物质输入过多，环境自身吸收不了，打破了原来的输入输出平衡，就会出现富营养化现象，如果这种情况继续下去，势必毁掉原来的生态系统。只有保持系统输入和输出的动态平衡，才能维持正常代谢的进行。所以，要使生物的生活环境经常满足生物的生活要求，必须适时补充环境所失去的物质，维持整个系统的活力。有机农业的目的就是始终用这样一种方法来从事农业生产活动，把农场构建成一个综合的有机组织，从而产生生产力和健康，而生产所需的投入就来自农场自身。

有机种植、有机养殖和野生采集体系与自然界的循环要和生态平衡相适应。这些循环虽然是常见的，但其情况却因地而异。有机管理通常与当地的条件、生态、文化和规模相适应，通过再利用、循环利用和对物质及能源的有效管理，来减少投入物质的使用，从而维持和改善环境质量、保护资源。

2.1.2 环保原理

有机农业对于维持很多方面的长期环境的持续能力具有积极作用。有机农场的农作有利于改善土壤的质量和减少水与空气的污染，同时从畜禽粪肥到作物和包装的废弃物，在每一件事情上都致力于资源的节约和循环使用。

2.1.2.1 降低对环境的污染

有机农业生产要求人们在开展农事活动的同时，要重新认识和处理人与自然的关系，重新定义杂草和害虫，在田间管理中强化生态平衡，注重物种多样性的保护。有机农业生产是通过不减少基因和物种多样性，不毁坏重要的生境和生态系统的方式来保护利用生物资源，实现农业的可持续发展。

有机农业是一种完全或基本不用人工合成的化肥、农药、除草剂、生长调节剂的农业生产体系。它要求在最大范围内制订优良可行的轮作计划，尽可能使用套作或间作，创造不利于病、虫、草孳生和有利于天敌繁衍的生态环境，同时提倡栽培抗病品种，使用植物源药剂和天敌取代农药以及利用物理方法如套袋、稻醋液、杀虫灯、黄板以及性诱剂等方式来防治害虫，从而减少各类病虫草害所造成的损失，减少环境的负担，避免河流、湖泊、水库以及地下水当中有害物质的累积或富营养化，保护生态环境并带动常规农业中减少使用化肥和农药。

有机农业通过减少对农业化学品的需求，降低了非再生能源的使用（农业化学品的生产需要大量矿物燃料）。有机农业能够把碳截留在土壤中，减轻温室效应和全球变暖。有机农业使用的许多管理方法（如少耕制、秸秆还田、种植覆盖作物、轮作、更多地结合种植固氮豆科作物）使更多的碳返回土壤，提高生产率和有助于碳储存。

2.1.2.2 农业废弃物资源化利用

有机农场通过循环使用很多废弃物从而减少废弃物的数量。家禽畜排泄物、农作物残渣、草、秸秆和其他的一些在常规农场通常被当作废弃物的东西，经妥当处理后，在有机农场常被当作是土壤养分和有机质的来源，它们可改良土壤性质，提供氮、磷、钾并提高作物的产量和品质而使其变得有价值。在种养结合的农场，用秸秆充当饲料，使其过腹还田，既发展了养殖业，又综合利用了农田废弃物。而塑料和不可生物降解的材料被避免使用或尽可能地循环使用。

2.1.2.3 保护生物多样性

维持有机体系内部及周边的生物多样性，保护和提升自然植被和野生生物的生物多样性。

在农场的景观下，有机农场是生物多样性的区域。有机农场不仅仅避免使用合成的杀虫剂，而且还为野生生物和微生物提供栖息场所。轮作、间作和保护性耕作等操作方法都能提供鸟、昆虫和其他生物的栖息的场所而使得生物多样性提高。

生物多样性是农业生态系统稳定和可持续发展的基础。在标准允许的条件下，在投入和实践方法中，通过对有关的作物种类、家畜饲料、循环体系、有害物管理策略各个方面来选择、提升和改善生物多样性。

由于关注环境、健康和社会等问题，为了不给很多物种甚至物种的遗传性带来风险，认证标准禁止有机农场使用任何的基因工程或者基因改造生物进行生产。

2.1.2.4 改善土壤质量

培肥土壤是有机农业的核心。土壤的结构和土壤生物的保存是有机体系最基本的方面。有机农场致力于将水土流失最小化，提高土壤有机物水平、维持丰富的和多样性的土壤生物。有机农场不使用合成的肥料提高土壤肥力。在有机农业生产体系中，改善土壤的方法包括：提倡精心设计作物的轮作、间作、套作、共生联系；使用有机肥，通过使用堆肥提高土壤微生物的数量；将耕作对土壤生物的损害减到最低限度；尽可能保持土壤覆盖（通过现有的作物、绿肥和断茬）；避免牲畜过牧；排除对很多土壤微生物有毒性的和长期使用会造成土壤结构破坏的高溶解性的化肥和合成的除草剂的使用。这些方法不仅促进土壤动植物生长，改善土壤形成和结构，建立更加稳定的耕作制度，同时可以反过来增加养分和能量循环，提高土壤保持养分和保持水的能力，弥补了矿物肥料的空缺，缩短土壤暴露于侵蚀力的时间、增加土壤生物多样性、减少养分损失、帮助保持和提高土壤生产率。

2.1.2.5 改进空气质量

有机农场尽力将其对全球气候变化的影响最小化，温室气体的释放常常比常规农场要少。有机农场不使用人工合成的氮肥，因此没有从这些化肥中释放出来的氮氧化物。化石燃料的使用量很低，因此由于化石燃料的使用而释放的碳氧化物也很少。更重要的是，有机农场可以通过提高土壤有机物水平和地表绿肥以及覆盖作物成为一个碳汇。尽管比雨林的作用小，农场还是可以通过保护性耕作和多年生的牧草作物的利用来降低温室气体的水平。

2.1.2.6 防止土壤侵蚀

有机农业提倡轮作、间作、套作、土壤覆盖，表面有覆盖的土壤可以避免雨水直接冲刷，减少水土流失。有机栽培通过有机肥的使用增加土壤渗透力及保水力，有效地防止土壤冲蚀。

2.1.3 经济原理

合理的农业生态体系能够带来较好的经济效益，设计合理的有机农业生态体系经济是整体协调、相互匹配，系统组成完整、复杂，系统结构组合与市场需求一致的。农业生态系统的生态经济结构是人类为满足自身需要，在长期生产实践中通过改造原有的自然生态系统而逐步形成的一种农业生态结构和农业经济结构的复合体。有机农业提倡产业化、商品化、专业化、规模化、社会化、现代化，谋求经济效益、生态效益和社会效益的统一和增长。经济效益是有机生产极为重要的目标，一方面要通过种养结合、循环再生、多层利用的农业生态方式来降低生产和成本、提高基地的整体生产力，另一方面通过较高的价格回报来实现高的经济效益，高价格是有机农业高经济效益的重要保障。

2.1.3.1 产量

很多用于实验的有机农场与常规农场有着一样的甚至更高的产量，但是平均来看，有机农场的产量低于常规农场。最具有挑战性的时期是农场由常规向有机转换的时期，这个时期，价格不高而产量较低。有时候农场可以从转换产品中获得一定附加的价值，这个价格比常规产品的价格稍高，但低于获得认证的有机产品的价格。在转换初期，一些农场产量下降30%以上。随后，随着农场管理经验的丰富和土壤改善，在多年的有机管理之下产量逐渐提升，在短短几年之内就可以看到产量回升。

有机农场通过同时生长几种作物或者种养结合，有时还有高附加值的企业而使其经营多样化，这种多样化可以降低农场的经济风险。同时企业的多样经营使得农场的养分、牲畜饲料、土壤有机质和能量很容易地自给自足。

全球变暖正在成为全球性的气候发展趋势。在洪水、高温、强降雨或者不合季节的寒冷气候下有机农场比常规农场的产量要高。而且有机农作物也有着较高的抵抗病虫害的能力。

2.1.3.2 投资

有机农业强调农业在生态上能自我维持，多级循环利用，经济上又有高效益，它要求对农业土、水、种、肥、药、电、粮等各种生产要素进行统筹谋划和系统开发，遵循“减量化、再利用、再循环”原则，以产生显著的经济效益，增加农民收入。

由于较少购买投入物料，有机农场与常规农场相比有着较少的资本投入。人工合成的化肥和杀虫剂是不允许的，购买饲料的费用、兽医的费用均是较低的。此外，有机农场的诸如机械和仪器方面的折旧和利息方面的资本投入较低。

控制杂草是有机农场的主要挑战之一。杂草对有机农场的生产常常是限制因素，有机农场在控制杂草方面常常比常规农场花费更多的钱和时间。有机农场利用机械耕作和其他的管理方法进行草的控制从而替代除草剂。在草长出以后用人工割草的方法来控制杂草对土壤的影响相对较小，而利用割草控制杂草也往往比常规农场的方法降低一些成本。

2.1.3.3 纯收入

有机农场的纯收入似乎略高于传统农场，基本上，花费低一些而收入高一些。通过同时种植几种作物，农场的收入将会在某种作物价格波动或者欠收时得到一定的缓冲。

2.1.3.4 市场

近年来，国际有机产品市场得到了快速的发展。由于有机农产品使用安全、有利于环保、口味良好，近年在全球消费中大幅增长。在国际市场上，生物动力农业产品的价格是最高的，超出常规农产品的30%以上，且一直处于供不应求的状态。经济利益用杠杆原理以 300%的递增速度推动着国际有机农业的发展。全球有机食品市场年增加率为 20%～30%。据欧盟农业组织预计，到 2010 年全球有机农产品消费将达到农产品总消费额的 10%～20%，有机食品的消费额也将达到 1 000 亿美元。

有机产品有利于打破贸易壁垒。随着对食品安全的日益重视，各国纷纷加强了对农产品的检测力度，重点对农残、重金属、转基因等项目进行检测，设置了农产品进出口的“绿色壁垒”。由于有机农产品执行国际通行检测标准，在国际市场上有较大的竞争力，对打破“绿色壁垒”有十分重要的意义。

2.2 有机畜禽养殖条件

2.2.1 有机养殖的基本条件

有机养殖应满足以下基本条件：

1）选择适合当地条件、生长健壮的畜禽生产系统的主要品种；

2）保证喂养用的有机饲料来源充足；

3）圈舍、围栏、禽舍不使用对人和畜禽健康有影响的材料，空气流通、自然光照充足、温湿度适当、垫料充足、有足够的畜禽活动空间和足够的户外活动场地；

4）畜禽饮用水水质符合国家生活饮用水水质标准要求；

5）禁止采用使畜禽无法接触土地和笼养等饲养方式和完全圈养、舍饲、拴养等限制畜禽自然行为的饲养方式。

2.2.2 有机养殖的生态环境要求

良好的饲养环境条件是：

1）场区内具有良好的小气候条件，有利于畜舍内空气环境控制；

2）便于严格执行各项卫生防疫制度和措施；

3）便于合理生产，提高设备利用率和工作人员的劳动生产率。

为达到这些要求，饲养场的生态环境必须符合以下要求：

1）空气质量必须符合《环境空气质量标准》（GB 3095—1996）中一级标准的要求；

2）畜禽饲养用水水质符合《生活饮用水卫生标准》（GB 5749—2006）标准相关要求；渔业养殖用水符合《渔业水质标准》（GB 11607—89）标准要求；

3）排放的废水必须符合《畜禽养殖业污染物排放标准》（GB 18596—2001）的要求；

4）养殖场的废弃物要实行减量化、无害化、资源化处理。

2.3 有机畜禽生产技术

2.3.1 有机畜禽养殖原则

有机畜禽养殖主要是要从思想上尊重畜禽，把动物看作是人类的朋友，采用自然的饲养方法，充分考虑动物的生理需求及行为特征，减少应激，防止疾病，尽量减少化学合成药物和动物性饲料原料的使用，保护动物的健康和福利。

养殖场环境对于有机畜禽健康发展有着直接的影响。在建立养殖场前，首先必须按照国家相关法规要求确认大气、水源和土壤污染指标符合国家有机产品标准。有机养殖区应远离城区、远离交通主干线、周边无垃圾场、无粪场、无化工厂，不能有有害气体和粉尘，尽量选用荒山、荒坡地。场区内空气清新、水源充足，水质必须符合有机畜禽饮用水标准的要求，不含病原微生物、寄生虫卵、重金属、有机腐败产物，环境舒适，同时要注意通过排气、降尘、除噪等措施，创造良好的生长条件。

2.3.2 有机畜禽选种与育种

畜禽引种是有机养殖的源头，品种的优劣直接关系到有机养殖的全局。在选择饲养动物品种时，必须考虑到品种对当地环境和饲养条件的适应性和品种本身的生活力和抗病力，优先选择本地品种。原则上要求畜禽从小到大都按照有机方式进行养殖管理，但在得不到有机畜禽品种时，允许引入常规畜禽，但必须符合以下条件：

1）肉牛、马属动物、驼已断奶但不超过 6 月龄；

2）猪、羊，不超过 6 周龄且已断奶；

3）乳用牛，出生不超过 4 周龄，接受过初乳喂养且主要是以全乳喂养的犊牛；

4）肉用仔鸡，不超过 3 日龄（其他类可放宽到 2 周龄）；

5）蛋鸡，不超过 18 周龄；

6）在引入常规畜禽品种时，每年引入的数量不能超过同种成年有机畜禽总量的 10%，但有以下几种情况之一时，可以将数量放宽到 40%：

① 不可预见的严重自然灾害或人为事故；

② 养殖规模大幅度扩大；

③ 养殖场养殖新的畜禽品种；

④ 小型农场。

所有引入的畜禽都不能受到转基因生物及其产品的污染，包括涉及基因工程的育种材料、疫苗、兽药、饲料和饲料添加剂等。而且必须充分考虑当地的畜禽健康状况和近期发生疾病情况。

如果必须更换种畜禽时，最好在有机养殖场之间进行，或者与特定养殖场按照遗传规律建立合作关系，也可以从非有机牧场引入，但如果种畜禽的第一后代将作为有机畜禽饲养，则种畜应在不晚于怀孕期的最后 1/3 时间内进行有机管理，种禽则允许从出雏时开始。而且要求种畜不得是胚胎移植和基因工程的产物，也不应受到禁用物质的污染，引进以后必须按照有机方式进行管理。有机养殖场可以根据无法预见的严重自然或者人为事件、养殖场扩大规模等条件来确定每年的引种比例。

2.3.3 有机畜禽饲料及其添加剂

饲料应保证的是生产出符合有机标准的畜禽而不是要使畜禽产量达到最大。有机畜禽的饲料应至少 80%来源于已认定的有机农产品及其副产品或者野生谷实类和油脂类植物等，其余饲料可以是达到有机农产品标准的产品。而且有机饲料原料组成中至少 50%应来自有机农场内部或从本地区其他有机农场引入。所有营养物质组成成分必须根据有机认证标准或产品市场范围进行选取。有机养殖过程中还应根据畜禽种类和生长发育阶段不同合理配制饲料，既要满足畜禽营养需要，又必须减少氮、磷排泄量。以干物质为基础，草食动物饲粮中必须具有 60%以上的粗饲料、鲜草、干草和（或）青贮饲料。所有动物都必须自由接触新鲜的水源，以充分保证动物的健康和活力。

在有机畜禽初期，不可预见的严重自然灾害、人为事件、极端的天气、气候条件或在不可能获得某些饲料时，可以购买一定比例的常规饲料，该比例因认证标准和畜禽种类的不同而有所不同。给予动物饲料的剂型和方式，必须充分考虑动物的消化道结构特点和特殊生理需要，如反刍动物必须每天都能得到保证营养需要的纤维类饲料。年幼哺乳动物应采用母乳，断奶时间取决于其自然习性。禁止采用强行填喂的方式来饲养畜禽。根据动物的种类确定使用母乳喂养哺乳动物幼畜的最短时间：牛（包括水牛）3 个月、羊 45 天、猪 40 天、兔 30 天。幼畜补充喂养的乳制品应是有机产品，而且要来源于同种类动物。在特殊情况下，允许使用来源于非有机农场系统不含抗生素或人工合成添加剂的乳制品或代用乳。

矿物质或维生素只有来自于天然的条件下才能使用。如果在这些物质发生短缺的特殊情况下，化学提纯的有类似效果的矿物质和维生素也允许使用，但必须是符合有机产品标准，并经政府专门机构严格检验认定和获正式注册。

青贮饲料添加剂不能来源于转基因生物或其派生的产品，但可以使用海盐、酵母、丙酸菌、酶、乳清、糖、糖蜜、蜂蜜、甜菜渣、谷物。当气候条件不允许进行青贮发酵和得到认证机构许可的条件下，允许使用化学合成的乳酸、甲酸、乙酸、丙酸或其他天然有机酸产品作为青贮饲料添加剂。

配合饲料中的主要农业源饲料原料（玉米、豆粕等）都必须是有机饲料原料，其中不得使用转基因生物及其产品。禁止以动物及其制品饲喂反刍动物或给畜禽饲喂同科动物及其制品；禁止使用未经加工或经过加工的任何形式的动物粪便；禁止在饲料中使用经活血溶剂提取的或化学合成的饲料原料（如生长促进剂、开胃剂、色素、氨基酸）、防腐剂、非蛋白氮（尿素）等。天然物及其提取物没有公害或副作用，为有机畜禽养殖所大力提倡。我国丰富的野生生物质源可以提供天然饲料添加剂，在保证畜禽健康的同时，也会大大降低有机养殖的成本。有机认证标准中对于合成的或者非自然来源的维生素和矿物质、细菌、真菌和酶，食品工业的副产品（如糖浆）等都有严格而又具体的使用规定。

人工草场应实行轮作、轮牧，天然牧场避免过度放牧。必须保证饲养的畜禽数不超过本养殖场和其合作养殖范围的最大载畜量，要充分考虑饲料生产能力、牲畜健康和对环境的影响。如果因过度放牧导致对环境的不利影响，则不能获得有机认证。

综合各有机畜禽生产标准，饲料配制应遵循的基本原则如下：

① 植物源性饲料原料必须采用有机方式生产；

② 要依据有关标准规定使用动物源性饲料；

③ 有机饲料短缺时，可以使用常规饲料。

2.3.4 有机畜禽养殖管理

有机畜禽养殖应严格按照畜禽的生物学特点和个体生理生态学原理进行饲养管理，应满足动物基本的生存和行为需要。

（1）畜禽的饲养环境

养殖场应保证饲养的畜禽数量不超过其养殖范围的最大载畜量，畜禽的饲养环境（圈舍、围栏等）必须满足以下条件，以适应畜禽的生理和行为需要：

1）足够的活动空间和时间，畜禽运动场地可以有部分遮蔽。只要动物的生理条件、气候条件以及地面状态允许，除处于分娩期间的母畜、育肥后阶段的肥育动物以及在严寒冬季种公畜和产奶牛外，所有哺乳动物都应在牧场或户外自由活动。运动场必须适于排便和躺卧，也可使用不同的垫料。

2）空气流通，自然光照充足，但应避免过度的太阳照射。

3）保持适当的温度和湿度，避免受风、雨、雪等侵袭。

4）户外活动地点需有保护设施或有植被覆盖，并且需有足够的饮水和饲料。

5）不使用对人或畜禽健康明显有害的建筑材料和设备。

6）应采取必要的保护措施，避免畜禽遭受野生动物的伤害。

7）群居性家禽不能单栏饲养，应在开放条件中饲养，不能笼养。但患病的家禽、成年雄性家禽及妊娠后期的家禽例外。

8）应使用让所有畜禽都应在适当的季节到户外运动的圈舍，但如果特殊的家禽舍结构使得家禽暂时无法在户外运动或圈养比放牧更有利于土地资源的持续利用时例外。

9）蛋鸡应以人工方式补充自然光照不足，每天应保持 16 h 的光照，晚上至少保证有 8 h 休息时间。

（2）对畜禽排泄物的管理

要妥善处理畜禽排泄物，尽快排除畜禽排泄物和残食以避免不良气味产生和害虫出没，不得对畜禽养殖场的周围环境产生污染。有机养殖场内的清洁措施必须保证动物间避免相互交叉感染和病原体繁殖，所使用消毒剂和清洁剂必须符合有机标准。

2.3.5 有机畜禽健康和疫病防治

有机畜禽养殖中以疾病预防为主，预防的作用远大于治疗，同时应根据养殖环境选择适应性、抗性强的品种；根据畜禽需要，采用轮牧、提供优质饲料及合适的运动等合理的饲养管理方式，提高畜禽非特异性免疫力；根据养殖环境，确定合理的畜禽饲养密度，减少因饲养密度过大而产生应激、健康等问题。

在有机养殖畜禽养殖过程中，可以使用一些规定的消毒剂（如软皂、水、蒸汽、生石灰水、生石灰、次氯酸钠、氢氧化钠、氢氧化钾、过氧化氢、天然植物香精、柠檬酸、过乙酸、蚁酸、乳酸、草酸、乙酸、酒精），可以以对畜禽绝对安全的方式使用国家批准使用的杀鼠剂和诱捕器、屏障趋避剂等。在畜禽场所消毒处理时，应将畜禽迁出消毒场所。

畜禽饲养场常用的几种消毒药及使用方法：

1）氢氧化钠（又称苛性钠、烧碱或火碱）：碱类消毒剂，粗制品为白色不透明固体，有块、片、粒、棒等形状。成溶液状态的俗称液碱，主要用于场地、栏舍等消毒。2%～4%溶液可杀死病毒和繁殖型细菌，30%溶液 10 min 可杀死芽孢，4%溶液 45 min 杀死芽孢，如加入 10%食盐能增强杀芽孢能力。实践中常以 2%的溶液用于消毒，消毒 1～2 h 后，用清水冲洗干净。

2）石灰（生石灰）：碱类消毒剂，主要成分是 CaO，加水即成氢氧化钙，俗名熟石灰或消石灰，具有强碱性，但水溶性小，解离出来的氢氧根离子不多，消毒作用不强。1%石灰水杀死一般的繁殖型细菌要数小时，3%石灰水杀死沙门氏菌要 1 h，对芽孢和结核菌无效。其最大的特点是价廉易得。实践中，20 份石灰加水到 100 份制成石灰乳，用于涂刷墙体、栏舍、地面等或直接加石灰于被消毒的液体中，或撒在阴湿地面、粪池周围及污水沟等处消毒。

3）醋酸：酸类消毒剂，用于空气熏蒸消毒，按每立方米空间 3～10 mL，加 1～2 倍水稀释，加热蒸发。可带畜、禽消毒，用时须密闭门和窗。市售醋酸可直接加热熏蒸。

4）漂白粉：卤素类消毒剂，灰白色粉末状，有氯臭，难溶于水，易吸潮分解，宜密闭、干燥处储存。杀菌作用快而强，价廉而有效，广泛应用于栏舍、地面、粪池、排泄物、车辆、饮水等消毒。饮水消毒可在 1 000 kg 水中加 6～10 g 漂白粉，10～30 min 后即可饮用；地面和路面可撒干粉再洒水；粪便和污水可按 1∶5 的用量，一边搅拌，一边加入漂白粉。

5）二氧化氯消毒剂：卤素类消毒剂，是国际上公认的新一代广谱强力消毒剂，被世界卫生组织列为 A1 级高效安全消毒剂，杀菌能力是氯气的 3～5 倍；可应用于畜禽活体、饮水、鲜活饲料消毒保鲜、栏舍空气、地面、设施等环境消毒、除臭。本品使用安全、方便，消杀除臭作用强，单位面积使用价格低。

6）过氧乙酸：氧化剂类消毒剂，纯品为无色澄明液体，易溶于水，是强氧化剂，有广谱杀菌作用，作用快而强，能杀死细菌、霉菌芽孢及病毒，因其不稳定，宜现配现用。0.04%～0.2%溶液用于耐腐蚀小件物品的浸泡消毒，时间 2～120 min；0.05%～0.5%或以上喷雾，喷雾时消毒人员应戴防护目镜、手套和口罩，喷后密闭门窗 1～2 h；用 3%～5%溶液加热熏蒸，每立方米空间 2～5 mL，熏蒸后密闭门窗 1～2 h。

当畜禽养殖场发生某种疾病危险而又不能用其他方法控制时，可以进行紧急预防接种（包括为促使母源体抗体物质的产生而采取的预防接种），但接种所用的疫苗不能是转基因疫苗。在畜禽发生疾病时，可以采用中兽医、针灸、植物源制剂、顺势疗法等自然疗法医治畜禽疾病，禁止使用抗生素或化学合成的兽药对畜禽进行预防性治疗。当采用多种预防措施和自然疗法仍无法控制畜禽疾病或伤痛时，可在兽医的指导下对患病畜禽使用常规兽药，但用常规兽药治疗后，停药期的时间为该药物正常停药期的 2 倍（如停药期不足 48 h，则有机畜禽的停药期必须达到 48 h）。只有经过停药期的畜禽及其产品才能作为有机产品出售。如实记录对畜禽疾病诊断结果、所用药物名称、计量、给药方式、给药时间、疗程、护理方法、停药期等。对于接受过常规兽药治疗的畜禽，大型动物应逐个标记，家禽和小型动物则可按群批标记。

有机畜禽生产过程中不得使用抗生素、化学合成的抗寄生虫药物或其他生长促进剂，禁止使用激素控制畜禽的生殖行为（如诱导发情、同期发情、超数排卵等），但可在兽医指导下使用激素对个别动物进行疾病治疗。在有机畜禽生产中，可以采用一些非治疗性手术，如物理阉割（猪、牛、鸡等），断角、在仔猪出生 24 h 内对乳牙进行钝化处理、羔羊断尾、剪羽、扣环。不得对畜禽实行断尾（除羔羊外）、断喙断趾、烙翅、仔猪断牙等非治疗性手术。

【参考资料】

有机农业生产技术规范（与养殖有关部分）

第二节 畜禽生产

1. 选择适合当地条件、生长健壮的畜禽作为有机畜禽生产系统的主要品种。在繁殖过程中应尽可能减少品种遗传基质的损失，保持遗传基质的多样性。

2. 可以购买不处于妊娠最后 1/3 时期内的母畜。但是，购买的母畜只有在按照有机标准饲养一年后，才能作为有机牲畜出售。可从任何地方购买刚出壳的幼禽。

3. 根据牲畜的生活习性和需求进行圈养和放养。给动物提供充分的活动空间、充足的阳光、新鲜空气和清洁的水源。

4. 因养绵羊、山羊和猪等大牲畜时，应给它们提供天然的垫料。有条件的地区，对需要放牧的动物应经常放牧。

5. 牲畜的饲养环境应清洁和卫生。不在消毒处理区内饲养牲畜，不使用有潜在毒性的材料和有毒的木材防腐剂。

6. 通常不允许用人工授精方法繁殖后代。严禁使用基因工程方法育种。禁止给牲畜预防接种（包括为了促使抗体物质的产生而采取的接种措施）。需要治疗的牲畜应与畜群隔离。

7. 不干涉畜禽的繁殖行为，不允许有割禽畜的尾巴、拔牙、去嘴、烧翅膀等损害动物的行为。

8. 屠宰场应符合国家食品卫生的要求和食品加工的规定，宰杀的有机牲畜应标记清楚，并与未颁证的肉类分开。有条件的地方，最好分别屠宰已颁证和未颁证的牲畜，屠宰后分别挂放或存放。

9. 在不可预见的严重自然、人为灾害情况下，允许反刍动物消耗一部分非有机无污染的饲料，但其饲料量不能超过该动物每年所需饲料干重的10%。

10. 人工草场应实行轮作、轮放，天然牧场避免过度放牧。

11. 禁止使用人工合成的生长激素、生长调节剂和合成的饲料添加剂。

第三节 奶制品和蛋类生产

1. 得到初乳的仔奶牛可以在出生后12~24 h内断奶。断奶后即可售出或用全脂牛奶喂养3个月后出售。禁止在奶牛生长期内使用激素。

2. 奶处理设备必须达到国家的卫生要求，牛奶中的体细胞年平均含量最大不得超过40万个/mL。奶中细菌总量最大不得超过 10 万个/mL。建议每月分析一次每头奶牛产奶中约体细胞含量。

3. 采用附录中允许的清洁物质来清洗牛奶设备中的清洁器和奶牛乳房，在完成常规清洗步骤之后，至少再用净水清洗两次。

4. 在无法用附录中允许的措施医治病奶牛的情况下，可以采用药物对奶牛进行治疗，但所生产的牛奶在 12 d 内不能作为有机牛奶出售（或以所用药物说明书上药物降解期限的2倍时间作为用药奶牛的非有机牛奶生产期）。

5. 有机牛奶必须满足下列条件：

（1）在颁证前一年以及申请颁证期间，奶牛必须用 100%经有机食品发展中心或其授权机构颁证的有机饲料喂养。新申请颁证的奶牛在用占饲料总数 80%以上经颁证的有机饲料喂养 10 个月后，再用 100%的经颁证的有机饲料喂养 60 d 可以成为有机奶牛。有机奶牛生产的牛奶即为有机牛奶。

（2）在不可抗拒的特殊情况下，经颁证机构批准，常规奶牛经全部用有机饲料喂养 60 d 后生产的牛奶可以考虑颁为有机牛奶，但这类牛奶的生产量，不得超过颁证牛奶全部产量的5%。

（3）服用过抗生素的奶牛所生产的牛奶，经过检测表明未受污染的可作为有机牛奶。

6. 奶牛的饮用水除要达到国家规定的有关细菌和微生物等方面的标准外，饮用水中硝酸盐（以氮计）的含量不得超过10mg/L。

7. 购买不足一岁的小母鸡，在按照有机生产标准饲养至少 4 个月后，所下的蛋才能颁作有机蛋。有机蛋不应沾污粪便，不对有机蛋进行常规清洗。

第五节 蜂产品生产

1. 必须给蜜蜂提供足够的食物和饮水。可以使用无污染的蜂蜜、鲜花粉喂养蜜蜂。

2. 不用糖或糖浆喂养蜜蜂。严禁从用糖或糖浆喂养的蜂箱中提取蜂蜜。

3. 每2~3个星期检查一次蜂箱，淘汰脆弱和有病的蜂箱。

4. 在蜂蜜的生产过程中，允许用薄荷醇控制蜜蜂呼吸管中的寄生螨。禁止使用磺胺类化合物、其他化学物质和抗生素（蜜蜂健康受到威胁时例外），经抗生素处理后的蜜蜂必须立即从有机蜂群中撤走。使用抗生素后取出的蜂蜜不能作为有机蜂蜜。

5. 养蜂房应避免靠近集镇或城市等交通污染区。养蜂场3公里范围内，不允许有垃圾场、卫生填埋场、高尔夫球场和喷洒过附录中禁用农药的蜜源作物。

6. 取蜜时允许使用吹风器或烟雾发生器驱赶蜂箱中的蜜蜂，也允许对蜜蜂进行短时间加热处理使其离开蜂箱，但温度不能超过 35℃。采用机械的方法使蜂房脱盖，通过重力作用使蜂蜜中的杂质沉淀，不使用细网过滤器过滤杂质。

7. 处理蜂蜜的房间（墙和地面）必须密封，处理蜂蜜的设备表面可用不锈钢材料，而不用电镀或表面易氧化的金属材料，并用无污染的蜂蜡覆盖其上。

8. 蜂蜜提取设施应具有不渗透的功能，设备使用期间每天用新鲜、干净的温热水清洗。用原先贮存其他食品的容器贮存蜂蜜时应在容器内涂上蜂蜡。禁止用易氧化的材料作为贮存蜂蜜的容器。

9. 严禁使用化学物质驱赶蜜蜂，禁止使用氰化钙等化学物质作为熏蒸剂。

10. 有机蜂蜜最长的贮存期为两年。在贮存蜂蜜及其产品的地区，禁止使用萘控制蜂蜡蛾。

11. 尽可能饲养自己培养的蜂王，并鼓励交替饲养不同类型的蜜蜂。允许用人工授精的方法培养人工蜂群和购买蜜蜂。

2.4 有机畜禽养殖环境保护

为了有效控制传染性，杜绝传染性的侵入和各种疾病的发生，保证生产合格的有机产品，保护生态环境，在有机养殖基地规划和生产过程中都要重视环境保护。

2.4.1 基地规划过程中对环境的考虑

（1）场址选择

养殖场地宜选择在地势较高、干燥平坦、排水良好、背风向阳或稍有缓坡的地方。特别注意不要在土质被传染病或寄生虫、病原体所污染的地方和在旧养殖场上扩建。要远离主要交通干线、车辆来往频繁的地方。

（2）建筑布局

养殖场应划分成生产区和非生产区。要考虑卫生防疫条件，着重解决风向、地势和各区建筑距离。要建立粪污排放处理设施和场所及消毒设施。

1）规划和建立排水系统。养殖场的排水系统应实行雨水和污水收集输送系统分离，在场区内设置的污水收集输送系统，不得采取明沟布设。

2）规划和建立粪便处理系统。采用干法清粪工艺，设置粪便处理系统，要设置专门的贮存设施，并采取有效的防渗清理工艺，防止畜禽粪便污染地下水。贮存设施的位置要远离各类地表水，并设在养殖场生产及生活管理区的常年主导风向的下风向或侧风向。

3）规划和设立污水处理系统。按照种养结合的原则，设置污水处理设施，使污水无害化处理后尽量充分还田，实现污水资源化利用。

2.4.2 生产过程中的环境保护

养殖生产过程中要做到：

1）采取有效措施将粪便及时、单独除去，不可将粪便与尿、污水混合排出，将产生的粪便贮存或处理，做到日产日清，采用水冲、水泡。

2）根据养殖种类、养殖规模、清粪方式和本地自然地理条件，选择合理、适用的污水净化处理工艺和技术路线，尽可能采用自然生物处理的方法达到回用或排放标准要求。污水消毒处理提倡非氯化的消毒措施，要注意防止产生二次污染物。

3）污水作为灌溉用水排入农田前，必须采取措施进行净化处理，并符合《农田灌溉水质标准》（GB 5084—92）要求。

2.4.3 环境监测

有机养殖的环境监测是对有机养殖的生产基地的环境质量进行的监测，包括现场调查、优化布点、样品采集、运送保存、分析测试、数据处理综合评价等过程。有机养殖的环境监测可以为生产者、管理者、认证机构和消费者提供环境质量的数据信息，以便全面了解产地的环境现状，保护和改善环境质量，从而确保有机产品的质量。

有机养殖的环境监测类型一般包括以下 3 类：

1）基础性监测：一般在开发有机产品之初，选择有机产品生产基地时进行。

2）监视性监测：在通过有机产品认证后，在证书有效期内，为保证有机产品产地的环境质量而进行的监督性监测。

3）仲裁性监测：为解决以上两项监测中发生的矛盾而开展的监测。

实施有机环境监测要本着以最少的代价获得代表性最好和准确性最高的环境质量数据。要充分利用历史资料、重视现场调查；要根据主要的污染问题，科学合理地确定监测布点的方位及点数；要优先监测可能造成污染的区域，以保证评价的可靠性和代表性；要依据准确的评价标准和采用可靠的分析方法。

3 国家标准《有机产品》(GB/T 19630—2005) 的理解

3.1 概述

最早的有机产品标准起源于民间团体，世界上第一个有机产品标准是英国土壤学会在 1967 年制定的。1973 年美国加州农民协会（CCOF）也为有机产品制定了标准，1978 年全球民间团体国际有机农业运动联盟（IFOAM）制定并发布了关于有机生产和加工的基本标准，1987 年 5 月日本自然农法国际中心（MOA）公布了《自然农法技术推广纲要》作为该中心的标准。

20 世纪 90 年代，随着有机产品市场的兴起和国际贸易的增加，各国政府开始关注有机产品生产和销售的规范化和标准化。法国、西班牙、丹麦等国以及美国的一些州率先制定了有机法规。1991 年欧盟制订了《关于有机农产品生产和标识的条例》（EU Regulation EEC 2092/91），规定了有机产品生产和加工的要求，1999 年 7 月，欧盟对该条例做了重大补充，发布了 EEC 1804/1999 标准，增加了有机畜禽生产、有机蜜蜂和蜂产品的生产标准，增加了对基因工程生物及其产品的控制。

【参考资料】

欧盟有机农业《植物生产规程》

欧洲议会法案 VO（EWG）Nr.2092/91《有机农业和有机农产品与有机食品标志法案》（简称《欧洲有机法案》），是欧盟有机农业发展的法律基础。《欧洲有机法案》规定：有机农业植物和植物源产品的生产必须符合有机农业的基本规程，并纳入由“负责检查的政府机构”或“质量检查认证机构”（以下简称监控机构）负责的“监控操作程序”。此处，简要介绍欧盟有机农业《植物生产规程》。

1 有机农业植物生产中农用物质的使用

只允许使用收录在《欧洲有机法案》附件中的特定农用物质（农药、肥料、土壤改良剂）和在规定的范围内使用。也允许使用它们的复配产品。它们的使用必须符合欧盟法案或者和欧盟法律相一致的某成员国法律法规。

2 有机农业植物生产中的种子和植物繁殖材料

仅使用有机农业的种子和植物繁殖材料。种子的母本和植物繁殖材料的亲本植物未使用转基因生物及其衍生物，至少一代实施了有机农业生产规程，多年生栽培植物需经历两个生长周期。截至 2003 年 12 月 31 日为止的过渡期内，可以使用非有机农业种子和植物繁殖材料，但需满足一定的条件（见 9.3 种子和植物繁殖材料特例）。

3 有机农业植物生产中的幼苗要求

仅使用有机农业幼苗。有机农业幼苗是指用于种植业的、根据有机农业基本规程生产出来的幼苗。可以使用那些非有机农业生产方式获得的幼苗，但需满足一定的条件（见 9.4 植物幼苗特例）。

4 有机农业的植物营养

有机农业植物营养措施应该能够保持和提高土壤肥力和生物活性。具体措施有：在轮作制中适度安排固氮植物、绿肥植物和深根植物的种植，有机农业动物源的厩肥、堆肥和尿粪需先堆肥腐熟再翻埋，企业整体使用的肥料量“每公顷农用土地每年不允许超过 170 kg 氮素”。

符合《欧洲有机法案》的其他有机肥料和矿物质肥料仅可补充使用。轮作中的固氮植物、绿肥植物和深根植物、有机农业动物源经济肥不能满足植物营养或不能保证满足需要时，才可补充使用。为了激活堆肥腐熟过程，保持与提高土壤肥力和生物活性，可以使用适合的植物源原料或非转基因微生物原料，也允许使用所谓的“生命活力添加剂”，其本质上为矿粉、动物源经济肥料或植物。使用需获得监控机构的认可。只要所涉成员国有规定，允许非转基因微生物原料普遍使用于农业，也可将它们用于改善土壤整体关系、改善土壤营养物质的吸收和植物生长。

5 有机农业的植物保护

必须优先使用病虫害综合防治措施治理病虫草害。具体措施有：适合植物种类和品种的选择；合理的轮作制；机械性的土壤处理；幼苗的焚烧；通过昆虫幼体的人工孵化，人工巢箱的悬挂，自然天敌的释放，创建合适生态关系，保护益虫，防治病虫害杂草。只有栽培植物存在着某种直接威胁，才允许使用《欧洲有机法案》中规定的产品。

6 有机农业方式的野生植物采集

在野外、森林、农用土地上自然出现的可食性野生植物及其部分器官的采集，也可作为有机农业生产范畴，需要满足下列要求：在相关植物采集时刻的前 3 年中，此土地上没有使用过未收录在《欧洲有机法案》的肥料和农药；采集活动不影响自然景观以及此物种在该地域的生存。

7 有机农业食用菌栽培的培养剂要求

允许使用的有机农业食用菌培养剂配制成分：来自有机农业生产实体的农产品（如

秸秆);非化学处理过的腐殖质;砍伐后未经化学处理的木料;收录在《欧洲有机法案》中的矿物质、水和土壤;来源于有机农业生产实体的厩肥、堆肥和动物粪尿;在上述产品不能供应的情况下,允许使用其他生产方式产生的厩肥、堆肥和动物粪尿,但它们需满足《欧洲有机法案》附件的相应要求(见 9.5 食用菌培养剂特例),成分的最高重量百分比为 25%(加水前所有培养剂的重量计算,覆盖物质除外)。

8 有机农业植物生产的“转型”

8.1 “转型”的一般内涵

农业生产实体从常规农业转型从事有机农业的转型期中,必须遵守有机农业基本规程和相应的实施规定,只允许使用收录在《欧洲有机法案》的特定农药、肥料、土壤改良剂等,符合规定范围和使用方式。不允许使用转基因生物及其衍生物。

种植土地的产品和牧地的饲料收获前至少经历两年转型期,多年生植物土地的有机农产品首次收获前至少需要 3 年。转型期最早始于:生产实体在监控机构登记生产活动并纳入监控操作程序的时刻。收获时转型时间至少为12个月的产品可以标注“有机农业转型期产品”。转型期后符合《欧洲有机法案》的有机农产品允许使用有机标志。

8.2 “转型期”的特例

监控机构可以和“具体负责的政府机构”协商并取得一致后决定,下列“可回溯时间”可以承认为“转型期”的时间。

8.2.1 纳入了相关计划的土地。它们在下列计划的实施时间和范围内,没有使用未收录在《欧洲有机法案》的农药、肥料。这些计划包括:1992 年 6 月 30 日欧洲议会法案(EWG)Nr.2078/92 关于“善待环境的农业生产操作程序法案”的实施计划、1999 年 5 月 17 日欧洲议会法案(EG)Nr.1257/1999 关于“改变及取消特定法案的‘欧洲农业设施和保障基金(EAGFL)支助农村发展的法案’”第Ⅵ章的实施计划、其他官方计划;

8.2.2 有关自然土地或农用土地,能向监控机构提供足够的“可回溯追踪”证明,至少过去 3 年,没有使用过未收录在《欧洲有机法案》的农药、肥料。

8.2.3 已向有机农业转型或已转型成熟的土地。如果使用了未收录在《欧洲有机法案》的某一产品,成员国可确定更短的时期作为“转型期”。具体情况如下:

a)成员国领土或特定地区的土地,针对特定栽培植物,成员国“具体负责的政府机构”采取了统一的植物保护措施,使用了未收录在《欧洲有机法案》的某一产品,必须向其他成员国和欧洲委员会通报“应该进行相应植保处理”的决定。

b)进行科学研究的土地,使用了未收录在《欧洲有机法案》的某一产品,这些研究已获成员国“具体负责的政府机构”批准。转型期时间长短需综合考虑下列因素:使用的植物保护产品的降解速度,在缩短了的转型期结束后,能保证在土壤、多年生果树、植物中只具有不显著的残留量。经植保产品处理后的收获产品不允许作为有机农业产品进入市场。

8.2.4 特定利用的土地。监控机构可考虑土地早期利用的特定情况，决定延长上述转型期的时间。

9 有机农业植物生产规程中的特例

9.1 特例的法律要求

特例的有效期。《欧洲有机法案》通常明确表示“截至某年某月某日为止的过渡期内允许使用”。

特例的负责机构。特例通常需符合成员国“具体负责的政府机构”的规定，由监控机构具体操作，生产实体仅需向监控机构提供足够的证明，说明在市场上没有有机农业相关物品的可供资源。

特例的限制。在能够从市场获得的情况下，必须使用符合有机农业规程的物品。

特例的通报。成员国应通报其他成员国和欧洲委员会关于特例的详细情况和决定。

9.2 批准特例的法律程序

除在《欧洲有机法案》作了规范的特例外，其他特例的批准通常需要经过《欧洲有机法案》第 14 条规范的操作程序。

9.2.1 第 14 条操作程序的作用。《欧洲有机法案》富有弹性地采用了一些措施，如实施细则、补充法案、过渡期、技术单位的具体化、操作程序的过渡、第三国有机农业产品管理细则等，组成预审提案，往往需要启动“规则的规则”——第 14 条操作程序，来决定预审提案通过与否。

9.2.2 第 14 条操作程序的操作

建立专门委员会。专门委员会由各成员国代表组成，欧洲委员会派出代表担任主席。专门委员会在欧洲委员会通过预审提案时发挥着重要作用。

提案提出与讨论。欧洲委员会代表提请专门委员会讨论提案。专门委员会在限期内讨论，由主席根据问题紧迫性确定限期。提案讨论实现投票程序（见欧洲经济共同体组建条约第 148 条第 2 款）。投票时，应获成员国代表票数。主席不参加投票。

意见一致下的措施颁布。如果与专门委员会投票意见一致，欧洲委员会颁布预审提案。

欧洲议会的决定。如果预审提案和投票意见不一致或没有进行提案讨论，欧洲委员会应立即向欧洲议会呈交预审提案。欧洲议会以特定多数票程序，决定是否颁布法案。

自动通过原则。如果欧洲议会在 3 个月限期内未作出决定的话，表明预审提案自动通过，欧洲委员会对预审提案颁发法案。

9.3 种子和植物繁殖材料特例

截至 2003 年 12 月 31 日为止的过渡期内，可使用非有机农业种子和植物繁殖材料，需符合某成员国“具体负责的政府机构”的规定，使用者必须向监控机构提供证明，市场上没有有机农业的种子和植物繁殖材料的可供资源。在能够从市场获得的情况下，必须使用符合有机农业规程的物品。成员国应向其他成员国和欧洲委员会通报“缺货情况”。

启用第 14 条操作程序可以决定以下措施：引入在过渡期（在 2003 年 12 月 31 日前）生效的措施，对使用非有机农业种子和植物繁殖材料的特定物种、类型以及化学处理等进行限制；颁发过渡期后上述限制规则继续生效或部分规则继续生效的法案；引入特例规程的操作程序和标准以及相应专门委员会、成员国及欧洲委员会的报告。

9.4 植物幼苗特例

在有机农业植物生产中，如果使用非有机农业生产方式获得的幼苗，必须满足下列条件：幼苗使用者向监控机构提供证明，在欧盟市场不能获得相应物种的有机农业植物幼苗，对此成员国“具体负责的政府机构”颁发使用许可；幼苗来自于实施监控规程的生产实体，播种后仅使用了收录在《欧洲有机法案》的肥料和土壤改良剂、农药及其他防治物质；幼苗定植后，必须遵守有机农业基本规程，只允许使用收录在《欧洲有机法案》的特定物质，收获前至少栽培了 6 个星期；在有机农业幼苗的缺货状况结束后，可撤回许可。

如果颁布了许可，相应成员国应及时通报其他成员国和欧洲委员会，同时告知如下信息：许可日期；所涉物种及品种的名称；所需数量以及许可颁布理由；估计的缺货时期；欧洲委员会或其他成员国所要求的其他信息。如果在通报后，某成员国向欧洲委员会和颁布许可的成员国提供信息；在缺货时期，仍可获取某一适合材料，那么所涉成员国可最后一次权衡，取消许可或缩短许可有效期；该成员国在获得上述信息后的 10 天内，向欧洲委员会以及其他成员国通报相关决定。在某成员国要求下或欧洲委员会推动下，可启动《欧洲有机法案》第 14 条操作程序决定取消许可或者改变许可有效期。

9.5 食用菌培养剂特例

截至 2001 年 12 月 1 日为止，可以使用非有机农业的厩肥、堆肥和动物粪尿，必须满足《欧洲有机法案》的相关描述、组成和使用要求，使用必要性需获得监控机构的确认。在此情况下，产品标签及广告必须标注：该食用菌栽培于常规农业的培养剂上，它们临时性地允许使用于有机农业。标签广告中标注的文字“有机”不允许比其他文字突出。

按照有机农业的基本规程从事生产是发展有机农业的关键，欧盟有机农业植物生产规程为保证有机植物产品的高安全和高质量、保护动植物和环境、保证农业生态的可持续发展提供了基础。

美国的俄勒冈州于 1974 年制定了《有机食品法》，1979 年加利福尼亚州在 1970 年制定了《有机食品法》，美国联邦在 1990 年制定国家《有机食品法》，并于 2000 年 12 月 21 日在《联邦注册》（*Federal Register*）上发布了联邦有机产品标准“NOP”。日本农林水产省于 1993 年 4 月制定并施行《有机农产品等青果物特别表示准则》，2001 年制定了有机农产品及有机农产品加工食品的 JAS 规格（标准）。

1999 年联合国食品法典委员会（Coxdel Alimentarius Commission）制定了《有机产品生产和销售指南》（*Coxdel Alimentarius Commission*，2003）。

20 世纪 90 年代，随着欧盟供应商在我国寻求有机食品的供应，启动了我国有机产品的发展。1994 年国家环境保护总局成立了有机食品发展中心（OFDC），从事有机产品标准和管理条例的起草和研究制定工作。通过多年的探索，国家环境保护总局于 2001 年发布了环境保护行业标准 HJ/T 80—2001《有机食品技术规范》，该标准以《关于有机食品生产、加工、标识和贸易的指南》（CAC/GL 32—1999）、IFOAM《有机农业生产和加工基本标准》为主要依据，并参考有关地区和国家的有机生产标准和条例，结合我国农业生产和食品加工行业的有关标准而制定的。

2003 年，中国认证认可监督管理委员会（CNCA）组织环保、农业、质检、食品等行业的专家开始制订有机产品国家标准，并于 2005 年 1 月 19 日由国家质量监督检验检疫总局和国家标准化委员会正式发布国家标准《有机产品》（GB/T 19630—2005）。该标准借鉴 IFOAM 基本标准、联合国法典 CODEX 标准、欧盟 EU 2092/91 法规（标准）、美国 NOP 标准、日本 JAS 标准，并结合我国的实际制定。

标准分为 4 个部分：即 GB/T 19630.1—2005《有机产品　第 1 部分：生产》；GB/T 19630.2—2005《有机产品　第 2 部分：加工》；GB/T 19630.3—2005《有机产品　第 3 部分：标志与销售》；GB/T 19630.4—2005《有机产品　第 4 部分：管理体系》。其中第 1 部分：生产包括了作物种植、畜禽养殖、水产养殖、蜜蜂和蜂产品 4 个方面。

这一国家标准的制订，对有机产品质量认证和质量体系控制提供了基础；为有机产品生产活动提供了技术和行为规范，是维护生产者和消费者利益、保护产品质量和规范经营行为的法律依据。对提高我国农产品的国际竞争力，促进出口创汇将起到巨大作用。

以下对涉及有机种植的相关标准进行解释。对于标准文本中已经说明清楚的内容本书不再解释，本书只对难点和重点进行说明。楷体部分为标准内容，宋体部分为标准理解要点。

3.2 国家标准（GB/T 19630.1—2005）《有机产品　第 1 部分：生产》标准及其理解

1 范围

GB/T 19630 的本部分规定了农作物、食用菌、野生植物、畜禽、水产、蜜蜂及其未加工产品的有机生产通用规范和要求。

本部分适用于有机生产的全过程，主要包括：作物种植、食用菌栽培、野生植物采集、畜禽养殖、水产养殖、蜜蜂养殖及其产品的运输、贮藏和包装。

理解要点：

1）我国在实施有机产品认证时，目前仅涉及以上六种，在国外还涉及纺织品、林产品、化妆品、餐饮业等其他品种。

2）随着我国有机事业的发展，将有可能制定新的相关标准，扩大适用的范围。

2 规范性引用文件

下列文件中的条款通过 GB/T 19630 的本部分的引用而成为本部分的条款。凡是注日期的引用文件，其随后所有的修改单（不包括勘误的内容）或修订版均不适用于本部分，然而，鼓励根据本部分达成协议的各方研究是否可使用这些文件的最新版本。凡是不注日期的引用文件，其最新版本适用于本部分。

GB 3095—1996 环境空气质量标准

GB 5084 农田灌溉水环境质量标准

GB 5749 生活饮用水卫生标准

GB 9137 保护农作物的大气污染物最高允许浓度

GB 11607 渔业水质标准

GB 15618—1995 土壤环境质量标准

GB 18596 畜禽养殖业污染物排放标准

理解要点：

本标准引用的 7 个标准是实施有机生产的基础条件性标准，使用中还应关注其他农业相关标准的适用性和应用要求。同时，应关注 7 个适用标准的修订状况，确保使用这些文件的最新版本。

3 术语和定义

下列术语和定义适用于 GB/T 19630 的本部分。

3.1 有机农业 organic agriculture

遵照一定的有机农业生产标准，在生产中不采用基因工程获得的生物及其产物，不使用化学合成的农药、化肥、生长调节剂、饲料添加剂等物质，遵循自然规律和生态学原理，协调种植业和养殖业的平衡，采用一系列可持续发展的农业技术以维持持续稳定的农业生产体系的一种农业生产方式。

3.2 有机产品 organic product

生产、加工、销售过程符合本部分的供人类消费、动物食用的产品。

3.3 常规　conventional

生产体系及其产品未获得有机认证或未开始有机转换认证。

3.4 转换期　conversion

从按照本标准开始管理至生产单元和产品获得有机认证之间的时段。

3.5 平行生产　parallel production

在同一农场中，同时生产相同或难以区分的有机、有机转换或常规产品的情况，称之为平行生产。

3.6 缓冲带　buffer zone

在有机和常规地块之间有目的设置的、可明确界定的用来限制或阻挡邻近田块的禁用物质漂移的过渡区域。

3.7 投入品　input

指在有机生产过程中采用的所有物质或材料。

3.8 顺势治疗　homeopathic treatment

一种疾病治疗体系，通过将某种物质系列稀释后使用来治疗疾病，而这种物质若未经稀释在健康动物上大量使用时能引起类似于所欲治疗疾病的症状。

3.9 生物多样性　biological diversity

地球上生命形式和生态系统类型的多样性，包括基因的多样性、物种的多样性和生态系统的多样性。

3.10 转基因生物　GMOs

通过基因工程技术导入某种基因的植物、动物、微生物。

3.11 允许使用　allowed（permitted）

本部分许可使用的物质或方法。

3.12 限制使用　restricted

本部分允许有条件地使用的物质或方法。

3.13 禁止使用　prohibited

本部分不允许使用的物质或方法。

理解要点：

1）有机认证中，使用专门的术语和定义，以在各方共同中达到理解的一致性。特别是在本标准的执行过程中，后面几章均会使用本术语。

2）真正理解和运用是需要充分实践的。

举例：“平行生产”包括有机、常规、转换这三种生产状态之间在同一生产单元同时存在的多种情况。

4 作物种植

4.1 总则

4.1.1 农场范围

农场应边界清晰、所有权和经营权明确；也可以是多个农户在同一地区从事农业生产，这些农户都愿意根据本标准开展生产，并且建立了严密的组织管理体系。

理解要点：

1）农场应是一个所有权和经营权明确的实体。

2）农场可以是单一意义上的，也可以是多个个体农户、农户组织组成的集体，关键在于需要建立起覆盖所有个体的管理体系并实施管理。

3）农场也可以是一个大农场的一部分，但也必须建立起独立的管理体系并实施管理。

4.1.2 产地环境要求

有机生产需要在适宜的环境条件下进行。有机生产基地应远离城区、工矿区、交通主干线、工业污染源、生活垃圾场等。

基地的环境质量应符合以下要求：

a）土壤环境质量符合 GB 15618—1995 中的二级标准。

b）农田灌溉用水水质符合 GB 5084 的规定。

c）环境空气质量符合 GB 3095—1996 中二级标准和 GB 9137 的规定。

理解要点：

1）有机生产需要一个相对比较好的环境质量，但并非过高的要求。

2）对远离城区、工矿区、交通主干线、工业污染源、生活垃圾场等的要求是相对的，无具体距离要求，关键是基地周围应无明显的污染源。

3）对有机生产基地的环境应进行评估，一般情况下，可采集环境样本，由有资质的检测机构进行水、土、气的检测。

4.1.3 缓冲带和栖息地

如果农场的有机生产区域有可能受到邻近的常规生产区域污染的影响，则在有机和常规生产区域之间应当设置缓冲带或物理障碍物，保证有机生产地块不受污染。以防止临近常规地块的禁用物质的漂移。

在有机生产区域周边设置天敌的栖息地，提供天敌活动、产卵和寄居的场所，提高生物多样性和自然控制能力。

理解要点：

1）标准强调的是“有可能”时必须设置缓冲带或物理障碍。

2）缓冲带或物理障碍都是可以接受的，且形式不限，但最终效果必须是有效起到隔离作用。缓冲带可以是一片耕地、一条沟和路、一片丛林或树林，也可以是一片荒地和草地。物理障碍可以是一堵墙、一个陡坎、一个大棚或一座建筑。

3）保持生物的多样性的目的是提高自然控制的能力，天敌的栖息地可以是设置的，也可以是基地有意识的保护。

举例：很多情况下，农场会在有机地块的周围按照有机的方式种植管理一些其他的农作物，而且与有机产品品种不同，这些农作物就可以作为缓冲带，但就其本身，应作为常规产品销售。

4.1.4 转换期

转换期的开始时间从提交认证申请之日算起。一年生作物的转换期一般不少于 24 个月转换期，多年生作物的转换期一般不少于 36 个月。

新开荒的、长期撂荒的、长期按传统农业方式耕种的或有充分证据证明多年未使用禁用物质的农田，也应经过至少 12 个月的转换期。

转换期内必须完全按照有机农业的要求进行管理。

理解要点：

1）无论在何种条件下，所有用于有机生产的地块必须经过至少 12 个月的转换期。

2）转换期的意义在于使土壤中的污染物质的降解和土壤改良，也是在有机地块上建立起完整的管理体系的需要。

3）就有机管理本身而言，转换期也是实施有机生产，需要遵守的要求和管理没有区别。

4.1.5 平行生产

如果一个农场存在平行生产，应明确平行生产的动植物品种，并制订和实施了平行生产、收获、储藏和运输的计划，具有独立和完整的记录体系，能明确区分有机产品与常规产品（或有机转换产品）。

农场可以在整个农场范围内逐步推行有机生产管理，或先对一部分农场实施有机生产标准，制订有机生产计划，最终实现全农场的有机生产。

理解要点：

1）在存在平行生产的情况下，应根据生产的各个环节需要对照标准的要求制订特别的管理计划，以实施特别的管理。

2）独立和完整的记录体系，是可追溯系统的基本要求。

3）有机标准的最终目的是实现全农场的有机生产，但在实施标准的初期可能不容易，但应制订相应的计划。

> 4.1.6 转基因
>
> 禁止在有机生产体系或有机产品中引入或使用转基因生物及其衍生物，包括植物、动物、种子、成分划分、繁殖材料及肥料、土壤改良物质、植物保护产品等农业投入物质。存在平行生产的农场，常规生产部分也不得引入或使用转基因生物。

理解要点：

标准禁止在有机农场内生产转基因产品或应用转基因技术。

> **4.2 作物种植**
>
> 4.2.1 种子和种苗选择
>
> 应选择有机种子或种苗。当从市场上无法获得有机种子或种苗时，可以选用未经禁用物质处理过的常规种子或种苗，但应制订获得有机种子和种苗的计划。
>
> 应选择适应当地的土壤和气候特点、对病虫害具有抗性的作物种类及品种。在品种的选择中应充分考虑保护作物的遗传多样性。
>
> 禁止使用经禁用物质和方法处理的种子和种苗。

理解要点：

1）有机生产者应尽可能使用有机种子和种苗。如果在现有条件下暂时获取不到，也必须制订获取计划。如通过转换期种植、寻求有关途径的方法等。

2）有机种植优先选择有天然抗性的种子和种苗。

3）种子和种苗不能使用禁用的方法和物质来处理，需要采用其他方法来防治病虫害。

> 4.2.2 作物栽培
>
> 应采用作物轮作和间套作等形式以保持区域内的生物多样性，保持土壤肥力。
>
> 在一年只能生长一茬作物的地区，允许采用两种作物的轮作。
>
> 禁止连续多年在同一地块种植同一种作物，但牧草、水稻及多年生作物除外。

应根据当地情况制订合理的灌溉方式（如滴灌、喷灌、渗灌等）控制土壤水分。

应利用豆科作物、免耕或土地休闲进行土壤肥力的恢复。

理解要点：

1）标准强调了“轮作”的重要性，“轮作”应是有机生产者的自觉行为，并依据相应的考虑，做出科学的规定。

2）在一年一茬的地区，允许最低限度的两种作物轮作，在一年多茬的地区，必须是三种或三种以上的作物轮作。

3）标准推荐将豆科作物的种植纳入轮作计划。

4.2.3　土肥管理

应通过回收、再生和补充土壤有机质和养分来补充因作物收获而从土壤带走的有机质和土壤养分。

保证施用足够数量的有机肥以维持和提高土壤的肥力、营养平衡和土壤生物活性。

有机肥应主要源于本农场或有机农场（或畜场）；遇特殊情况（如采用集约耕作方式）或处于有机转换期或证实有特殊的养分需求时，经认证机构许可可以购入一部分农场外的肥料。外购的商品有机肥，应通过有机认证或经认证机构许可。

理解要点：

1）土壤培肥是有机农业持续发展的两个决定因素之一。

2）有机农场应根据自己的情况，制订科学合理的土壤培肥计划。

3）有机肥的最合理来源应是自己的农场或有机农场，目的是促进农场内的养分循环利用。

4）外购的有机肥应在有特殊需求时才是被允许的，是一种辅助措施，且需特殊的评估和承认。

5）农场外的有机肥采购前，需向认证机构申报并获得许可。

限制使用人粪尿，必须使用时，应当按照相关要求进行充分腐熟和无害化处理，并不得与作物食用部分接触。禁止在叶菜类、块茎类和块根类作物上施用。

天然矿物肥料和生物肥料不得作为系统中营养循环的替代物，矿物肥料只能作为长效肥料并保持其天然组分，禁止采用化学处理提高其溶解性。

有机肥堆制过程中允许添加来自于自然界的微生物，但禁止使用转基因生物及其产品。

在土壤培肥过程中允许使用和限制使用的物质见附录 A。使用附录 A 未列入的物质时，应由认证机构按照附录 D 的准则对该物质进行评估。

理解要点：

1）叶菜类、块茎类和块根类作物上不能使用人粪尿，即使经过了腐熟和无害化处理，也不允许。

2）天然矿物经过化学处理提高溶解性后，改变了性质，就成了化肥，因此被有机生产禁用。

3）由于近年来微生物制剂的应用和发展，转基因问题是应关注和需要在使用前证实的。

4）附录 A 中的物质种类有限，当使用的肥料不在列表中时，需要认证机构的评估。

> 在有理由怀疑肥料存在污染时，应在施用前对其重金属含量或其他污染因子进行检测。应严格控制矿物肥料的使用，以防止土壤重金属累积。
>
> 在有理由怀疑肥料存在污染时，应在施用前对其污染因子进行检测。
>
> 检测合格的肥料，应限制使用量，以防土壤有害物质累积。
>
> 禁止使用化学合成肥料和城市污水污泥。

理解要点：

1）怀疑肥料存在污染时，必须经检测消除了怀疑才能够使用。

2）长期使用矿物肥料，必须考虑重金属的累积问题。

3）长期使用某一种肥料，也会造成土壤养分失衡或污染，如重金属、硝酸盐等。

4）城市污泥因成分复杂，污染风险大，被标准禁用。

> 4.2.4 病虫草害防治
>
> 病虫草害防治的基本原则应是从作物—病虫草害整个生态系统出发，综合运用各种防治措施，创造不利于病虫草害孳生和有利于各类天敌繁衍的环境条件，保持农业生态系统的平衡和生物多样化，减少各类病虫草害所造成的损失。优先采用农业措施，通过选用抗病抗虫品种，非化学药剂种子处理，培育壮苗，加强栽培管理，中耕除草，秋季深翻晒土，清洁田园，轮作倒茬，间作套种等一系列措施起到防治病虫草害的作用。还应尽量利用灯光、色彩诱杀害虫，机械捕捉害虫，机械和人工除草等措施，防治病虫草害。
>
> 以上方法不能有效控制病虫害时，允许使用附录 B 所列出的物质。使用附录 B 未列入的物质时，应由认证机构按照附录 D 的准则对该物质进行评估。

理解要点：

1）防治病虫草害是有机农业持续发展的另一决定因素。

2）防治病虫草害主要应该依靠农作的、生物的和物理的措施。应优先使用农作措施，保障整个农场的大环境适应于有机生产。

3）标准条款中推荐了一些措施，但无论如何选择或制订其他计划，都应适应有机农场的具体条件。

4）标准附录 B 中的物质都是辅助性的，而不是鼓励有机生产者无条件使用的，是指“有条件地、有节制地、有限量地和有时限地使用”，即在无法使用允许的方法和物质有效控制病虫草害时选择使用。

> 4.2.5 污染控制
>
> 有机地块与常规地块的排灌系统应有有效的隔离措施，以保证常规农田的水不会渗透或漫入有机地块。
>
> 常规农业系统中的设备在用于有机生产前，应得到充分清洗，去除污染物残留。
>
> 在使用保护性的建筑覆盖物、塑料薄膜、防虫网时，只允许选择聚乙烯、聚丙烯或聚碳酸酯类产品，并且使用后应从土壤中清除。禁止焚烧，禁止使用聚氯类产品。
>
> 有机产品的农药残留不能超过国家食品卫生标准相应产品限值的 5%，重金属含量也不能超过国家食品卫生标准相应产品的限值。

理解要点：

1）有机地块的灌溉水不能先流经常规地块再进入有机地块，常规地块的排水也不能进入有机地块。

2）常规地块和有机地块合用农具等设备时，必须先清洗设备并留下记录。

3）有机农业鼓励采用先进的农业技术和设施，如温室、防虫网、滴灌等，但禁止使用有毒和有害的材料。同时，要防止设施材料对有机生产和环境的污染。

4）标准规定有机产品的农药残留和重金属限值，用于统一控制有机农产品的质量，有机产品的从业者应了解相应的国家食品卫生标准基本数据。

> 4.2.6 水土保持和生物多样性保护
>
> 应采取积极的、切实可行的措施，防止水土流失、土壤沙化、过量或不合理使用水资源等，在土壤和水资源的利用上，应充分考虑资源的可持续利用。
>
> 应采取明确的、切实可行的措施，预防土壤盐碱化。
>
> 提倡运用秸秆覆盖或间作的方法避免土壤裸露。
>
> 应重视生态环境和生物多样性的保护。
>
> 应重视天敌及其栖息地的保护。
>
> 充分利用作物秸秆，禁止焚烧处理。

理解要点：

1）有机农业强调的不仅是产品本身的有机完整性，也是为了保护生态环境。在本条款中，就防土壤盐碱化、避免土壤裸露、生态环境和生物多样性的保护、天敌及其栖息地的保护、利用作物秸秆几个方面提出了相关要求。

2）有机农场禁止焚烧秸秆，但由于作物病害严重，焚烧作为一种处理方式时例外。

> **5 食用菌栽培**
>
> **5.1 场地和环境**
>
> 直接与常规农田毗邻的露天食用菌栽培区必须设置大于 30 m 的缓冲带，以避免禁用物质的影响。在培养场地和周围禁止使用化学合成农药。水源应符合 GB 5749 的要求。

理解要点：

1）有机食用菌的栽培是一种比较特殊的种植类型，因此需要单独制订要求，在标准的使用过程中，对本节的要求除特殊明确的，有别于其他有机作物种植。

2）露天食用菌栽培区设置的缓冲带必须大于 30 m，是考虑了其对农用化学品的特殊敏感性。

3）食用菌栽培灌溉用水标准为《生活饮用水卫生标准》(GB 5749)，高于其他作物《农田灌溉水质标准》(GB 5084)。

> **5.2 菌种**
>
> 应尽可能采用经认证的有机菌种，并可以清楚地追溯菌种的来源。

理解要点：

有机食用菌的菌种不能涉及转基因，应尽量是经过有机认证的，如果无法获得有机菌种，也必须保证在取得或购回菌种及其母液后不能与标准禁用的物质接触。从外部购入的菌种应有来源的证明或说明。

> **5.3 栽培**
>
> 应采用有机生产或天然材料的基质。
>
> 覆土栽培食用菌生产中所使用的土壤，其要求与作物生产的土壤要求相同。

木料和接种位使用的涂料应是食用级的产品，禁止使用石油炼制的涂料、乳胶漆和油漆等。

理解要点：

1）有机食用菌转换期的要求不是必需的，但直接利用土壤栽培的，地块与其他作物一样，需要转换期。

2）培养用的基质必须来自有机认证的农场或来自天然材料，如有机秸秆、天然林木材加工余料等。

5.4 害虫和杂菌

5.4.1 应采用预防性的管理措施，保持清洁卫生，进行适当的空气交换，去除受感染的菌簇。

5.4.2 在非栽培期，允许使用低浓度氯溶液对培养场地进行淋洗消毒。

5.4.3 允许采用设置物理障碍物及调节温、湿度或石灰水等手段防治有害生物。

理解要点：

1）有机食用菌栽培的关键技术就是防止“杂菌感染”，但因使用的防治方式和物质的限制，决定了在栽培的过程中应是以预防为主。

2）标准允许采用石灰水防治有害生物，在一定程度上降低了防控难度。

6 野生植物采集

6.1 野生植物采集区域应当边界清晰，并处于稳定和可持续的生产状态。

6.2 野生植物采集区应是在采集之前的三年中没有受到任何禁用物质污染的地区。

6.3 野生植物采集区应保持有效的缓冲带。

6.4 采集活动不得对环境产生不利影响或对动植物物种造成威胁，采集量不得超过生态系统可持续生产的产量。

6.5 应制订和提交有机野生植物采集区可持续生产的管理方案。

理解要点：

1）野生植物采集也同样要防止污染，需要清晰的边界，必要时也要设置各种形式的缓冲带。

2）标准虽无明确的转换要求，但由于人为的管理手段的增强，野生植物采集区同样应证明在采集之前的三年中没有受到任何禁用物质污染。

3）有机生产强调保护环境，保护生态系统的平衡，必须制订可持续生产的管理方案，避免掠夺式经营。

7　运输、贮藏和包装通则

7.1　运输

7.1.1　混杂使用的运输工具在装载有机产品前应清洗干净。

7.1.2　在运输工具及容器上，应设立专门的标志和标识，避免与常规产品混杂。

7.1.3　在运输和装卸过程中，外包装上应当贴有清晰的有机认证标志及有关说明。

7.1.4　运输和装卸过程应当有完整的档案记录，并保留相应的票据，保持有机生产的完整性。

理解要点：

1）由于初级农产品与加工产品的运输、贮存和包装有比较明显的区别，因此标准在本章节做出了特别的规定。

2）常规产品和有机产品使用同一运输工具和容器时，必须清洗，避免污染。

3）专门的标志和标识，有利于明确所运输物质的有机性质和防止污染的方法。

4）有机认证强调可追溯性，记录是必须要关注的和保留的。

7.2　贮藏

仓库应清洁卫生、无有害生物，无有害物质残留，7 d 内未经任何禁用物质处理过。

允许使用常温贮藏、气调、温度控制、干燥和湿度调节等储藏方法。

有机产品尽可能单独贮藏，与常规产品共同贮藏，应在仓库内划出特定区域，并采取必要的包装、标签等措施，确保有机产品和常规产品的识别。

应保留完整的出入库记录和票据。

理解要点：

1）有机仓库使用禁用物质主要指熏蒸、喷洒等消杀处理，但在使用前应将有机产品移出仓库。禁用物质挥发完后，才可以贮存有机产品。

2）不允许使用持久残留性的农药和消毒产品。

3）有机产品和常规产品在同一仓库中时，要在库房内划出专门区域，并设置明显的隔离标志和标识，使任何人都不会因误会而混淆。

4）记录同样为了追溯性的要求，包括提供消杀过程和数量证据。

7.3　包装

包装材料应符合国家卫生要求和相关规定；提倡使用可重复、可回收和可生物降解的包装材料。

包装应简单、实用。

禁止使用接触过禁用物质的包装物或容器。

理解要点：

1）有机初级农产品包装材料应符合国家卫生要求和相关规定。

2）给有机产品过度包装的做法不符合有机生产的基本原则，应节约资源，有利于保护环境。

3）“禁止使用接触过禁用物质的包装物或容器”特别是对初级农产品的生产者必须强调和监督执行。

8 畜禽养殖

8.1 转换期

8.1.1 饲料生产基地的转换期的要求与有机农场的转换期要求一致。

牧场、非草食动物运动场草地的转换期可以缩短到12个月；如果从未使用过禁用物质，则转换期可以缩短到6个月。

8.1.2 畜禽需经过转换期后，方可作为有机产品出售。畜禽的转换期如下：

（a）肉用牛、马属动物、驼，12个月；

（b）肉用羊和猪，6个月；

（c）乳用畜，6个月；

（d）肉用家禽，10周；

（e）蛋用家禽，6周；

（f）其他种类的转换期应长于其养殖周期的3/4。

理解要点：

1）有机畜禽养殖和有机作物种植一样，也需要转换期。畜禽养殖的转换期分为两种：一种是畜禽本身的转换；一种是饲料生产基地的转换。

2）有机牧场和有机活动草场可以有条件缩短转换期，最少6个月，主要是用于建立有机产品质量管理体系。

3）根据不同畜禽的生理特点和养殖周期，转换期各有不同。

4）未在本标准中列明的其他种类畜禽转换期为其养殖周期的3/4或更多。

8.2 平行生产

如果一个养殖场同时以有机方式及非有机方式养殖同一品种或难以区分的畜禽品

种，则应满足下列条件，其有机养殖的畜禽才可以作为有机产品销售：

(a) 有机畜禽和非有机畜禽的圈栏、运动场地和牧场完全分开，或者有机畜禽和非有机畜禽是易于区分的品种；

(b) 贮存饲料的仓库或区域分开并设置了明显标记；

(c) 保留了有机畜禽和非有机畜禽的分群、饲喂、治疗等详细记录；

(d) 有机畜禽不能接触非有机饲料和禁用物质的贮藏区域。

理解要点：

1）只有能够明显区分的不同品种的畜禽才可以在同一场地养殖。

2）如存在平行养殖的情况，必须采取严格的隔离措施。

3）养殖所需要的条件，饲料、场地必须严格区分，并有详细记录便于追溯。

4）标准的最终目的是将有机养殖部分与平行养殖完全分离，既减少管理成本，又避免污染和混杂的风险。

8.3 畜禽的引入

8.3.1 应引入有机畜禽。当不能得到有机畜禽时，允许引入常规畜禽，但应符合以下条件：

(a) 肉牛、马属动物、驼，已断乳但不超过 6 个月龄；

(b) 猪、羊，不超过 6 周龄且已断乳；

(c) 乳用牛，出生不超过 4 周龄，接受过初乳喂养且主要是以全乳喂养的犊牛；

(d) 肉用鸡，不超过 3 日龄；(其他禽类可放宽到 2 周龄)

(e) 蛋用鸡，不超过 18 周龄。

理解要点：

1）引入期限并不是转换期，应严格加以区分。

2）引入是对刚开始从事有机畜禽养殖或需要增加新养殖品种时才适用的。当有机生产进行到一定条件时，应该考虑自行繁殖。

举例：养殖基地可从外购入 6 周龄且已断乳的肉用猪，但购入后必须经过 6 个月的饲养后，才可以作为有机肉用猪出售。

8.3.2 允许引入常规畜，每年引入的数量不能超过同种成年有机畜总量的 10%。以下情况，经认证机构许可该比例可以放宽到 40%。

(a) 不可预见的严重自然灾害或人为事故；

(b) 养殖场规模大幅度扩大；

（c）养殖场发展新的畜禽品种。

所有引入的常规畜禽必须经过相应的转换期。

8.3.3　允许引入常规种公畜，引入后应立即按照有机方式饲养。

8.3.4　所有引入的畜禽都不能受到转基因生物及其产品的污染，包括涉及基因工程的育种材料、疫苗、兽药、饲料和饲料添加剂等。

理解要点：

1）种畜的引入没有引进月龄的要求，但也同时适用于8.1.2转换期；种畜引入后必须立即进行有机饲养，经过转换期后才可以作为有机种畜。

2）标准中的有机种畜，包括种公畜和种母畜。

3）对常规公畜的引入，不能在需要时才引入，使用后又将其作为常规产品对待。应有计划地引入，并按本说明第一部分要求实施。

8.4　饲料

8.4.1　畜禽应以有机饲料饲养。饲料中至少应有50%来自本养殖场饲料种植基地或本地区有合作关系的有机农场。饲料生产应符合本部分第4章作物种植的要求。

理解要点：

1）有机养殖需要首先解决饲料问题，应对饲料基地合理安排，以期获得稳定的来源。

2）对有机饲料生产的要求和对其他作物的要求一样。

8.4.2　在养殖场实行有机管理的第一年，本养殖场饲料种植基地按照本标准要求生产的饲料可以作为有机饲料饲喂本养殖场的畜禽，但不能作为有机饲料出售。

理解要点：

1）允许将养殖基地第一年以有机方式生产的饲料作为本养殖场的有机饲料喂养本养殖场的畜禽。

2）这种特许只针对有饲料种植基地的养殖场本身，是一种鼓励措施，不适用于其他情况。

3）饲料种植基地在有机认证的申请过程中，必须经过有机认证机构确认其按有机标准实施了管理。

8.4.3 当有机饲料供应短缺时，允许购买常规饲料。但每种动物的常规饲料消费量在全年消费量中所占比例不得超过以下百分比：

(a)草食动物(以干物质计)10%。

(b)非草食动物(以干物质计)15%。

畜禽日粮中常规饲料的比例不得超过总量的25%(以干物质计)。

出现不可预见的严重自然灾害或人为事故时，允许在一定时间期限内饲喂超过以上比例的常规饲料。

饲喂常规饲料须事先获得认证机构的许可，并详细记录饲喂情况。

理解要点：

1）这也是一项鼓励措施，但有机生产者不应利用此规定有意识地使用常规饲料。

2）有机养殖中不得已使用常规饲料时，使用的总量和每日总量必须遵守标准的规定。

3）初次申请有机认证的农场，应在申请时向认证机构通报有关情况。

4）获得认证的农场，应在使用前向认证机构通报有关情况，取得认证机构的同意。

5）在以上两种情况下的使用，都应制订合理的计划并有详细的使用记录。

8.4.4 必须保证反刍动物每天都能得到满足其基础营养需要的粗饲料。在其日粮中，粗饲料、青饲料或青贮饲料所占的比例不能低于60%(对乳用畜，前3个月内此比例可降低为50%)。在猪和家禽的日粮中必须配以粗饲料、青饲料或青贮饲料。

理解要点：

1）强调反刍动物的饲料中必须有粗饲料，是为了使饲养更接近其自然的生活状态。粗饲料包括：干草、树叶、有机作物的秸秆、果壳等，其粗纤维含量基本在30%以上。这样有促进其胃肠蠕动和提高消化吸收率的功能。

2）非反刍动物和家禽的消化吸收能力相对较弱，对粗饲料的要求比例低，但要根据物种的不同进行添加。如猪饲料中粗饲料占10%，鸡饲料中粗饲料占5%左右。

3）对粗饲料、青饲料或青贮饲料在使用中的比例应形成合理的计划，并在喂养中形成记录。记录应反映其符合比例规定的要求。

8.4.5 初乳期幼畜必须由母畜带养，并能吃到足量的初乳。允许用同种类的有机奶喂养哺乳期幼畜。在无法获得有机奶的情况下，可以使用同种类的非有机奶。

禁止早期断乳，或用代乳品喂养幼畜。在紧急情况下允许使用代乳品补饲，但其中不能含有抗生素、化学合成的添加剂或动物屠宰产品。哺乳期至少需要：

（a）猪、羊，6周；

（b）牛、马，3个月。

理解要点：

1）本条要求也是为了使饲养更接近其自然的生活状态，有利于幼畜的健康成长。

2）标准中提出的“允许用同种类的有机奶喂养哺乳期幼畜”是指在特殊情况下，是不鼓励采用的。

8.4.6 配合饲料中的主要农业源配料都必须获得有机认证。

8.4.7 在生产饲料、饲料配料、饲料添加剂时均不得使用转基因生物或其产品。

8.4.8 禁止使用以下方法和产品：

（a）以动物及其制品饲喂反刍动物，或给畜禽饲喂同科动物及其制品；

（b）未经加工或经过加工的任何形式的动物粪便；

（c）经化学溶剂提取的或添加了化学合成物质的饲料。

理解要点：

1）有机养殖使用饲料的主要配料必须是获得认证的，是保证有机生产各环节完整性的需求。各个环节中不涉及转基因产品也同样适用。

2）标准中提到的8.4.3的规定是不鼓励使用的，是在饲料短缺的特殊情况下被迫采用的。

3）有机养殖严禁用动物制品喂养动物，同时禁止饲料中的化学提取和合成成分，特别是使用复合饲料时，应对照本条要求查清来源和成分后使用。

8.5 饲料添加剂

8.5.1 使用的饲料添加剂应在农业部发布的饲料添加剂品种目录中，同时应符合本部分中的其他要求。

8.5.2 允许使用氧化镁、绿砂等天然矿物和微量元素。

8.5.3 添加的维生素应来自发芽的粮食、鱼肝油、酿酒用酵母或其他天然物质。

理解要点：

1）农业部门发布的饲料添加剂品种目录根据需要在不停地变化中，需要在有机养殖过程中、使用前，对照最新有效版本查询。

2）农业部发布的饲料添加剂品种目录中的部分产品是不能用于有机养殖的，当与其他条款要求冲突时，也是禁止使用的。

3）对矿物质、微量元素和维生素必须使用天然的，不能进行人工合成。在使用前应对来源进行核实并留有相应的记录。

> 8.5.4 禁止使用以下产品：
> (a) 化学合成的生长促进剂（包括用于促进生长的抗生素、激素和微量元素）；
> (b) 化学合成的开胃剂；
> (c) 防腐剂（作为加工助剂时例外）；
> (d) 化学合成的色素；
> (e) 非蛋白氮（如尿素）；
> (f) 化学提纯的氨基酸；
> (g) 转基因生物或其产品。

理解要点：

1）防腐剂的使用提出“作为加工助剂时例外”，但要求其最终的产品中不含有该物质。

2）有些产品，如来自天然，如 VC 可防腐并抗氧化，可以在加工中使用并成为最终产品的营养成分。

> **8.6 饲养条件**
> 8.6.1 畜禽的饲养环境（圈舍、围栏等）必须满足下列条件，以适应畜禽的生理和行为需要：
> (a) 足够的活动空间和时间；畜禽运动场地可以有部分遮蔽；
> (b) 空气流通，自然光照充足，但应避免过度的太阳照射；
> (c) 保持适当的温度和湿度，避免受风、雨、雪等侵袭；
> (d) 足够的垫料；
> (e) 足够的饮水和饲料；
> (f) 不使用对人或畜禽健康明显有害的建筑材料和设备。

理解要点：

1）对饲养条件的规定是为满足畜禽生活的需要，尽可能地使其在近似自然的条件下生长。

2）标准对饲养的条件虽然未能向其他条款一样明确具体指标和数据，但标准的使用者需要参考有关的标准确定具体指标和数据。如绿色食品标准、良好农业规范标准、欧盟的标准等。

8.6.2 畜禽饮用水水质应符合附录C.1章的要求。

理解要点：

1）标准在附录 C 中明确了畜禽饮用水水质标准，使用者应对照饲养的物种按表确定具体要求。

2）有机生产者应定期检验畜禽饮用水水质与标准对比进行评估是否继续使用等其他措施。

8.6.3 饲养蛋禽允许用人工照明来延长光照时间，但每天的总光照时间不得超过16 h。

8.6.4 应使所有畜禽都应在适当的季节到户外自由运动。但以下情况允许例外：

（a）特殊的畜禽舍结构使得畜禽暂时无法在户外运动，但应限期改进；

（b）圈养比放牧更有利于土地资源的持续利用。

8.6.5 禁止采取使畜禽无法接触土地的笼养等饲养方式和完全圈养、舍饲、拴养等限制畜禽自然行为的饲养方式。

8.6.6 群居性畜禽不能单栏饲养，但患病的畜禽、成年雄性家畜及妊娠后期的家畜例外。

8.6.7 应采取必要的保护措施，避免畜禽遭受野生捕食动物的伤害。

8.6.8 禁止强迫喂食。

理解要点：

1）补充光照是在自然光照不足16 h才进行。以室内养殖为主。

2）超过16 h是不符合蛋禽的生理需要的，对其生产形成干扰，须禁止。

3）圈养并不意味着畜禽可以完全在室内活动，无论在什么情况下，都需要给它们提供户外自由活动的空间和安全的条件。

4）除特殊情况外，群居性畜禽还应满足其群居习性的需要。

8.7 疾病防治

8.7.1 有机畜禽疾病预防应依据以下原则进行：

（a）根据地区特点选择适应性强、抗性强的品种；

(b) 根据畜禽需要，采用轮牧、提供优质饲料及合适的运动等饲养管理方法，增强畜禽的非特异性免疫力；

(c) 确定合理的畜禽饲养密度，防止畜禽密度过大导致的健康问题。

8.7.2 允许在畜禽饲养场所使用附录 C 中所列的消毒剂。允许在畜禽饲养场所，以对畜禽绝对安全的方式使用国家批准使用的杀鼠剂和附录 B 中的物质。

8.7.3 消毒处理时，应将畜禽迁出处理区。应定期清理畜禽粪便。

理解要点：

1）有机养殖的疾病防治也是“预防为主”，选择抗性强的品种，并通过养殖过程中的方法增强畜禽的抗病能力和避免交叉传染。

2）附录 C 提供了允许使用的消毒剂的品种。

3）附录 B 是有机作物种植允许采用的植保产品和措施。

4）消毒时牵出场地和牵回场地，均要考虑使用的药品/化学品对有机养殖的影响。

8.7.4 允许采用中兽医，针灸、植物源制剂和顺势疗法等自然疗法医治畜禽疾病。

8.7.5 允许实行国家法定的预防接种。

当农场有发生某种疾病的危险而又不能用其他方法控制时，允许紧急预防接种（包括为了促使母源体抗体物质的产生而采取的接种）。但接种的疫苗不能是转基因疫苗。

禁止使用抗生素或化学合成的兽药对畜禽进行预防性治疗。

理解要点：

1）自然疗法应使用自然的药物和方法，进行药物治疗时，要尽量减少药物的量和使用次数。

2）当畜禽发生疾病得不到自然疗法的治疗或治疗无效时，可按以下条款要求的内容使用常规药物治疗，本部分主要是进行疾病的预防，但应禁止使用转基因疫苗。

8.7.6 当采用多种预防措施仍无法控制畜禽疾病或伤痛时，允许在兽医的指导下对患病畜禽使用常规兽药，但必须经过该药物的停药期的二倍时间（如果二倍停药期不足 48 h，则必须达到 48 h）之后，这些畜禽及其产品才能作为有机产品出售。

理解要点:

1）对使用了常规药物治疗的有机畜禽可在一定的条件下作为有机产品是一种让步接受的措施，事实上是不受鼓励的。

2）有机生产者应在使用前充分了解使用药物的停药期，并做好相应的计划和记录。

8.7.7 禁止为了刺激畜禽生长而使用抗生素、化学合成的抗寄生虫药或其他生长促进剂。禁止使用激素控制畜禽的生殖行为（例如诱导发情、同期发情、超数排卵等）。但激素可在兽医监督下用于对个别动物进行疾病治疗。

8.7.8 除法定的疫苗接种外，饲养周期不足 1 年的只允许接受一个疗程的对抗性兽药治疗；饲养周期超过 1 年的，每年最多允许接受三个疗程的对抗性兽药治疗，否则该畜禽不得作为有机畜禽或有机产品出售，如该畜禽要继续留在有机养殖体系内，则必须在认证机构同意后再经过规定的转换期。

理解要点:

标准中虽然对有机养殖的治疗要求有所放松，但还应明确有机养殖实际上提供了一种健康自然的产品。任何认为的干扰都是与有机的理念相违背的。

8.7.9 必须对疾病诊断结果、所用药物名称、剂量、给药方式、给药时间、疗程、护理方法、停药期进行记录。对于接受过常规兽药治疗的畜禽，大型动物应逐个标记，家禽和小型动物则可按群批标记。

理解要点:

对疾病的预防和治疗都应留有记录便于追溯，标记的方式需要根据畜禽种类和可实现的方式进行。

8.8 非治疗性手术

8.8.1 有机养殖强调尊重动物的个性特征。应尽量养殖不需要采取非治疗性手术的品种。在尽量减少畜禽痛苦的前提下，允许对畜禽采用以下非治疗性手术，必要时可使用麻醉剂：

（a）物理阉割（肉猪、牛、鸡等）；

（b）断角；

（c）在仔猪出生后 24 h 内对乳牙进行钝化处理（防止伤害母猪乳房）；

（d）羔羊断尾；

（e）剪羽；

（f）扣环。

理解要点：

1）从养殖品种方面，尽量选择不需要采取非治疗手术的品种，是保护动物福利方面的考虑，如选择温顺的品种等。

2）对超出标准所列举范围的手术，不应实施。

3）使用麻醉剂的时机和计量应根据品种和时间选择，并不是必需的，如仅需对 8～9 日犊牛去角时进行麻醉。

> 8.8.2　禁止进行以下非治疗性手术：
>
> （a）断尾（除羔羊外）；
>
> （b）断喙、断趾；
>
> （c）烙翅；
>
> （d）仔猪断牙；
>
> （e）其他没有明确允许采取的非治疗性手术。

理解要点：

禁止对畜禽实施本条款所列的这些手术。是上一条款的补充和进一步说明。

> **8.9　繁殖**
>
> 8.9.1　提倡自然繁殖。
>
> 8.9.2　允许采用人工授精等不会对畜禽遗传多样性产生严重影响的各种繁殖方法。
>
> 8.9.3　禁止使用胚胎移植、克隆等对畜禽的遗传多样性会产生严重影响的人工或辅助性繁殖技术。
>
> 8.9.4　除非为了治疗目的，禁止使用激素促进畜禽排卵和分娩。

理解要点：

1）有机养殖的繁殖方法不应当违背动物的自然行为，除非是 8.8.2 中规定的情况。

2）使用不对遗传多样性和基因产生重大干扰的辅助方法，如人工授精。

3）为了繁育的目的而使用激素，违反标准的要求。

> 8.9.5　母畜在妊娠期的后 1/3 时段内接受禁用物质处理后，其后代不能被认证为有机。

理解要点：

母畜在妊娠期的后 1/3 时段使用常规药物治疗，不再适用于 8.7.6 和 8.7.8 的停药和用药次数的规定。

8.10 运输和屠宰

8.10.1 畜禽在装卸、运输、待宰和屠宰期间都必须有清楚的标记，易于识别。

8.10.2 畜禽在装卸、运输和待宰期间必须有专人负责管理。

理解要点：

1）在平行生产的过程中或不存在平行生产的情况，有机畜禽在运输和屠宰过程中都应单独标识并由专人进行管理，以保持有机的完整性。

2）装卸、运输、待宰和屠宰期间都应形成记录。

8.10.3 应给畜禽提供适当的条件，例如：

（a）避免畜禽通过视觉、听觉和嗅觉接触到正在屠宰或已死亡的动物；

（b）保持现存的群体联系，避免混合不同群体或性别的畜禽；

（c）提供缓解应激的休息时间；

（d）确保运输方式和操作设备的质量和适合性；运输工具应适合所运输的畜禽；

（e）运输途中应避免饥渴，如有需要，应给畜禽喂食、喂水；

（f）考虑并尽量满足畜禽的个别需要；

（g）提供合适的温度和相对湿度；

（h）装载和卸载时对畜禽的应激应最小。

8.10.4 运输和宰杀动物的操作应力求平和。禁止使用电棍及类似设备驱赶动物。禁止在运输前和运输过程中对动物使用镇静剂或兴奋剂。

8.10.5 除非从养殖场到屠宰场的距离太远，一般情况下用车辆运输畜禽的时间不应超过8 h。应尽量就近屠宰。

8.10.6 禁止在畜禽失去知觉之前就进行捆绑、悬吊和屠宰。用于使畜禽在屠宰前失去知觉的工具应随时处于良好的工作状态。如因宗教或文化原因不允许在屠宰前先使畜禽失去知觉，而必须直接屠宰，则应尽可能在平和的环境下以尽可能短的时间进行。

理解要点：

1）有机畜禽在装卸、运输、待宰和屠宰期间中也应保证“动物福利”，尽量减轻动物的痛苦和胁迫。

2）本条提出的措施都是为了避免动物产生应激反应，减少因对畜禽的干扰和刺激，避免导致动物疾病、死亡或使动物产品品质受到影响。

8.10.7 有机畜禽和常规畜禽应分开屠宰，屠宰后的产品应分开贮藏并清楚标记。用于畜体标记的色料必须符合国家的食品卫生规定。

理解要点：

1）屠宰中存在平行生产时，应严格将常规产品和有机产品在各环节中加以区分。

2）在各环节中的标记，如检疫合格章等使用的油墨、颜料等应符合国家食品卫生规定。

8.11 环境影响

8.11.1 必须保证饲养的畜禽数量不超过其养殖范围的最大载畜量，要充分考虑饲料生产能力、畜禽健康和对环境的影响。如果因过度放牧而导致对环境的不利影响，则不能获得认证。

理解要点：

1）基于有机农业中环境保护的理念，不破坏环境和生态是基本的要求。

2）以破坏生态为代价的有机生产是不能获得有机认证的。

8.11.2 必须保证畜禽粪便的贮存设施有足够的容量，并得到及时处理和合理利用，所有粪便贮存、处理设施在设计、施工、操作时都应避免引起地下及地表水的污染。养殖场污染物的排放应符合 GB 18596 养殖场污染物排放标准。

理解要点：

1）有机养殖产生的废水和废弃物的排放情况应符合要求，如：年存栏量超过500 头的养猪场、3 万只鸡的养鸡场或100 头牛的养牛场以及其他类型的规模化畜禽养殖场污染防治符合《畜禽养殖污染防治管理办法》的规定。

2）畜禽粪便作为有机种植的原料应充分加以利用。

9 水产养殖

9.1 转换期

9.1.1 封闭水体养殖场从常规养殖过渡到有机养殖至少需要经过 12 个月的转换期。转换期的开始时间从生产者向认证机构提交认证申请之日算起。

9.1.2 位于同一封闭水体内的生产单元的各部分不能分开认证，只有整个水体都完全符合有机认证标准后才能获得有机认证。

理解要点：

1）水产养殖的转换期是为建立一个充满活力并可持续的水生生态系统，需要一定的时间。

2）确定转换期的长短，要考虑水质的基本情况，本地环境条件、水生生物的物种生物学特点等，12个月只是最低限度。

3）有机水产养殖的管理不能仅是限有一个产品本身的，而是对整个封闭水体的管理，因此不能是只针对水体的一部分。

> 9.1.3 如果一个生产单元不能对其管辖下的各水产养殖水体同时实行有机转换，则必须制订严格的平行生产管理体系。该管理体系应满足下列要求：
>
> （a）有机和常规养殖单元之间必须采取物理隔离措施。
>
> 开放水域生长的固着性水生生物，其有机养殖区域必须和常规养殖区域、常规农业或工业污染源之间保持一定的距离。
>
> （b）有机水产养殖体系，包括水质、饵料、药物、投入物和与标准相关的其他要素应能够被认证机构检查。
>
> （c）常规生产体系和有机生产体系的文件和记录应分开设立。
>
> （d）有机转换养殖场要持续进行有机管理，不得在有机和常规管理之间变动。

理解要点：

1）一个有机水产养殖单元可以是一个组织或组织的一部分，如渔场或渔场的一部分。其可以管理多个封闭水体或开放水域。

2）当仅有一部分封闭水体或开放水域进行有机生产时，属于平行生产的情况，适用于以上要求。

3）开放的水域的固着性水生生物，如海带、菱、莲等。其与常规养殖区域、常规农业或工业污染源之间的距离无明确的规定，要视其达到相应作用的需要而定。

4）与陆地种、养殖一样，水产养殖的平行生产必须留有详细的记录。

> 9.1.4 开放水域捕捞区的野生固着生物，在下列情况下可以直接被认证为有机水产品：
>
> （a）水体未受本部分中禁用物质的影响，水质符合相应国家标准；
>
> （b）水生生态系统处于稳定和可持续的状态；
>
> （c）该水域的水质、饵料和药物的投入以及标准的其他要求能够被检查。

理解要点：

1）直接认证，即不需要转换期。

2）野生，包括一直存在于水体中的纯野生固着生物，也包括仅投放了“种苗”但没有投放其他物质的半野生生物。

3）“饵料和药物的投入”是在某些特殊情况下发生的，此时需要留有相关的记录，可以被评估。

4）开放水域的非固着性动植物不能作为“有机产品”。如海洋、河流中的鱼类。

9.1.5 允许引入常规养殖的水生生物，但必须经过相应的转换期才能获得认证。引进非本地种的生物品种时应避免外来物种对当地生态系统的永久性破坏。

禁止引入转基因生物。

9.1.6 所有引入的水生生物都必须至少在其后三分之二的养殖周期内采用有机方式养殖。

理解要点：

1）如果一种水生生物的养殖周期是 9 个月，这种水生生物在常规方式下养殖 3 个月后，转入已经过转换期的水体中，按照有机方式养殖 6 个月，可认为是有机水产品。

2）关注引入生物品种是否大量取食当地生态系统中的水生生物，造成生物链失去平衡。

9.2 养殖场的选址

9.2.1 养殖场选址时，应当考虑到维持养殖场的水生生态环境和周围水生、陆生生态系统平衡，并有助于保持所在水域的生物多样性。有机水产养殖场应不受污染源和常规水产养殖场的不利影响。

9.2.2 养殖和捕捞区必须界定清楚，以便对水质、饵料、药物等要素进行检查。

理解要点：

1）养殖场选址应保证不受禁用物质的污染。

2）对养殖场的布局要做详细的规划。

9.3 水质

有机水产养殖场水质必须符合国家 GB 11607 的规定。

理解要点：

养殖场水质最低需满足《渔业水质标准》（GB 11607）。

9.4 人工养殖

9.4.1 养殖基本要求

9.4.1.1 应采取适合养殖对象生理习性和当地条件的养殖方法，养殖技术必须保证养殖对象的健康，满足其基本生活需要。禁止采取永久性增氧养殖方式。

9.4.1.2 必须采取有效措施，防止其他养殖体系的水生生物进入有机养殖场及捕食有机水生生物，同时防止有机养殖场的水生生物进入其他养殖水体。

9.4.1.3 禁止对养殖对象采取任何人为伤害措施。

9.4.1.4 可人为延长光照时间，但日光照时间不应超过16 h。

9.4.1.5 在水产养殖用的建筑材料和生产设备上，禁止使用涂料和合成化学物质，以免对环境或生物产生有害影响。

理解要点：

1）人工养殖应尽量贴近自然方式，减少使用人为干预的措施。

2）有机养殖体系应和邻近常规体系有效隔离，维护水产品的有机完整性。

3）尽量选用纯天然的材料用于水产养殖的基础设施建设，关注建筑辅料的污染。

9.4.2 饵料

9.4.2.1 有机水产投喂的饵料必须是有机的、野生的或认证机构许可的。在有机的或野生的饵料数量或质量不能满足需求时，可以投喂最多不超过总饵料量 5%（以干物质计）的常规饵料。在出现不可预见的情况时，可以在获得认证机构同意后在该年度投喂最多不超过20%（干物质计）的常规饵料。

9.4.2.2 在需要饵料投入的系统中，饵料中必须至少有 50%的动物蛋白来源于食品加工的副产品或其他不适于人类消费的物质。在出现不可预见的情况时，允许在该年度将该比例降至30%。

理解要点：

1）遵照自然规律，低级生物消费低层次食物，食物链顶端的人类消费高质量的食物。

2）在鱼苗养殖阶段可不受本部分限制，可以使用黄豆浆等人类消费的物质，按照常规生产方式养殖。转入后 2/3 养殖周期时需满足本部分要求。

9.4.2.3 允许使用天然的矿物质添加剂、维生素和微量元素。

禁止使用人粪尿。禁止不经处理就直接使用动物粪肥。

9.4.2.4 禁止将下列物质添加到饵料中或以任何方式投喂给水生生物:

(a) 合成的促生长剂;

(b) 合成诱食剂;

(c) 合成的抗氧化剂和防腐剂;

(d) 合成色素;

(e) 非蛋白氮(尿素等);

(f) 与养殖对象同科的生物及其制品;

(g) 经化学溶剂提取的饵料;

(h) 化学提取的纯氨基酸;

(i) 转基因生物或其产品。

特殊天气条件下,允许使用合成的饵料防腐剂,但必须事先获得认证机构认可,并需由认证机构根据具体情况规定使用期限和使用量。

理解要点:

1) 禁止用人粪尿作为基肥投入水体中。

2) 在高温等情况下,常用的饵料防腐剂如:丙酸盐、山梨酸、尼泊金酯和双乙酸钠等可用于饵料中,但必须事先获得认证机构认可。

9.4.3 疾病防治

9.4.3.1 养殖对象的健康主要通过预防措施(如优化管理、饲养、进食)来保证。所有的管理措施应当旨在提高生物的抗病力。

9.4.3.2 养殖密度不能影响水生生物的健康,不能引起其行为异常。必须定期监测生物的密度,并根据需要进行水质监测。

理解要点:

1) 以防为主仍是有机水产品养殖疾病防治的重点,重点关注水质情况。

2) 高密度养殖容易引发疾病,增加养殖的风险和成本。

9.4.3.3 允许使用生石灰、漂白粉、茶籽饼和高锰酸钾对养殖水体和池塘底泥消毒,以预防水生生物疾病的发生。

禁止使用抗生素、化学合成的抗寄生虫药或其他化学合成的渔药消毒。

9.4.3.4 患病的水生生物,应优先采用自然疗法。

9.4.3.5　在预防措施和天然药物治疗无效的情况下，允许对水生生物使用常规渔药。在进行常规药物治疗时，必须对患病生物（水产）采取隔离措施。

使用过常规药物的水生生物必须要经过所使用药物的 2 个停药期后才能被继续作为有机水生生物销售。

9.4.3.6　禁止使用抗生素、化学合成渔药物和激素对水产品实行日常的疾病预防处理。要定期检查水产种苗的健康状况。

理解要点：

1）如果预防措施不能防止疾病的发生，应从管理上改变措施防止疾病进一步蔓延。

2）水生生物发生某种疾病没有天然药物可以治疗或根据国家法律法规规定必须用药时，才可以使用常规渔药，要详细记录被传染的生物、使用的药品、用药量、使用方法、使用次数、生物密度等。

9.4.3.7　当有发生某种疾病的危险而不能通过其他管理技术进行控制，或国家法律有规定时，可为水生生物接种疫苗，但不允许使用转基因疫苗。

理解要点：

对水生生物接种疫苗也应做好详细的记录。

9.4.4　繁殖

9.4.4.1　应尊重水生生物的生理和行为特点，减少对它们的干扰。提倡自然繁殖。限制采用人工授精和人工孵化等非自然繁殖方式。禁止使用三倍体、孤雌繁殖和基因工程等技术繁殖水生生物。

9.4.4.2　应尽量选择适合当地条件、抗性强的品种。如需引进水生生物，则在有条件时必须优先选择来自有机生产体系的。

理解要点：

1）提倡采用自然方式养殖。

2）如采用人工授精和人工孵化等非自然繁殖方式，必须事先由认证机构进行评估，得到认证机构认可。

9.5　捕捞

9.5.1　有机水产的捕捞量不能超过生态系统的再生产能力，不能影响自然水域的持续生产，也不能威胁到其他物种的生存。

9.5.2 尽可能采用温和的捕捞措施，以使对水生生物的应激和不利影响降至最小程度。

9.5.3 捕捞工具的规格应符合国家有关规定。

理解要点：

1）有机水产品的捕捞应满足《中华人民共和国渔业法》等国家相关法律法规的规定。

2）禁止采取大网起鱼造成万鱼沸腾，再放回水中等给水产品造成刺激的做法。

9.6 鲜活水产品的运输

9.6.1 在运输过程中要有专人负责管理运输对象，使其保持健康状态。

9.6.2 运输用水的水质、水温、含氧量、pH 值，以及水生生物的装载密度都应适应所运输物种的要求。

9.6.3 应尽量减少运输的距离和频率。

9.6.4 运输设备和材料应对生物没有潜在的毒性影响。

9.6.5 在运输前或运输过程中禁止使用化学合成的镇静剂或兴奋剂。

9.6.6 运输时间一般不应超过 4 h，运输过程中，不应对运输对象造成可以避免的影响或物理伤害。

理解要点：

1）有机水产品的运输易受到各种因素的影响，运输风险要比农作物和畜禽产品的运输风险高。

2）应当尽量一次运输到位，减少对水产品的影响和刺激。

3）如在运输途中发生个体死亡，应立即与活的群体分开。

9.7 水生动物的宰杀

9.7.1 在宰杀过程中，应尽量减少对水生动物的胁迫和痛苦。宰杀前应使其首先处于无知觉状态。要定期检查设备是否处于良好的功能状态，确保在宰杀时让水生动物快速丧失知觉或死亡。要经常对使用瓦斯或电的宰杀设备进行维护。

9.7.2 宰杀的管理和技术应充分考虑水生动物的生理和行为，并合乎一般道德标准。

9.7.3 应避免让活的水生动物直接或间接接触已死亡的或正在宰杀的水生动物。

9.7.4 在水生动物运输到达目的地后，应给予一定的恢复期，再行宰杀。

理解要点：

1）有机水产品宰杀前要先使其失去知觉，减少应激反应。

2）由于宗教等原因需要活宰的，可给予特许，但仍要尽可能减少对其他水产品的刺激。

3）运输到达目的地后，应给出缓解压力的休息时间。

9.8 环境影响

9.8.1 封闭水体的排水应当得到当地环保行政部门的许可。

9.8.2 鼓励对封闭水体底泥的农业综合利用。

9.8.3 在开放水域养殖有机水生生物应避免和减少对水体的污染。

理解要点：

1）生产者应具备当地环保部门出具的排污许可证或排放水水质分析报告达标等文件。

2）有机养殖体系中的底泥是非常好的有机肥料，可广泛用于有机种植。

10 蜜蜂和蜂产品

10.1 转换期

至少需要经过12个月的转换期后，蜜蜂及其产品才能获得有机认证。

理解要点：

1）有机种植的蜜源需满足有机种植部分4.1.4转换期的要求，即1年生作物24个月，多年生作物36个月。

2）野生蜜源或有证据表明36个月没有使用过禁用物质的蜂场，必须经过12个月的转换期，主要是对养蜂场的管理和养蜂条件等的转换提出要求。

10.2 采蜜范围

10.2.1 养蜂业通过蜜蜂传粉对环境、农业以及林业生产发挥重要贡献。养蜂场应设在有机农业生产区内或设在至少3年未使用过禁用物质的自然（野生）区域内。

10.2.2 距蜂房（箱）（采蜜半径）半径3 km范围内必须有充足的蜜源植物，并靠近清洁的水源。

10.2.3 蜂箱必须远离开花期的常规农作物和可能的污染源，例如市区、公路、垃圾场、化工厂、农药厂等，也应远离可能的转基因作物种植区域，实际距离不得小于3 km。

10.2.4 当蜜蜂在野生区域放养时，应考虑对当地昆虫种群的影响。

10.2.5 应明确划定蜜蜂放养范围，并绘制蜂箱位置图。

理解要点：

关注引进外来蜂种对本地蜂群和生态环境的影响。

10.3 蜜蜂的饲喂

10.3.1 采蜜期结束时，蜂巢内应存留足够的蜂蜜和花粉，以备蜜蜂过冬。

10.3.2 非采蜜季节，应为蜜蜂提供充足的经有机认证的最好是产自同一生产单元的食物。

10.3.3 在蜜蜂得不到食物面临饥饿困境的情况下，允许人工饲喂有机糖浆或糖蜜。在无法获得有机糖浆或糖蜜的情况下，经认证机构许可可以饲喂常规糖浆或糖蜜。

10.3.4 人工饲喂只能在最后一次蜂蜜收获季节结束后到下一次流蜜期开始前 15 d 之间进行。

理解要点：

给蜂群饲喂常规糖浆或蜜糖要防止使用有安全风险的糖浆或糖蜜，需得到认证机构的许可。

10.4 疾病防治

10.4.1 应主要通过蜂箱卫生和管理来保证蜂群健康和生存条件，以预防病虫害的发生。具体措施包括：

(a) 选择适合当地条件的健壮品种；
(b) 如需要，更新蜂王；
(c) 对设施定期清洗和消毒；
(d) 定期更换蜂蜡；
(e) 在蜂箱内保留足够的花粉和蜂蜜；
(f) 对蜂箱进行系统地检查；
(g) 蜂箱中工蜂的系统控制；
(h) 需要时将染病蜂箱移至隔离区；
(i) 销毁被污染的材料和蜂箱。

理解要点：

同有机产品种植和有机产品养殖一致，蜜蜂养殖的疾病防治同样也是以预防为主。有机养蜂主要依靠蜂箱卫生和管理措施来保证蜂群健康和生存条件。

10.4.2 在已发生病虫害的情况下，应优先采用植物或植物源制剂治疗或顺势疗法。

10.4.3 在植物或植物源制剂治疗和顺势疗法无法控制病害的情况下，允许使用以下物质控制病害：

（a）苛性钠；
（b）乳酸、草酸和醋酸；
（c）蚁酸；
（d）硫磺；
（e）天然香精油（如薄荷醇、桉油精或天然樟脑等）；
（f）苏云金杆菌；
（g）允许使用蒸汽和火焰方法对蜂箱消毒。

理解要点：

以上的方法，企业应好好考虑是不是适合本企业采用。一些措施比如苏云金杆菌的使用会对一些昆虫有毒性，在企业实际生产中，使用数量和范围应严格限定，以确保不会对其他昆虫等生物产生明显影响。

10.4.4 应将有患病蜜蜂的蜂箱放置到远离健康蜂箱的隔离区。

10.4.5 应销毁受疾病严重感染的蜜蜂生活过的蜂箱及材料。

10.4.6 禁止使用抗生素或化学合成药品预防和治疗蜜蜂疾病，但当整个蜂群的健康受到威胁时可以使用抗生素或化学合成药品进行处理。经这些药物处理后的蜂箱应立即从有机生产中撤出并重新转换，当年的蜂产品也不能被认证为有机产品。

10.4.7 对每一项药物处理都应进行明确的记录（药品名称、有效的药理成分、诊断结果、用药剂量、用药方法、治疗持续时间和法定停药期等内容），并且在产品作为有机生产的产品销售之前要向检查机构申报用药的详细情况。

理解要点：

标准对使用抗生素进行了严格规定：使用过抗生素或化学合成药物的蜂箱必须重新开始有机转换。有机养蜂禁止在任何情况下使用抗生素等化学药物，只要使用了，产品就不能再被认证为有机。

10.4.8 禁止使用化学合成药物进行预防性治疗。

10.4.9 只有在被螨虫感染时，才允许杀死雄蜂群。

10.4.10 在流蜜期及流蜜盛期，严禁（禁止）用任何药物处理蜂蜜。

理解要点：

由于蜂螨爱寄生在雄蜂蛹里产卵繁殖，产生寄生危害，所以在蜂群的日常管理中，一定要挑开雄蜂房的封盖，有计划地割除雄蜂蛹，来减少蜂螨寄生率，减少传染源。

10.5 蜂王和蜂群的饲养

10.5.1 鼓励交叉繁育不同类型的蜜蜂。

10.5.2 允许进行选育，但禁止对蜂王人工授精。

10.5.3 为了防止疾病的传播，应培育自己的蜂王。

10.5.4 允许为了替换蜂王而杀死老龄蜂王，但不允许剪翅。

10.5.5 引入的蜂群应尽量来自有机生产单元。允许每年购进不超过蜂群数量10%的按常规饲养方法饲养的蜜蜂。

10.5.6 禁止在秋天捕杀蜜蜂群体。

理解要点：

每年新购进的蜂群数量若不超过已有蜂群数量 10%的非有机蜂群加入到有机养蜂系统，这些 10%的新蜂群不要求经过转换期。如果超出 10%则整个蜂群需要重新进行转换。

10.6 蜂蜡和蜂箱

10.6.1 用于有机蜂的蜂蜡必须来自有机养蜂单位；转换期的养蜂场，如果不能从市场或其他途径获得有机蜂蜡，经认证机构批准允许使用常规蜂蜡。如果不能在一年内替换所有蜂蜡，在获得认证机构同意的前提下可以延长转换期。

10.6.2 蜂蜡加工方法应确保能加工出供应有机养蜂场的有机蜂蜡。

10.6.3 禁止使用来源不明的蜂蜡。

10.6.4 蜂箱应用天然材料（如未经化学处理的木材等）制成，禁止使用有毒的材料制作蜂箱。

理解要点：

制作蜂箱的材料应是天然的，且不能使用化学物质进行处理。

10.7 蜂产品收获与处理

10.7.1 蜂箱管理和蜂蜜采集方法应以保护蜂群和维持蜂群为目标；禁止为提高产量而杀死蜂群。

10.7.2 收集蜂蜜时严禁使用化学驱避剂驱赶蜂群。允许采用吹风或天然的或符合本标准的熏烟物质，通过烟雾发生器把蜜蜂从蜂箱中驱赶出去。应尽量减少烟熏的次数和使用量。

理解要点：

虽然标准允许使用烟熏，但这种措施会对所养殖的蜜蜂产生影响，因此也不提倡多次使用。

10.7.3 在提取和加工蜂产品时，加热温度不得超过47℃，尽量缩短加热过程。

10.7.4 应尽量采用机械性蜂房脱盖，避免采用加热性蜂房脱盖。

10.7.5 应通过重力作用使蜂蜜中的杂质沉淀出来，如果使用细网过滤器，其孔径应大于等于0.2 mm。

10.7.6 接触蜂蜜的所有材料表面应当是不锈钢、玻璃、陶瓷、搪瓷等耐腐蚀材料，或用蜂蜡覆盖，或用食品和饮料包装中许可的涂料涂刷并用蜂蜡覆盖。

10.7.7 蜂蜜提取设施必须杜绝蜜蜂进入，以防止蜜蜂偷食蜂蜜以及传播疾病。

10.7.8 提取设施应当每天用热水清洗以保持清洁。

10.7.9 摇蜜室和包装室应全部密封，不受害虫侵扰。

10.7.10 蜂蜜收获处理过程中只能使用物理方法防治有害生物。

10.7.11 禁止使用氰化物等化学合成物质作为熏蒸剂。

理解要点：

1）蜂蜜在浓缩过程中加热温度过高，加热时间过长都会破坏蜂蜜的活性成分。

2）有机养蜂一定要从养殖、采蜜、收蜜、加工、包装等全过程实施标准化作业，包括摇蜜机、蜂蜜瓶罐等容器，蜜蜂巢础、蜂箱、刮蜡刀、蜂王浆杯等器具，都要使用国家认可的不锈钢或合格的塑料制作的安全的材料，以减少重金属等的污染风险。

10.8 蜂产品贮存

10.8.1 成品蜂蜜应密封包装并在稳定的温度下贮存，以避免蜂蜜变质。

10.8.2 禁止对贮存的蜂蜜和蜂产品使用萘等化学合成物质来控制蜂蜡蛾等害虫。

理解要点：

有机养蜂企业应参照《出口蜂蜜检验检疫管理办法》中的规定，生产、处理、存储、包装和运输有机蜂蜜和其他蜂蜜产品。

3.3 国家标准《有机产品　第3部分：标识与销售》(GB/T 19630.3—2005) 标准及其理解

1 范围

GB/T 19630.3 的本部分规定了有机产品标识和销售的通用规范及要求。

本部分适用于按 GB/T 19630.1、GB/T 19630.2 生产或加工并获得认证的产品的标识和销售。

2 规范性引用文件

下列文件中的条款通过 GB/T 19630 的本部分的引用而成为本部分的条款。凡是注日期的引用文件，其随后所有的修改单（不包括勘误的内容）或修订版均不适用于本部分，然而，鼓励根据本部分达成协议的各方研究是否可使用这些文件的最新版本。凡是不注日期的引用文件，其最新版本适用于本部分。

GB/T 19630.1　有机产品　第 1 部分：生产

GB/T 19630.2　有机产品　第 2 部分：加工

GB/T 19630.4　有机产品　第 4 部分：管理体系

3 术语和定义

下列术语和定义适用于 GB/T 19630 的本部分。

3.1 标识　labeling

在销售的产品上、产品的包装上、产品的标签上或者随同产品提供的说明性材料上，以书写的、印刷的文字或者图形的形式对产品所作的标示。

3.2 认证标志　certification mark

证明产品生产或者加工过程符合有机标准并通过认证的专有符号、图案或者符号、图案以及文字的组合。

3.3 销售　marketing

批发、直销、展销、代销、分销、零售或以其他任何方式将产品投放市场的活动。

4 标识通则

4.1 有机产品应当按照国家有关法律法规、标准的要求进行标识。

4.2 “有机”术语和中国有机产品认证标志只能用于按照 GB/T 19630.1、GB/T 19630.2 和 GB/T 19630.4 的要求生产和加工的有机产品的标识，除非“有机”表述的意思与本标准完全无关。

4.3 未获得有机产品认证的产品，不能使用有机产品认证标志。

4.4 标识中的文字、图形或符号等应清晰、醒目。图形、符号应直观、规范。文字、图形、符号的颜色与背景色或底色应为对比色。

4.5 标识的文字应使用国家规定的规范汉字。可同时使用相应的汉语拼音、外文或少数民族文字，但汉语拼音、外文或少数民族文字的字体大小应不大于相应的汉字。

4.6 进口有机产品的标识和有机产品认证标志也应符合本标准的规定。

4.7 用于出口的产品，根据国外有机标准或国外合同购货商要求生产的产品，可以根据该国家或合同购货商的有机产品标识要求进行标识。

理解要点：

1）关注《商标法》、《食品标签通用标准》、《农产品包装和标识管理办法》等法律法规和标准对产品标识方面的规定。

2）不论是出口国外的有机产品或是从国外进口的有机产品都必须符合中国有机产品标识的规定。

5 产品的标识要求

5.1 按有机产品国家标准生产并获得有机产品认证的产品，方可在产品名称前标识“有机”，在产品或者包装上加施中国有机产品认证标志并标注认证机构的标识或者认证机构的名称。

理解要点：

1）本条款对获得有机产品认证后的标识提出了要求；

2）只有最终通过了有机产品认证的有机产品，才能将“有机”二字加在产品名称前面；

3）产品认证标志要与认证机构标志或名称同时标注在产品或产品包装上。

5.2 有机配料含量等于或者高于 95%并获得有机产品认证的加工产品，方可在产品名称前标识“有机”，在产品或者包装上加施中国有机产品认证标志并标注认证机构的标识或者认证机构的名称。

5.3 有机配料含量等于或者高于 95%并获得有机转换产品认证的加工产品，方可在产品名称前标识“有机转换”，在产品或者包装上加施中国有机转换产品认证标志并标注认证机构的标识或者认证机构的名称。认证机构的标识不能含有误导消费者将有机转换产品作为有机产品的内容。

理解要点：

获得有机证书的产品才能标识为有机，不在有机证书上的产品不能判定为有机。比如，有机食用菌生产企业用的基质为稻壳，若在购买原料时选购了有机证书上只有有机水稻的生产厂家生产的稻壳，则根据有机水稻证书推断其生产的稻壳也为有机的是有风险的，也是不被认证机构许可的。

5.4 有机配料含量低于95%、等于或者高于70%的加工产品，可在产品名称前标识“有机配料生产”，并应注明获得认证的有机配料的比例。

5.5 有机配料含量低于95%、等于或者高于70%的加工产品，有机配料为转换期产品的，可在产品名称前标识“有机转换配料生产”，并应注明获得认证的有机转换配料的比例。

理解要点：

1）有机产品、有机转换产品、有机配料生产、有机转换配料生产，只有这4种标识可能出现在产品名称前。

2）这类产品上或包装上可以标注有机产品标志。

5.6 有机配料含量低于70%的加工产品，只能在产品配料表中将某种获得认证的有机配料标识为“有机”，并应注明有机配料的比例。

5.7 有机配料含量低于70%的加工产品，有机配料为转换期产品的，只能在产品配料表中将某种获得认证的配料标识为“有机转换”，并注明有机转换配料的比例。

理解要点：

这类产品上或包装上不标注有机产品标志。

6 有机配料百分比的计算

6.1 对于固体形式的有机产品，其有机配料百分比按照式（1）计算：

$$有机配料百分比=\frac{产品中有机配料的总重量（不包括水和食盐）}{产品总重量（不包括水和食盐）}\times 100\% \quad \cdots\cdots（1）$$

6.2 对于液体形式的有机产品，其有机配料百分比按照式（2）计算（对于由浓缩物经重新组合制成的，应在配料和产品成品浓缩物的基础上计算其有机配料的百分比）：

$$有机配料百分比=\frac{产品中有机配料的总体积（不包括水和食盐）}{产品总体积（不包括水和食盐）}\times 100\% \quad \cdots\cdots（2）$$

6.3 对于包含固体和液体形式的有机产品，其有机配料百分比按照式（3）计算：

$$有机配料百分比=\frac{产品中有机配料的总重量（不包括水和食盐）}{产品总重量（不包括水和食盐）}\times 100\% \quad \cdots\cdots（3）$$

6.4 有机配料的百分比均应四舍五入取整。

理解要点：

注意当浓缩物经加入水或其他物质重新组合制成的液体产品，只计算配料和浓缩物的有机百分比。比如：生产一种有机果味乳饮料，该种饮料由将 7%有机浓缩果汁加入 13%有机乳制品、1%常规白糖和 79%水组成，那么它的有机配料百分比只计算浓缩果汁（7%）、乳制品（13%）和常规白糖（1%）中的有机产品的百分比，即该有机果味乳饮料中有机配料的百分比为 95.2%，四舍五入后，有机配料百分比为 95%。

7 中国有机产品认证标志

7.1 中国有机产品认证标志和中国有机转换产品认证标志仅用于按照有机产品国家标准生产或者加工并经认证机构认证的相应的有机产品或者有机转换产品。

7.2 中国有机产品认证标志和中国有机转换产品认证标志的图形与颜色要求如图 1，图 2 所示。

7.3 印制的中国有机产品认证标志和中国有机转换产品认证标志应当清楚、明显。

7.4 印制在获证产品标签、说明书及广告宣传材料上的中国有机产品认证标志和中国有机转换产品认证标志，可以按比例放大或者缩小，但不得变形、变色。

图 1 中国有机产品认证标志　　图 2 中国有机转换产品认证标志

理解要点：

中国有机产品认证标志为固定标识，任何使用者都不能对其图形、字体和颜色等进行改动。

8 认证机构标识

8.1 有机产品认证机构的标识或者机构名称的印刷应当清楚。

8.2 有机产品认证机构的认证标志，仅用于按照有机产品国家标准生产或者加工并经该认证机构认证的产品。

8.3 认证机构的标识的相关图案或者文字应不大于中国有机产品认证标志或者中国有机转换产品认证标志。

理解要点：

虽然对认证机构标识和有机产品标识的位置没有规定，但要做到认证机构标识和有机产品标识的位置不会对公众造成误解。

9 销售要求

9.1 为保证有机产品的完整性和可追溯性，销售者在销售过程中应当采取但不限于下列措施：

——有机产品应避免与非有机产品的混合；

有机产品避免与本部分不允许使用的物质接触；

——建立有机产品的购买、运输、储存、出入库和销售等记录。

9.2 有机产品进货时，销售商应索取有机产品认证证书等证明材料，有机配料低于 95% 并标识“有机配料生产”等字样的产品，其证明材料中应能证明有机产品的来源。

理解要点：

如果产品标识的是“有机配料生产”，应索取说明这些有机配料来源、有机配料的生产者等材料，以便进行查询和证实。

9.3 应对有机产品的认证证书的真伪进行验证，并留存认证证书复印件。

9.4 应在销售场所设立有机产品销售专区或陈列专柜，并与非有机产品销售区、柜分开。

9.5 在有机产品的销售专区或陈列专柜，应在显著位置摆放有机产品认证证书复印件。

9.6 不符合 GB/T 19630 的本部分标识要求的产品不能作为有机产品进行销售。

理解要点：

中国有机产品认证证书的真伪可以通过中国认证认可国家管理委员会的官方网站（www.cnca.gov.cn）查询《食品农产品认证信息系统》来辨别真伪。也可电话查询认证机构来确认。

3.4 国家标准《有机产品　第 4 部分：管理体系》（GB/T 19630.4—2005）标准及其理解

1　范围

GB/T 19630 的本部分规定了有机产品生产、加工、经营过程中必须建立和维护的管理体系的通用规范和要求。

本部分适用于有机产品的生产者、加工者、经营者及相关的供应环节。

2　规范性引用文件

下列文件中的条款通过 GB/T 19630 的本部分的引用而成为本部分的条款。凡是注日期的引用文件，其随后所有的修改单（不包括勘误的内容）或修订版均不适用于本部分，然而，鼓励根据本部分达成协议的各方研究是否可使用这些文件的最新版本。凡是不注日期的引用文件，其最新版本适用于本部分。

GB/T 19630.1　有机产品　第 1 部分：生产

GB/T 19630.2　有机产品　第 2 部分：加工

GB/T 19630.3　有机产品　第 3 部分：标识与销售

3　术语和定义

下列术语和定义适用于 GB/T 19630.4 的本部分。

3.1　有机产品生产者　organic producer

按照本部分从事有机种植、养殖以及野生产品采集，其生产单元和产品已获得有机认证机构的认证，产品已获准使用有机产品标志的单位或个人。

3.2　有机产品加工者　organic processor

按照本部分从事有机产品加工，其加工单位和产品已获得有机认证机构的认证，产品已获准使用有机产品标志的单位或个人。

3.3　有机产品经营者　organic handler

按照本标准从事有机产品的运输、储存、包装和贸易，其经营单位和产品获得有机认证机构的认证，产品获准使用认有机产品认证标志的单位和个人。

3.4　生产基地　production base

从事有机种植、养殖或野生产品采集的生产单元。

3.5　内部检查员　internal auditor

有机产品生产、加工、经营单位内部负责有机管理体系审核，并配合有机认证机构进行检查、认证的管理人员。

理解要点：

1）有机产品的生产者、加工者、经营者需要依据本标准的要求建立管理体系，这是有机体系更有效地实施的基本保证。

2）本标准是通用的基本要求，对管理体系的文件内容及控制、资源管理、内部检查、追踪体系和持续改进提出了基本要求。

3）通过了依据 GB/T 19001 标准建立的质量管理体系认证的组织，可以在质量管理体系文件的基础上，增加有机产品认证特定的要求。

4 要求

4.1 基本要求

4.1.1 有机产品生产、加工、经营者应有合法的土地使用权和合法的经营证明文件。

4.1.2 有机产品生产、加工、经营者应按 GB/T 19630.1～GB/T 19630.3 的要求建立和保持有机生产、加工、经营管理体系，该管理体系应形成本部分 4.2 要求的系列文件，加以实施和保持。

理解要点：

1）有机产品生产、加工、经营者必须具有合法地位。标准主要从土地使用的合法性及加工经营的合法性两方面提出了要求。如对有机产品的种植者，要求具有土地使用的合法证明；对于加工或经营者，要有房屋所有权或租赁证明、加工经营许可证（必要时）、营业执照等；

2）有机产品生产、加工、经营者要按 GB/T 19630 标准的要求策划、建立、实施和保持管理体系，其管理体系的文件要符合 GB/T 19630.4 即本部分的要求。

4.2 文件要求

4.2.1 有机生产、加工、经营管理体系的文件应包括：

（a）生产基地或加工、经营等场所的位置图；

（b）有机生产、加工、经营的质量管理手册；

（c）有机生产、加工经营的操作规程；

（d）有机生产、加工、经营的系统记录。

理解要点：

1）本条款规定了管理体系文件的主要内容。文件主要由 4 个部分组成，即位置图、质量管理手册、操作规程、记录。

2）文件 4 个部分的具体要求在本标准以下的部分进行了详细的规定。

3）这里所说的系统记录是指从源头输入至末端输出的全过程完整、全面、清晰、准确的记录。

> 4.2.2 生产基地或加工、经营等场所的位置图
>
> 应按比例绘制生产基地或加工、经营等场所的位置图。应及时更新图件，以反映单位的变化情况。图件中应相应标明但不限于以下的内容：
>
> （a）种植区域的地块分布，野生采集/水产捕捞区域的地理分布，加工、经营区的分布，水产养殖场、蜂场分布，畜禽养殖场及其牧草场、自由活动区、自由放牧区的分布；
>
> （b）河流、水井和其他水源；
>
> （c）相邻土地及边界土地的利用情况；
>
> （d）畜禽检疫隔离区域；
>
> （e）加工、包装车间；原料、成品仓库及相关设备的分布；
>
> （f）生产基地内能够表明该基地特征的主要标示物。

理解要点：

1）本条款主要规定了位置图的绘制要求，强调位置图绘制至少包括 6 个方面的要求，即：区域分布、水源情况、周边环境状况、车间及仓库布局、隔离区域状况、表明基地特征的标示物。

2）在实际绘制位置图时不要局限于这些方面，还要根据当地的实际情况，对一些会给有机生产或加工带来影响的方面也要进行标识。如上风向的工厂、附近的交通干道。

3）位置图要按比例绘制，当生产基地状况和相关信息发生变化时，要对位置图进行更新，并能反映出生产的实际状况及变化的情况。

> 4.2.3 有机产品生产、加工、经营质量管理手册
>
> 应编制和保持有机产品生产、加工、经营质量管理手册，该手册应包括以下内容：
>
> （a）有机产品生产、加工、经营者的简介；
>
> （b）有机产品生产、加工、经营者的经营方针和目标；
>
> （c）管理组织机构图及其相关人员的责任和权限；
>
> （d）有机生产、加工、经营实施计划；
>
> （e）内部检查；
>
> （f）跟踪审查；
>
> （g）记录管理；
>
> （h）客户申、投诉的处理。

理解要点：

1）有机产品生产、加工、经营者要编制质量管理手册；本条款规定了手册8个方面的内容要求；

2）有机产品质量管理手册涉及组织全部有机生产活动。通常包括：有机生产和加工的质量方针、质量目标，组织机构图，与有机产品生产和加工有关的管理、实施、验证、检查的人员的职责、权限和相互关系，有机产品实施计划，内部检查机制，跟踪体系要求，有机产品生产和加工记录要求及管理，客户申诉投诉、处理要求，以及手册本身的评审、修改控制要求。

3）手册中还要介绍生产、加工或经营者的情况，包括产品种类、生产形式、规模、地理位置、经营范围和方式、市场情况等，并给出必要的信息。

4）手册各章节的描述可以包括：目的、范围、职责、控制要求、引用文件和记录要求。控制要求可引用或包括有机产品生产、加工的操作规程、管理制度以及程序文件（如依据 GB/T 19001 标准建立了质量管理体系），它是具体文件的提炼和概括。

5）质量管理手册是企业内部的纲领性文件，是指导企业做好有机产品的内部规定，制订后必须严格执行。

4.2.4 生产、加工、经营操作规程

应制订并实施生产、加工、经营操作规程，操作规程中至少应包括：

（a）作物栽培、野生采集、畜禽、蜜蜂、水产养殖等有机生产、加工、经营的操作规程；

（b）禁止有机产品与转换期产品及非有机产品相互混合，以及防止有机生产、加工和经营过程中受禁用物质污染的规程；

（c）作物收获规程及收获后运输、加工、储藏等各道工序的管理规程；

（d）畜禽、水产等产品的屠宰、捕捞、加工、运输及储藏等管理规程；

（e）机械设备的维修、清扫规程；

（f）员工福利和劳动保护规程。

理解要点：

1）本条款规定了有机产品生产、加工和经营过程中要制订操作规程的要求。

2）操作规程是用以描述生产岗位和工作现场如何完成某项工作任务的具体做法或规范性技术操作要求。操作规程是质量管理手册中控制要求的具体化，通常包括：目的、适用范围、职责、操作流程、使用的原料、设备和工具、操作要领、控制指标、注意事项等要求。

3）标准要求的操作规程有以下 6 类：

① 有机产品生产过程的管理：对有机生产（种植或养殖）过程各环节的要求。如土壤培育、作物栽培、施肥、草虫害管理、维护管理、收割、畜禽繁育、饲料管理、喂养过程管理、动物疾病防治等要求；

② 平行生产管理；

③ 作物加工过程管理：如运输过程控制、加工各环节管理、贮存管理、包装管理等；

④ 畜禽加工过程管理：如活的畜禽运输要求、畜禽屠宰要求、加工各环节要求、畜禽产品储藏要求、包装要求；

⑤ 加工机械设备维护、清扫方面的规定；

⑥ 员工福利和劳动保护方面的规定。如员工清洁要求、员工健康要求、员工着装要求。

举例：某集团有限公司有机蔬菜种植、加工、销售作业文件目录，如表 3-1 所示。

表 3-1　有机蔬菜种植、加工、销售作业文件目录

1	有机蔬菜基地种植说明书
2	圆葱栽培技术操作规程
3	青刀豆栽培技术操作规程
4	西兰花栽培技术操作规程
5	胡萝卜栽培技术操作规程
6	甘薯栽培技术操作规程
7	基地有机堆肥作业指导书
8	有机食品加工通用规程
9	圆葱加工技术操作规程
10	青刀豆加工技术操作规程
11	西兰花加工技术操作规程
12	胡萝卜加工技术操作规程
13	甘薯加工技术操作规程
14	设备维修、清洗及卫生管理规程
15	有机产品批号管理规程
16	收获计划
17	有机食品原料运输、贮存规程
18	有机食品储藏操作规程
19	有机食品出库规程
20	有机食品运输操作规程
21	有机食品销售作业指导书
22	蔬菜种植农户培训规定
23	有机蔬菜生产专项培训要求
24	程序文件

4.2.5 文件的控制

有机生产、加工管理体系所要求的文件应是最新有效的，应确保在使用时可获得适用文件的有效版本。

理解要点：

1）本条款适用于所有与有机产品有关的文件夹的管理；

2）文件是有机产品生产的指导性规范性文件，为保证文件的一致和有效，文件管理要做到：

① 文件发布前得到批准，以确保文件是充分的；

② 必要时对文件进行评审、更新并再次批准；

③ 确保文件的更改和现行修订状态得到识别；

④ 确保在使用处可获得有关版本的适用文件；

⑤ 确保文件保持清晰、易于识别；

⑥ 确保外来文件得到识别，并控制其分发；

⑦ 防止作废文件的非预期使用，若因任何原因而保留作废文件时，对这些文件进行适当的标识。

4.2.6 记录的控制

有机产品生产、加工、经营者应建立并保持记录。记录应清晰准确，并为有机生产、加工活动提供有效证据。记录至少保存5年并应包括但不限于以下内容：

（a）土地、作物种植和畜禽、蜜蜂、水产养殖历史记录及最后一次使用禁用物质的时间及使用量；

（b）种子、种苗、种畜禽等繁殖材料的种类、来源、数量等信息；

（c）施用堆肥的原材料来源、比例、类型、堆制方法和使用量；

（d）控制病、虫、草害而施用的物质的名称、成分、来源、使用方法和使用量；

（e）对畜禽养殖场（及养蜂场）要有完整的存栏登记表。其中包括所有进入该单元动物的详细信息（品种、产地、数量、进入日期等），还应提供所有的出栏畜禽的详细资料，年龄、屠宰时的重量、标识及目的地等。

（f）畜禽养殖场（及养蜂场）要记录所有兽药的使用情况，包括：购入日期和供货商；产品名称、有效成分及采购数量；被治疗动物的识别方法；治疗数目、诊断内容和用药剂量；治疗起始日期和管理方法；销售动物或其产品的最早日期。

（g）畜禽养殖场要登记所有饲料的详情，包括种类、成分和其来源等；

（h）加工记录，包括原料购买、加工过程、包装、标识、储藏、运输记录；

（i）加工厂有害生物防治记录和加工、贮存、运输设施清洁记录；

（j）原料和产品的出入库记录，所有购货发票和销售发票；
（k）标签及批次号的管理。

理解要点：

1）本条款规定了记录的管理要求和内容要求。

2）记录是有机产品生产和加工过程符合要求和质量管理体系有效运行的证据。可以追溯整个生产和加工过程。记录应填写清楚且及时真实、保持清晰、易于识别和检索、标识清楚、贮存得当、不损坏变质、按规定的保存期限（一般要求保存5年）保存和处置。

3）标准规定了11个方面的记录。其中（a）～（d）是对有机种植的记录要求；（e）～（g）是对有机养殖的记录要求；（h）～（k）是对有机加工的记录要求。

4）记录不合格的设置要按文件控制，要实用、适合企业和特点，要考虑使用者的方便和行业和特殊性。

5）记录不仅包括表格，还包括证明、发票、台账、照片、证明、标签、合格证、证书等文件。

4.3 资源管理

有机产品生产、加工者不仅应具备与有机生产、加工规模和技术相适应的资源，而且应具备符合运作要求的人力资源并进行培训和保持相关的记录。

4.3.1 应配备有机产品生产、加工的管理者并具备以下条件：

（a）本单位的主要负责人之一；
（b）了解国家相关的法律、法规及相关要求；
（c）了解GB/T 19630.1～GB/T 19630.4的要求；
（d）具备5年以上农业生产和（或）加工的技术知识或经验；
（e）熟悉本单位的有机生产、加工管理体系及生产和（或）加工过程。

4.3.2 应配备内部检查员并具备以下条件：

（a）了解国家相关的法律、法规及相关要求；
（b）相对独立于被检查对象；
（c）熟悉并掌握GB/T 19630.1～GB/T 19630.4的要求；
（d）具备3年以上农业生产和（或）加工的技术知识或经验；
（e）熟悉本单位的有机生产、加工和经营管理体系及生产和（或）加工过程。

理解要点：

1）为了确保有机产品符合要求，确保有机产品质量管理体系有效运行，企业必须配置相应资源。

2）资源包括：人力资源、生产和加工设备、房屋等基础设施、生产和加工技术。

3）企业要配备符合本条款要求的有机产品的管理者；并通过相应培训，使其具备要求的能力。

4）企业要选聘符合本条款要求的内部检查员，检查人员要有一定的工作经历，熟悉法律法规要求、熟悉标准要求、熟悉生产管理过程、熟悉相关技术。

5）企业要确定人员能力要求，制订并实施培训计划，保持相关人员的培训记录。

4.4 内部检查

4.4.1 应建立内部检查制度，以保证有机生产、加工管理体系及生产过程符合 GB/T 19630.1～GB/T 19630.4 的要求。

4.4.2 内部检查应由内部检查员来承担。

4.4.3 内部检查员的职责是：

（a）配合认证机构的检查和认证；

（b）对照本部分，对本企业的质量管理体系进行检查，并对违反本部分的内容提出修改意见；

（c）对本企业追踪体系的全过程确认和签字；

（d）向认证机构提供内部检查报告。

理解要点：

1）本条款规定了内部检查的基本要求。

2）内部检查是一个系统化、文件化并客观地获取证据并进行评价的过程，其目的是为了验证有机产品生产、加工、经营活动是否符合国家有关有机产品的要求，企业要建立内部检查机制，并按规定的时间间隔、方法、有计划地进行内部检查。

3）内部检查由具备资格和能力的检查员承担。内部检查员的工作包括：配合认证检查、实施内部检查、确认追踪体系、编写内部检查报告。

4）内部检查要做到独立、客观、公正、全面。

4.5 追踪体系

为保证有机生产完整性，有机产品生产、加工者应建立完善的追踪系统，保存能追溯实际生产全过程的详细记录（如地块图、农事活动记录、加工记录、仓储记录、出入库记录、销售记录等）以及可跟踪的生产批号系统。

理解要点：

1）追踪系统就是一套完整的可溯源保障机制，也就是当有机生产、运输、加工、贮存、包装、销售等任何一个环节出现了问题时，都可以依照追踪系统的相关记录向上追溯，并能够找到问题产生点的过程。

2）建立追踪体系的目的是为了保证有机产品生产的完整性。

3）追踪体系由一套完整的记录所组成。各项记录的设置以及记录的要求应满足本标准 4.2.6 的要求。

4）为了确保追踪体系的有效性，应记录有机产品生产加工全过程中的每个环节的实际情况。如原料采购单、收据、原料检验报告、出入库单、生产者批量号码、制造记录、包装记录、储存记录、销售记录等。

4.6 持续改进

应利用纠正和预防措施，持续改进其有机生产和加工管理体系的有效性，促进有机生产和加工的健康发展，以消除不符合或潜在不符合有机生产、加工的因素。有机生产和加工者应：

（a）确定不符合的原因；

（b）评价确保不符合不再发生的措施的需求；

（c）确定和实施所需的措施；

（d）记录所采取措施的结果；

（e）评审所采取的纠正或预防措施。

理解要点：

1）有机产品生产和加工者要通过应用纠正和预防措施来不断改进管理体系的有效性。

2）纠正措施就是为防止不符合再发生而消除其原因所采取的措施。预防措施是为了防止潜在的不符合发生，针对其可能的原因所采取的措施。

3）一旦出现实际的不符合或潜在的不符合，就要评价不符合的性质和分析原因，评价是否需要采取纠正或预防措施。当需要采取纠正或预防措施时，则要制订和实施纠正或预防措施，以消除相应原因，并对所采取的措施予以记录，措施实施后要对其效果进行评价。一旦发现还是出现了同样的不符合，或者潜在的不符合变成了实际的不符合，表明措施无效或部分无效，则要重新分析原因，再制订和实施新的纠正或预防措施。

4 有机产品生产的质量保证及运行

4.1 有机产品的质量要求与检测

4.1.1 有机产品的质量要求

随着人们生活质量的提高，对食品质量的要求已从食用的基本效用发展到对食品的观念价值及其附加效用的满足，这些效用的因素和特征如表 4-1 所示。

表 4-1 食品质量的构成因素和特征

质量要素	质量特征
营养价值（营养生理质量）	能量、脂肪、碳水化合物、蛋白质、维生素、矿物质等含量
健康价值（卫生质量）	有害物质和外来杂质的含量
适用性与可用性（技术与物理质量）	可储藏性、可加工性、加工出品率
享受价值（情感性质量）	形态、颜色、气味、口味、享受成分浓度
心理价值 （适感的、生态的和社会的质量）	生产方式（有益于环境、农户的“兽道的”替代的）与生产的接触、品产地、优越感价值（将付得起高价格视为社会地位的标志）

以猪肉为例，表 4-2 说明了人们对食品质量要求的变化。

表 4-2 对食品质量的要求（以猪肉为例）

质量要素	质量特征	判定指标
营养价值	脂肪等的含量	瘦肉率
健康价值	由下列因素所造成的缺陷： 饲料的质量； 牲畜受到的虐待； 肉食加工方式和过程	下列成分含量： 激素、抗菌素、硫、氮等

质量要素	质量特征	判定指标
适用性与可用性	对生产者：瘦肉率、高价部位占比例、耐储藏性、重量损失程度、均一程度；对消费者：瘦肉率、重量损失程度、可煎烤性	瘦肉率、膘情、后腿占比例 PSE 情况、DFD 情况，饲料期长度
享受价值	颜色、气味、口味	PSE 和 DFD 情况，大理石花纹情况、性别
心理价值	来源、饲养方式、饲料类型、声音	产地、生产方式、饲料类别、价值

有机产品的具体质量特性包括以下方面：

（1）外观及口感

1）外观。外观是最清楚、最直接的质量指标。有机养殖产品的外观可能不如常规养殖的产品好看。

2）口感。比常规生产的食品口感好，好吃、味美。如英国专业人员对 200 名消费者有关有机牛排的实验调查，结果有机牛排的总体印象明显比常规的好，口感质量也明显超过常规牛排。

（2）工艺适宜性

1）贮存质量。有机养殖产品生长相对较慢，成品后生理成熟度较高，保质期较长。

2）其他指标。目前关于有机产品加工适宜性的研究还不多。

（3）营养质量

1）兽药残留。由于生产过程中严格控制兽药使用，有机产品中兽药残留率和数量比常规生产的产品低得多。

2）其他毒素与有害残留。有机生产比常规生产更能控制天然毒素。

3）有机养殖产品蛋白质水平含量较高。

（4）对健康的作用

有机产品与常规产品比较，不管是营养价值还是感官和其他质量都有利于消费者的健康。食用有机产品可以减少癌症等疾病的发生率。

4.1.2 有机养殖产品检测

有机养殖的产品检测包括采样要求、检测指标以及检测依据。

（1）采样

1）采样时必须使所采的有机样品具有代表性和均匀性，要认真填写采样记录，写明样品的有机产品生产日期、批号、采样条件和包装情况等；

2）采样的数量必须能反映该有机产品的卫生质量和满足检验项目对试样用量的需求，并且一式三份供检验、复验和备查用，一般情况下，每份样品的重量不得少于 0.5 kg。

（2）检测指标

有机产品的检测与我国食品卫生检测的内容以及方法大致相同。它主要包括感官指标、理化指标和微生物指标。

1）一般成分分析，包括比重、水分、蛋白质、脂肪等；

2）有害元素的测定，包括汞、砷、铅、镉、锡、氟等；

3）兽药残留的测定，包括土霉素、金霉素、四环素、氯霉素、呋喃唑酮、乙烯雌酚、黄连素和磺胺类药物；

4）微生物测定（包括细菌总数、大肠菌群数、沙门氏菌、病原性大肠埃希菌、副溶血性弧菌、葡萄球菌等）。

（3）检测依据

1）根据按照国家卫生法规的要求以及行业检测标准和有机产品的规定，拟定各自的检测项目。

2）有机产品卫生指标执行国家食品卫生标准。

4.2 有机产品质量管理

4.2.1 有机养殖内部质量管理

有机产品养殖企业（单位）要遵循国家标准《有机产品　第 1 部分：生产》（GB/T 19630.1—2005）的要求，建立并完善企业生产过程控制体系，确保：

1）产品必须来自已建立的或正在建立的有机农业生产体系；

2）加工产品所用原料必须来自已建立的或正在建立的有机农业生产体系；

3）在整个生产过程中必须严格遵循有机产品生产、加工、包装、贮藏、运输标准并满足以下具体要求：

① 有机产品在其生产加工过程中绝对禁止使用化学合成的抗寄生虫药物、生长促进剂、抗生素、食品添加剂等物质；

② 有机产品的生产和加工过程中禁止使用基因工程技术的产物及其衍生物；

③ 有机产品的生产和加工必须建立严格的质量跟踪管理体系，需要有一个转换期；

④ 有机产品在整个生产、加工和消费过程中更强调环境的安全性，突出人类、自然和社会的协调和可持续发展，在整个生产过程中采用了积极、有效的生产措施手段，使生产活动对环境造成的污染和破坏减少到最低限度。

有机养殖企业（单位）要确定生产过程的关键控制点和具体措施，进行风险分析提出预防措施，确定关键控制点并建立关键限值，对关键控制点进行监控，对出现的问题采取及时适当的纠偏措施，制订并实施 GMP。

有机产品养殖企业（单位）还要遵循国家标准《有机产品　第 4 部分：管理体系》的要求，建立并完善企业质量管理体系和生产过程追踪体系。

（1）追踪体系的概念

追踪体系是食品质量安全管理的重要手段。Codex 的一个特别委员会对可追踪系统的定义表述为“食品生产、加工、贸易各个阶段的信息流的连续性保障体系”。可见追踪系统能够从生产到销售的各个环节追踪检查产品，有利于监测任何对人类健康和环境的影响，通俗地说，该系统就是利用现代化信息管理技术给每件商品标上号码、保存相关的管理记录，从而可以进行追踪的活动。

有机产品的可追踪是指对从最终产品到原材料以及从原料到产品的整个过程，根据生产日期、生产及加工记录、原料到货记录、仓库保管记录、出货记录等各种记录和票据必须是可以追踪调查的。追踪体系有以下作用：

1）是一个记录保存系统，可以跟踪生产、加工、运输、贮藏、销售全过程；

2）是有机生产的证据；

3）是检查员检查评估是否符合有机标准的重要依据；

4）是生产者提高管理水平的重要依据；

5）对于同时进行常规生产和有机生产的生产者，追踪体系尤其重要；

6）是生产基地农事活动记录表，便于跟踪审查。

（2）建立追踪体系的好处

追踪体系的确立有如下的好处：

1）最终产品出现违反准则的情况时，能方便对违规事项的原因查找；

2）原因找到后，使需要回收货物的量最小；

3）削减回收费用；

4）因为能清楚地掌握原材料的出处，所以能分析、辨别所用原材料的风险度；

5）能在记录上使最终产品的品质保证成为可能；

6）符合 GB/T 19001 标准及 GB/T 22000 标准的要求。

反之，如果产品未确立追踪体系时，一旦其最终产品发生问题就会遭受很大的损失。

（3）追踪体系的因素

追踪体系包括：

1）牧场（养殖场）分布图、草场图。清楚地显示出牧场的大小和方位、边界、草场及相邻土地的状况，显示建筑、树木、溪流及明显标示等。

2）养殖历史记录。养殖历史记录能详细列举过去的养殖情况和投入物的使用。通常包含品种、养殖产量和每年的投入物，投入物使用的数量和日期。

3）有机养殖者全部名单。

4）养殖活动记录。全部有机养殖者养殖活动记录是实际生产过程发生事件的详细记录，如畜禽引入、饲料及添加剂管理、饲养条件、疾病防治、非治疗性手术、繁育情况的记录。

5）投入物记录。投入物记录详细记录了外来投入物（饲料及添加剂等）的购买，包括种类、来源、数量、使用量、日期和地块号的信息。

这些信息可记录在上面所说的历史记录和养殖活动记录中，也可记在专用的投放物记录表上。可以从收据和标签上加以区别。

6）收获记录。收获记录应显示养殖场（禽舍）号、收获日期、数量、等级等。收获记录可以包含在养殖活动记录中，也可单独记录。

7）销售记录。销售记录包括发票、收据、订单等。显示销售日期、等级、批次、数量和购买者。销售记录应指明哪些产品是经过有机认证的，并显示其证书号及销售者的地址。

8）批次号。批次号是与生产地联系起来的代码。批次号在有机食品的鉴别中，起着重要作用。批次号的确定没有特定的标准，但一经确定就应连续使用。批次号应指明养殖地点、收获日期等要素。如以生产环节的批号为例：PS-BJEM-08-05，PS=product 产品/BJ=Farmer′ initials/养殖户名字的词首大写字母；M=village/area code/牧场/村庄/地区编号；08=year of harvest /收获年份；05=serial number/序号。

9）经认证的投入物。所有在产地中使用的投入物，必须经认证中心须认可或得到相关认证机构的认证。

追踪体系实例示意图如图 4-1 所示。

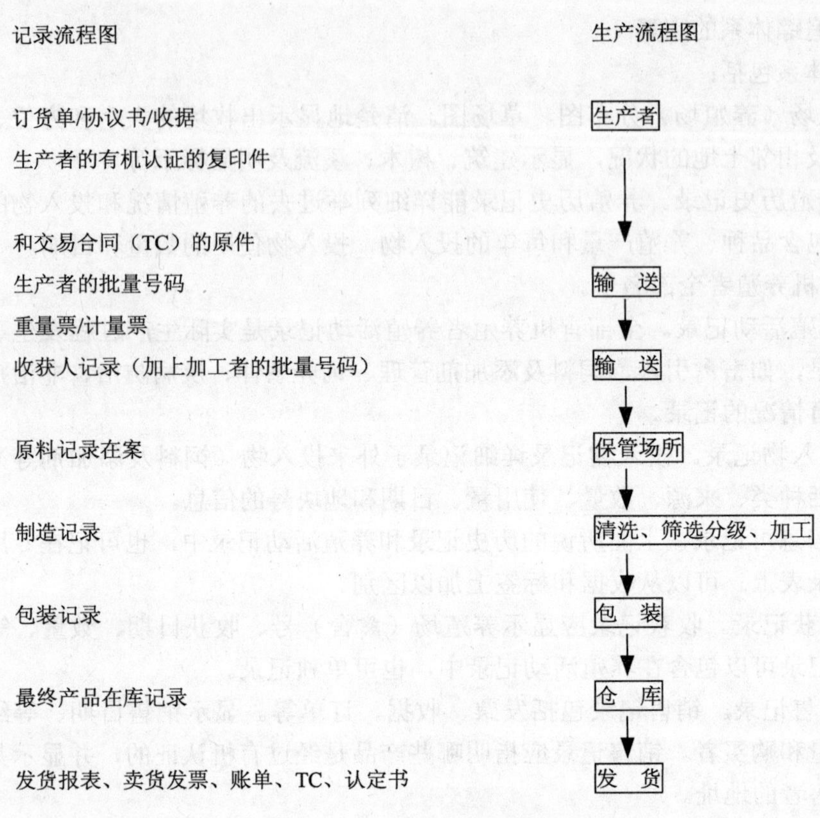

图 4-1 追踪体系实例示意图

4.2.2 质量管理体系文件的策划和编写要求

申请有机产品认证企业（单位），须按《有机产品 第 4 部分：管理体系》（GB/T 19630.4—2005）的要求，建立并完善涵盖如下内容的文件化的质量管理体系。

（1）质量管理手册

质量管理手册是阐述企业质量管理方针目标、质量体系和质量活动的纲领指导性文件，对质量管理体系作出了恰当的描述，是质量体系建立和实施中所应用的主要文件，即是质量管理体系运行中长期遵循的文件。质量管理手册的主要内容包括：

1）有机产品生产者简介；

2）有机产品生产者的经营方针和目标；

3）管理组织机构图及相关人员的责任和权限；

4）有机产品生产计划；

5）养殖过程的控制措施；

6）内部检查的控制；

7）跟踪审查的控制；

8）记录管理的控制；

9）持续改进及对客户申诉、投诉的处理措施。

（2）程序文件和（或）操作规程

所有的操作规程都是为了将《质量管理手册》具体化而制订的程序和方法，必须经过企业内部的共同讨论通过并切实地实行。通常包括以下内容：

1）有机养殖（畜禽、水产、蜜蜂）操作规程。包括养殖过程各环节的操作要求。

2）生产过程中防禁用物质污染规程。对整个养殖过程中如何防止禁用物质被什么或污染产品作出规定。

3）畜禽、水产等产品的屠宰、捕捞、加工、运输及储藏管理规程。如活畜禽的运输要求、畜禽屠宰要求、加工各环节要求、畜禽产品的储藏要求、包装要求。

4）员工福利和劳动保护规程。规定员工生产过程中劳动防护用品的配置标准及佩戴要求；规定员工的福利标准。

5）机械、设备的维修、清扫规程：

① 使用前的清洗方法；

② 维修方法；

③ 灭菌消毒方法。

6）客户投诉的处理：

① 投诉的处理方法；

② 投诉处理记录的完成方法；

③ 投诉原因的调查、改正及预防措施。

7）给认证机构的报告及接受检查规程：

① 认证机构的检查计划；

② 年度栽培计划、实际栽培结果、收获累计、生产损耗及不合格产品的数量、分客户的销售业绩。

8）记录管理规程：

① 完成和修订各种规程及文本数据的方法；

② 完成、修订后的新文本的使用方法。

9）内部检查规程：

① 内部检查的实施计划；

② 内部检查的责任和权限；

③ 发现问题时的纠正措施；

④ 改正措施效果的验证方法；

⑤ 生产过程的检查实施程序。

10）教育、培训规程：

① 必要的教育、培训的内容和目的；

② 认证机构举办培训班的参加情况。

11）有机产品的年度生产计划：

① 有机产品年生产计划的制订（何时、何地、谁、怎样决定了什么计划）；

② 计划变更的程序。

12）饲料等原材料的入库及保管：

① 原料入库时确认内容；

② 品质检查的方法和合格与否的判断标准；

③ 不合格原料的处理；

④ 合格原料的识别及保管方法；

⑤ 记录的名称和方法。

13）批号管理：

① 有机识别用的货物的批次号编号方法；

② 从原料到产品出货的各道工序的货物批次号编号管理方法。

14）出货管理：

① 产品的检查方法及标准；

② 不合格产品的处理；

③ 合格产品的保管方法；

④ 出货程序（与普通农产品的区分、向运输人员的交货）；

⑤ 记录的名称及方法。

15）卫生管理：

① 工厂内外及相关设施的防虫防鼠方法；

② 对外委托单位的选择标准；

③ 使用药剂的清单；

④ 记录的名称和方法。

16）给认证机构的报告：

① 同意接受注册认证机构的检查；

② 年度养殖计划、实际养殖结果、分客户的销售业绩。

17）合同内容的确认：

① 合同及订货要求事项的确认方法；

② 要求事项的传达及通知事项；

③ 合同内容及订货要求发生变化时的措施；

④ 记录的名称。

4.2.3 质量管理手册的编写与实例

4.2.3.1 手册编写要求

有机产品认证申请者可以按《有机产品　第 4 部分：管理体系》（GB/T 19630.4—2005）的要求编制《有机产品质量管理手册》，根据其规模大小和产品种类多少可以单独编制管理手册和程序文件，也可以将管理手册和程序文件结合在一起编写。如果实施了质量管理体系认证的组织还可以将有机产品管理手册与质量体系管理手册整合，编制成一体化的管理体系文件。手册的内容要满足本书 4.2.2 节的要求。手册描述控制要求的章节一般都包括目的、适用范围、引用文件、定义、程序概要（或控制措施与要求）、相关记录要求。编写手册时要注意处理好与程序文件和操作规程的关系，要包含程序文件和操作规程，或者是对程序文件和操作规程的引用。文件是用来使用的，不是给认证机构看的，因此要注意文件的适用性、可操作性。方针要体现本组织的特点和组织的战略；目标要具有适宜性、充分性和可测量性；各部门的职责要明确具体，不留管理死角。控制措施要明确每一环节做什么、由谁做、在什么时间做、用什么做、在何地做、依据什么做、留下什么记录。以下给出了某养殖企业的有机产品管理手册供读者参考。

4.2.3.2 有机养殖质量管理手册实例

××养殖发展有限公司有机奶牛养殖质量管理手册

0.1 发布令（略）

0.2 有机产品管理小组组长任命书（略）

0.3 单位简介与基本信息（略）

0.4 管理方针和目标

为实现有机产品生产的目标和承诺特编制了本公司有机产品生产方针和目标。

有机产品质量方针

遵守有机产品相关的法律法规和标准要求，严格控制养殖生产全过程，全面发展有机养殖产业，关注人类和动物健康，为顾客提供优质的有机牛奶产品。

满足生态要求，避免养殖过程对环境的污染，走可持续农业发展道路，创建一流有机养殖示范基地。

有机产品质量目标

1）牛奶经检验100%符合有机标准的各项指标要求；

2）整个养殖过程经认证机构检查完全符合GB/T 19630的要求；

3）力争全年顾客有关产品质量和服务的有效投诉为零。

管理手册目录（略）

1 适用范围

1.1 本《有机产品管理手册》适用于公司已经或计划获得有机产品认证及标贴有机产品认证标志的产品——牛奶。

1.2 接受有机产品认证机构的认证检查，具体包括从公司的管理到有机奶牛的养殖、挤奶、运输、销售以及认证标志的整个生产管理过程。需要接受有机产品认证机构检查的主要过程包括：

1）养殖基地环境管理；

2）有机奶牛的来源；

3）日常管理；

4）疾病控制；

5）饲料的管理；

6）有机奶牛的挤奶管理；

7）有机标志管理。

2 引用文件

下列文件通过在本手册引用而成为本手册的组成部分，公司所有使用本手册的人员要关注文件的最新版本。

2.1 《有机产品》GB/T 19630.1～GB/T 19630.4—2005

2.2 《农田灌溉水质量标准》GB 5084—1992

2.3 《土壤环境质量标准》GB 15618—1995

2.4 《环境空气质量标准》GB 3095—1996

2.5 《生活饮用水卫生标准》GB 5749—2006

2.6 《畜类养殖业污染物排放标准》GB 18596—2001

3 定　义

本手册采用 GB/T 19630 标准中的术语和定义，为了便于使用，以下列出主要术语的定义：

3.1 有机农业

遵照一定的有机农业生产标准，在生产中不采用基因工程获得的生物及其产物，不使用化学合成的农药、化肥、生长调节剂、饲料添加剂等物质，遵循自然规律和生态学原理，协调种植业和养殖业的平衡，采用一系列可持续发展的农业技术以维持持续稳定的农业生产体系的一种农业生产方式。

3.2 缓冲带

在有机和常规地块之间有目的的设置的、可明确界定的由来限制或阻挡临近地块的禁用物质漂移的过渡区域。

3.3 转基因生物

通过基因工程技术导入某种基因的植物、动物、微生物。

3.4 标识

在销售的产品上、产品的包装上、产品的标签上或者随同产品提供的说明性材料上，以书写的、印刷的文字或者图形的形式对产品所作的标示。

3.5 内部检查员

有机产品生产、加工、经营单位内部负责有机管理体系检查，并配合有机认证机构进行检查、认证的管理人员。

3.6 投入品

在有机生产过程中采用的所有物质或材料。

3.7 允许使用

指 GB/T 19630.1 ~ 19630.4—2005《有机产品》第一部分许可使用的物质或方法。

3.8 限制使用

指 GB/T 19630.1 ~ 19630.4—2005《有机产品》第一部分允许有条件地使用的物质或方法。

3.9 禁止使用

指 GB/T 19630.1 ~ 19630.4—2005《有机产品》不允许使用的物质或方法。

4 有机生产和经营的主要目标和实施计划

本公司遵循可持续发展原则，以建立和恢复农业生态系统的生物多样性和良性循环，并致力于提高产品质量和环境水平。通过有机养殖实现以下目标：

1）生产优质有机牛奶产品，满足社会的需求；

2）保持生产体系和周围环境的生物多样性；

3）尽可能利用当地生产系统中的可再生资源，并促进土壤资源和其他资源的合理利用和保护；

4）尊重奶牛在自然环境中的生理需要和生活习性；

5）发展持续的奶牛产品生产的“农-牧”生态系统。2008—2010 年只对××公顷基地上的奶牛采用有机方式进行养殖，计划 2010 年后逐渐在整个基地××公顷范围内推进有机养殖管理方式。该过程的进度取决于环境状况和部分地块有机管理实施的进行情况；

6）生产可完全生物降解的有机产品，使各种形式的污染最小化；

7）努力使整个养殖、运输和销售链都能向公正性、公平性和生态合理性的方向发展。

此外，本公司将过程管理的原则用于有机产品生产和经营活动，产品的实现是实现产品的一组有序的主要过程与支持性过程，它们使企业获得有机产品、产生经济效益和社会效益。对于这些过程应进行充分的确定，以确保有机管理体系的充分性。在这些过程中，一个过程的输出将直接形成下一个过程的输入。我们认为这样的过程确定即生产和经营的实施计划。而这些过程和子过程的相互影响可能是复杂的，下面提供了对这些过程的框架的描述：

首先是转换期的确认。在确认转换期的基础上确定场址，优化环境，培训人员，建立有机管理文件，实施监控。

生产活动的策划由总经理在业务部门和其他部门的协助下作出决定。本公司预计在满足有机标准的要求的前提下达到年有机牛羊养殖10%的目的。具体的养殖控制、饲喂管理、牛奶运输等将活动按照领导的实时指令精神和有机文件规定执行。

经营活动作为生产活动的延伸受到公司普遍的重视。本公司计划在有机转换期间加大宣传力度，积极地将有机活动及成果通告给现有客户和潜在客户。在未来，经营活动应在为有机体系服务的前提下向广泛区域和深层次发展，为广大人民群众服务。

5 生产

5.1 目的

为保证提供优质、安全的有机牛奶，对奶牛的繁殖、饲喂、疾病防治、饲草储藏等过程作出规定。

5.2 范围

适用于本公司牧场按照有机方式养殖的奶牛。

5.3 职责和权限

5.3.1 生产部负责有机奶牛的饲喂、繁殖、疾病控制以及饲料的储存等的技术指导，负责落实全面管理的具体实施；

5.3.2 生产部经理负责养殖场全面管理；

5.3.3 销售部和生产部共同负责产品的包装、储藏和运输。

5.4 有机奶牛的养殖

5.4.1 转换期

本公司牛犊来自××县的合作农户，故将自向认证机构提交认证申请之日期之后的6个月作为转换期。

本公司牧草来自××县的合作农户，饲料采用国家有关机构认可的绿色饲料，不需要经过转换期，本公司将向认证机构提供相关的证明材料。

5.4.2 平行生产

本养殖基地完全按有机方式养殖同一品种的奶牛，故不存在平行生产。

5.4.3 有机奶牛的引入

5.4.3.1 本公司的养殖基地初期从外部引入奶牛。

5.4.3.2 本公司2年后实行自己繁殖有机牛犊。

5.4.3.3 本公司的养殖基地依据自然繁殖规律可以获得每年 10%的增长率。但是这种增长率取决于环境供应能力的约束。

5.4.3.4 本公司养殖基地奶牛的繁殖方式为人工授精。

5.4.3.5 养殖基地避免所有幼牛和饲料在使用和繁殖时受到转基因物品的污染。

5.4.4 饲料

5.4.4.1 有机奶牛完全使用与本养殖基地有合作关系农户的饲草来喂养。

5.4.4.2 在进行有机管理的第一年，本养殖基地的饲草不作为有机饲料出售。

5.4.4.3 当有机饲草短缺时，只有经认证机构批准并在严格记录的情况下，允许使用以干物质计每年不超过饲喂总量 10%的常规饲料。并且有机牛的日粮中的常规饲料不得超过 25%。

5.4.4.4 本公司基地有机奶牛的日粮中，青贮饲料或者青饲料的比例不低于 60%。

5.4.4.5 有机奶牛的幼畜必须由母畜带领和哺乳，幼牛的哺乳期不得少于 3 个月。

5.4.4.6 本养殖基地不投喂配合饲料。

5.4.4.7 所投喂的饲料避免被转基因物品污染。

5.4.4.8 不得饲喂除有机饲草以外的任何物质。

5.4.5 本公司不得使用任何饲料添加剂。

5.4.6 饲养条件

5.4.6.1 有机奶牛牛舍达到了一定效果以满足幼畜的生理和行为需要：

1）有足够的活动空间和时间；

2）空气流通，自然光照充足，同时有遮蔽设施，避免过度的太阳照射；

3）保持适度的温度和湿度，避免受风、雨、雪的侵袭；

4）有足够的饮水和饲料；

5）有足够的垫料；

6）不使用对奶牛有害的建筑材料和设备。

5.4.6.2 养殖基地有机奶牛饮用水为符合 GB 6749《生活饮用水标准》的深井水。

5.4.6.3 在天气晴朗、无雨雪的日子，奶牛可在牛舍和运动场所自由活动。

5.4.6.4 禁止将奶牛拴养。

5.4.6.5 除患病的奶牛以外，不得将奶牛单栏饲养。

5.4.6.6 该养殖基地有牛舍，可避免奶牛遭受野狼、狐狸等的捕食和伤害。

5.4.6.7 养殖基地没有强迫饲喂情况。

5.4.7 疾病防治

5.4.7.1 本公司养殖基地根据当地适合条件饲喂荷斯坦奶牛，以散养的方式饲养。

5.4.7.2 牛舍定期消毒，消毒物品不得使用禁用物质。时间在奶牛运动场活动期间，禁止在运动场内使用各种饵料。

5.4.7.3 本公司的养殖基地主要是对奶牛实施中药药浴以达到预防寄生虫的目的，所用药品不使用有机产品生产的禁用物质。

5.4.7.4 奶牛群定期接受国家法定的预防性接种。

5.4.7.5 本公司在养殖过程中不使用任何兽药，禁止使用任何激素。

5.4.7.6 生产部对上述的计划接种和药浴给予详细记录。

5.4.8 非治疗性手术

5.4.8.1 养殖基地允许依据长期习惯对有机奶牛进行物理阉割。

5.4.8.2 本公司不对有机奶牛进行非治疗性手术。

5.4.9 繁殖

5.4.9.1 本公司养殖基地有机奶牛的繁殖为人工授精繁殖。

5.4.9.2 禁止使用各种促进繁殖的激素。

5.4.9.3 怀孕期间的母牛禁止受到各类禁用物质的污染。

5.4.10 运输

5.4.10.1 本公司的有机奶牛在挤奶及其牛奶运输期间都有清楚的标记使之易于识别。

5.4.10.2 有机奶牛挤奶、牛奶装载和运输期间都有专人负责管理。

5.4.10.3 有机奶牛在运输过程中受到如下关照：

1）避免奶牛通过视觉、听觉和嗅觉接触到正在屠宰或已经死亡的牛；

2）杜绝混群放置；

3）提供缓解应激的休息时间；

4）确保车辆适合奶牛并质量可靠；

5）运输途中应避免奶牛饥渴并提供合适的温度与相对湿度；

6）考虑并尽量满足奶牛的个别要求；

7）装载、卸载及挤奶时对奶牛的应激力力求最小。

5.4.10.4 运输、卸载和挤奶的操作力求平和。禁止使用电棍或类似设备驱赶奶牛。禁止在运输前或运输中对奶牛使用镇静剂或者兴奋剂。

5.4.10.5 一般情况下应确保有机奶牛的运输时间低于 8 h。

5.4.11 环境影响

5.4.11.1 公司严格按照地方政府提出的草场家畜承载量的规定进行养殖。

5.4.11.2 及时地处理有机奶牛的粪便，主要用作有机肥料进行堆制。

6 标识与销售

6.1 目的

为了在销售过程中做到有章可循，并对产品准确识别，公司对有机牛奶进行分类标识，以便及时、准确识别该类产品。

6.2 范围

适用于本公司的养殖基地按照有机方式养殖的奶牛产的牛奶的管理。

6.3 职责和权限

6.3.1 生产部负责标识的张贴;

6.3.2 销售部负责销售工作和销售标识的维护。

6.4 标识的基本原则

6.4.1 获得认证的牛奶应当按照国家有关法律法规、标准的要求进行标识，而未获得有机产品认证的产品不能使用有机产品认证标志。

6.4.2 标识的文字、图形或符号应直观、清晰、醒目和规范，应当使用规范的汉字。

6.5 产品标识要求

6.5.1 产品标识严格执行 GB/T 19630 的要求。

6.5.2 获得有机转换认证的产品使用有机转换标志，并在包装上明确注明为有机转换产品。

6.5.3 在产品的外包装上标明公司的名称、地址、生产日期及批号，并标明认证证书号。

6.5.4 本公司标识和包装的说明不能错误诱导消费者，不标注“纯天然”、“无污染”等字样，在外包装上标明“本产品在生产过程中未使用人工合成的肥料、农药及禁用物品”。

6.5.5 在产品的外包装上印刷标志或说明的油墨必须无毒、无刺激性气味。

6.6 中国有机产品认证标志

6.6.1 只有在公司的产品获得认证机构相应认证后并在证书有效期以内，才使用中国有机转换产品标志和中国有机产品标志。

6.6.2 公司使用的中国有机转换产品标志和中国有机产品标志按比例放大或缩小，但不得变形、变色。

6.7 认证机构标识

遵照认证机构要求使用。

6.8 销售要求

6.8.1 本公司在有机产品销售中应当注意:

6.8.1.1 采取措施避免有机产品与常规产品相混合;

6.8.1.2 采取适当的措施，避免有机产品与有机标准不允许使用的物质接触;

6.8.1.3 销售部建立有机产品运输、储存、出入库和销售等记录。

6.8.2 公司留存证书原、复印件。

6.9 相关文件

《作业规程汇编》

7 管理体系

7.1 一般要求

1）公司严格遵守 GB/T 19630 的规定和国家相关法律法规的要求；

2）公司确保合法经营。

7.2 文件要求

7.2.1 有机管理体系文件包括：

1）形成文件的有机产品质量方针和有机产品质量目标；

2）有机产品管理手册；

3）有机标准所要求的形成文件的程序和记录；

4）组织为确保其过程的有效策划、运行和控制所需的文件。

7.2.2 有机管理体系文件架构：

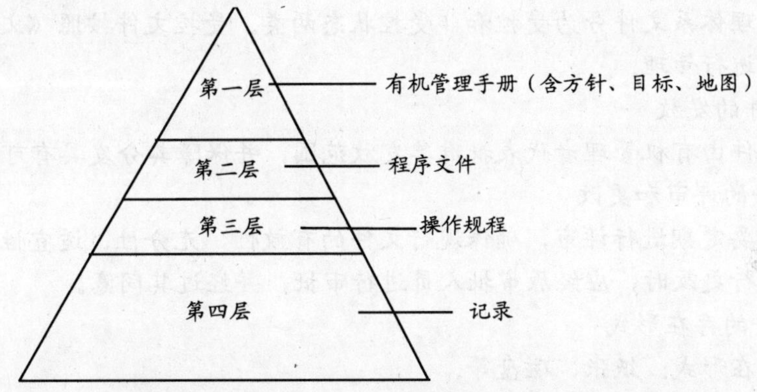

7.2.3 公司建立一套完整有效的有机产品管理手册，其内容包括：

1）有机管理范围人员职责、权限、组织机构；

2）有机质量方针和有机质量目标；

3）程序文件引用的表述；

4）奶牛的养殖控制要求。

7.2.4 公司编制包括 GB/T 19630 有机产品标准要求的全部程序文件。

7.2.5 作业规程

公司制订详细的养殖基地管理、饲料储存、奶牛繁殖、牛奶运输等各个生产、管理环节的管理规程，保证有机产品的整个生产链处于受控状态。

7.3 文件控制

7.3.1 目的

对有机产品管理体系文件进行控制，保证全过程生产活动都使用有效版本文件。

7.3.2 职责和权限

办公室负责有机文件的分发、收集、归档保存。

7.3.3 控制要求

7.3.3.1 文件的制订

1）《有机管理手册》和《程序文件汇编》由有机产品领导小组组长负责组织编制并负责审核，总经理负责批准实施。

2）其他操作规程由使用部门负责编制，有机产品领导小组组长审批。

3）记录作为一种特殊文件按照《记录控制程序》进行管理。

7.3.3.2 文件的管理和发放

1）文件的编号和受控

各种文件由办公室统一编号，做到各类文件标识唯一，具有可追溯性。公司有机产品管理体系文件分为受控和非受控状态两类。受控文件按照《文件控制程序》的要求进行管理。

2）文件的发放

受控文件由有机管理者代表批准其发放范围，并保障其分发具有可追溯性。

7.3.3.3 文件的评审和更改

对文件要定期进行评审，确保现行文件的有效性、充分性、适宜性。当发现文件需要进行更改时，应经原审批人员进行审批，并经过其同意。

7.3.3.4 文件的存在形式

文件存在形式：纸张、磁盘等。

7.3.4 相关文件

《文件控制程序》

《记录控制程序》

7.4 记录控制

7.4.1 目的

对有机产品管理体系所要求的记录予以控制，以提供对产品、过程符合要求的证据，为各项活动的符合性和可追溯性提供证据。

7.4.2 职责和权限

7.4.2.1 办公室负责监督、管理各部门的体系运行记录。

7.4.2.2 各部门负责收集、整理、保管本部门的体系运行记录。

7.4.3 控制要求

7.4.3.1 记录的编制

公司应建立并保持充分的记录，保证满足标准要求。记录应清晰、准确、完整，能为有机牛产品的生产和销售活动提供证据。

7.4.3.2 记录的收集和整理

主管部门负责定期检查记录的使用情况，并督查各使用部门对记录分类整理，以便检索。

7.4.3.3 记录的保存

各部门负责保存本部门所产生的记录，并保证记录保存 5 年。

7.4.4 相关文件

《质量记录控制程序》

7.5 资源管理

7.5.1 目的

对与有机生产和加工规模及技术相适应的资源，即满足运作要求的硬件资源和人力资源进行控制，为生产出有机产品的最终目标提供保障。

7.5.2 职责和权限

7.5.2.1 总经理负责资源的提供;

7.5.2.2 有机生产管理小组组长负责资源需求的策划;

7.5.2.3 办公室负责人力资源的管理和人员的培训;

7.5.2.4 生产部负责生产设施的管理和维护。

7.5.3 控制要求

7.5.3.1 人力资源

1）承担有机产品管理职责的人员应是有能力胜任工作的。对能力的判断应从教育、培训、技能和经历方面考虑;

2）培训、意识和能力。办公室识别从事影响有机产品性能的人员能力需求。对新员工、在岗员工、各类专业人员、内部检查员等，应根据他们的岗位职责和工作能力制订并实施培训;

3）新员工培训内容包括企业文化培训：包括工作纪律，有机产品方针和目标，有机产品意识和岗位技能培训：学习操作规程、安全注意事项及紧急情况的应变措施等;

4）全员有机产品意识培训。根据需要应通过一定的渠道保证各作业人员特别是养殖基地饲喂人员树立正确的意识，正确看待有机产品的要求，使生产活动组织化、纪律化。

7.5.3.2 硬件资源

生产地块的选择应当符合国家标准的要求。

7.5.3.3 相关文件

《培训控制程序》

《作业规程汇编》

7.6 职责和权限

7.6.1 目的

对公司内的职能及其相互关系予以规定和沟通，以促进有效的质量管理。

7.6.2 范围

适用于公司内对有机产品管理体系有关的管理层及各职能部门和有关人员的职责、权限的规定。

7.6.3 总经理职责

1）全面领导公司日常工作，向公司传达满足顾客和法律法规要求的重要性；

2）制订方针和目标，领导公司建立、实施和保持有机管理体系；

3）确保有机管理体系运行所必要的资源配备；

4）主持改进计划的编制与落实；

5）负责确保顾客的要求在公司内部得到沟通和确定；

6）确保公司内的职责、权限得到规定和沟通。

7.6.4 有机产品领导小组组长职责

1）确保有机产品管理体系的过程得到建立、实施和保持；

2）向总经理报告执行有机管理体系的业绩，包括改进的需求和内检的情况；

3）确保在整个公司内提高顾客要求意识；

4）负责与有机管理体系有关事宜的外部联络。

7.6.5 办公室

1）在有机产品领导小组组长领导下，确保公司有机产品管理体系正常运行；

2）负责组织编制与有机产品方针和目标相一致的有机产品管理体系文件；

3）负责公司有机产品管理体系文件的管理和维护；

4）负责组织各部门进行管理策划，并进行监督检查；

5）负责监督管理各部门的记录和对工作环境的控制；

6）负责制订培训计划和培训的实施以及培训效果的验证；

7）负责编制各部门岗位责任制和人员的招聘；

8）负责准备提供与本部门工作有关的评审所需资料，并负责实施改进计划中提出的相关纠正、预防措施。

7.6.6 财务部（略）

7.6.7 销售部

1）制订本部门编制的质量记录格式，收集、整理、保管本部门的质量记录；

2）负责市场的开发和销售的实施，评审客户要求、交货期以及其他要求；

3）负责顾客反馈意见的收集、整理和处理及顾客的申斥/投诉；

4）负责农具和机具的购入，须符合有机标准要求；

5）负责准备提供与本部门工作有关的评审所需资料，并负责实施改进计划中提出的相关纠正、预防措施。

7.6.8 生产部

1）负责有机养殖技术的推广和应用，严格按照养殖规程组织生产；

2）负责有机地块的标识、防护，要有序并有标识给予区别；

3）负责农机具的维护保养；

4）做好圈舍卫生检查，保持卫生状况的最佳状态；

5）负责牛的屠宰和运输，符合养殖规程的要求；

6）负责准备提供与本部门工作有关的评审所需资料，并负责实施改进计划中提出的相关纠正、预防措施。

《公司有机管理组织机构图》（略）

《公司有机产品职能分配表》（略）

7.7 采购

7.7.1 目的

严格控制投入物和产出物，得到最终降低直至没有外来物的投入的目标，保障有机体系的可证实性。

7.7.2 职责和权限

7.7.2.1 养殖基地采购由销售部负责。

7.7.2.2 必要时销售部编制采购物质技术标准，生产部负责对采购物质的验证。

7.7.3 控制要求

7.7.3.1 物质分类

1）有机投入物：辅料（如果有）；

2）养殖用生产资料。

7.7.3.2 采购控制

1）有机管理者代表负责下达生产任务，确保不使用禁用的和未经许可的生产资料。生产部应详细标明采购物品品名、数量并注明有机状态、生产厂家、销售商等。采购员必须严格遵循采购要求进行采购。采购物质要留原始票据，如发票、收据等以备需要时追踪。

2）采购验证。对采购的有机投入物质有效性由有机管理者代表和生产部进行验证，确保有机采购的符合性。

3）对采购物质的控制详见《采购控制程序》。

7.7.4 相关文件

《采购控制程序》

7.8 内部检查

7.8.1 目的

为验证有机产品管理体系是否符合标准要求，体系是否得到有效保持、实施和改进，特编制此章节。

7.8.2 职责和权限

7.8.2.1 总经理

1）批准公司的内部检查计划；

2）批准内部有机管理体系检查报告。

7.8.2.2 有机产品领导小组组长

1）全面负责内部检查工作；

2）选定内部检查员，对内部检查不符合进行处理并督促改进。

7.8.2.3 内部检查组组长

1）编制内部检查计划；

2）负责编写内部检查报告；

3）负责领导公司内部检查。

7.8.2.4 内部检查员

依据检查表执行检查任务。

7.8.3 控制要求

7.8.3.1 定期进行内部检查

公司规定以 12 个月为间隔进行内部检查，确定有机牛养殖符合 GB/T 19630 有机产品标准的要求以及公司所确定的有机牛养殖管理体系的要求，而且该体系得到实施和保持。

7.8.3.2 内部检查人员要求

内部检查应由具备能力的内部检查人员来承担，也可聘请具备能力的外部人员进行。内部检查人员能力要求：

1）熟悉并了解国家相关的法律、法规及其他要求；

2）熟悉并掌握认证标准的要求；

3）具备奶牛技术知识或经验；

4）熟悉本单位的有机生产和加工管理体系及生产和（或）加工过程；

5）经过内部检查员培训，并取得内部检查员资格。

7.8.3.3 内部检查的实施

1）内部检查时，由内部检查组组长提前一周将检查计划发给各相关部门或人员，进行内部检查时应详细记录检查过程的符合或不符合事实，对不符合要开出不符合报告。

2）检查结束时，应形成书面的检查报告，检查组组长应将检查结果通知各部门，并要求其对不符合采取适宜的纠正措施。

3）对内部检查过程应形成记录，并留存。

7.8.4 相关文件

《内部检查控制程序》

7.9 追踪体系

7.9.1 目的

为保证有机产品管理体系完整性，对有机奶牛养殖过程建立跟踪系统，保存能追溯实际生产全过程的详细记录。

7.9.2 职责和权限

生产部负责人负责养殖记录及牛奶记录的追踪。

7.9.3 控制要求

7.9.3.1 养殖记录的追踪

1）对有机养殖基地的奶牛的疾病防治通过养殖过程记录进行追踪；

2）对奶牛的引入由生产部各个责任人负责，其生产批次编号如下：

如：Y0509020204 表示 04 号责任人 02 号牧区 2005 年 9 月 2 日收获的有机

牛产品。

C0509020804表示04号责任人08号牧区2005年9月2日收获的常规牛产品。

7.9.3.2 记录的要求

1）做好引入记录，包括日期，数量等内容；

2）做好奶牛繁殖记录，内容包含养殖基地相关信息；

3）做好牛奶的运输记录。

7.9.4 相关文件

《采购控制程序》

7.10 持续改进

7.10.1 目的

采取有效的改进、纠正和预防措施以实现有机管理体系的持续改进。

7.10.2 职责和权限

1）各部门负责分管范围内相应的改进措施的控制和实施；

2）有机产品领导小组组长负责监督、协调改进措施的实施；负责改进措施实施效果的跟踪验证。

7.10.3 控制要求

7.10.3.1 改进的需求

持续改进企业有机生产管理体系的有效性，促进有机奶牛/养殖的健康发展，在策划和管理改进时应考虑改进的方向：

1）实现有机方针和目标的情况；

2）内部检查的结果；

3）有机奶牛养殖过程中的技术问题；

4）对不符合所采取的纠正和预防措施；

5）产品检验的结果；

6）分析现有有机过程的状况确定改进方案。

7.10.3.2 识别不符合

在整个养殖、运输、销售等过程中对发现的任何不符合均进行识别和分析，并采取相应的纠正预防措施，不符合的控制详见《不合格品控制程序》。

公司销售部负责接受顾客对产品的意见，特别是申诉/投诉情况，对申诉/投诉应作详细的记录和处理，特别是针对产品有机性能方面的申诉/投诉。对申诉/投诉的控制详见《申诉/投诉处理控制程序》。

7.10.4 相关文件

《不合格品控制程序》

《改进控制程序》

《申诉/投诉处理控制程序》

7.11 纠正预防措施

7.11.1 目的

针对公司内部体系运行中所发现的不符合及顾客的申诉/投诉，采取相应的措施消除不符合并防止其再次发生以达到改进的目的。

7.11.2 职责和权限

1）各部门负责分管范围内相应的纠正和预防措施的控制和实施。

2）有机产品领导小组组长负责监督、协调纠正和预防措施的实施。

7.11.3 控制要求

7.11.3.1 针对不符合进行评价，确定不符合性质是一般不符合还是严重不符合，对不符合要分析原因，确定责任部门/责任人。

7.11.3.2 不符合的责任人应针对其原因制订相应的纠正/预防措施，所制订的措施应消除不符合或潜在不符合的原因，防止其再次发生。

7.11.3.3 纠正/预防措施的实施

不符合责任部门/责任人制订的纠正/预防措施经部门负责人批准后实施，实施效果由有机管理者代表评审。

7.11.3.4 记录

对不符合、纠正/预防措施应做好记录。

7.11.3.5 对纠正/预防措施的控制详见《改进控制程序》

7.11.4 相关文件

《改进控制程序》

4.2.4 程序文件和（或）操作规程的编写与实例

4.2.4.1 程序文件和（或）操作规程编写要求

为了对控制措施进行具体说明，避免管理手册内容太多，有机产品认证申请者可以编写程序文件和具体的操作规程。两者可以都有，也可以合并。程序文件可以按过程进行描述，具体要求引出操作规程；操作规程要对各关键过程和主要环节的控制要求进行具体描述。有机产品管理体系程序文件可包括文件控制程序、记录控制程序、资源管理程序、内部检查程序、追踪过程控制程序和改进控制程序。程序文件要与管理手册接口，描述每一过程做什么、由谁做、在什么时间做、用什么做、在何地做、依据什么做、留下什么记录的要求。如何做可以引用操作规程。操作规程的内容视申请者的规模和产品情况参考本书 4.2.2 中对操作规程的要求编写。操作规程要重点、具体描述关键活动的控制要求，要关注标准、法律法规的要求。以下给出了某养殖企业主要的程序文件和规程的样式，供读者参考。

4.2.4.2 程序文件案例

文件控制程序

1 目的

对与公司有机产品管理体系有关的文件进行控制，确保各相关场所使用的文件为有效版本。

2 范围

本程序规定了文件的分类、编号、编写、审批、发放、标识、更改、评审、作废等管理要求、外来文件管理以及文件管理的职责；

本程序适用于与有机产品管理体系有关的文件控制。

3 职责

3.1 总经理负责批准发布《有机产品管理手册》。

3.2 有机产品领导小组组长负责检查有机产品管理手册的管理情况，负责审批程序文件。

3.3 各部门负责相关文件的编制、使用和保管；负责本部门与有机管理体系有关的文件的收集、整理和归档等。

3.4 办公室负责组织对现有体系文件的定期评审。

4 活动描述

4.1 文件分类及保管

4.1.1 有机产品管理手册及所有过程控制的程序文件由办公室备案保存。

4.1.2 公司第二级有机管理体系文件分为两类：

1）各部门运行有机产品管理体系的常用实施细则：包括行业标准、企业标准、操作规程、检验规范、部门管理制度、岗位责任制及部门记录等。由各相关部门自行保存并报办公室备案存档；

2）其他体系文件：如特定的计划、专项管理措施由各相应的业务部门保存、使用。

4.1.3 公司级管理性文件，如各种行政管理制度、部分外来文件（包括与有机管理体系有关的政策、法规文件等）由办公室归档保存。

4.2 有机管理体系文件的编号

（1）有机管理手册

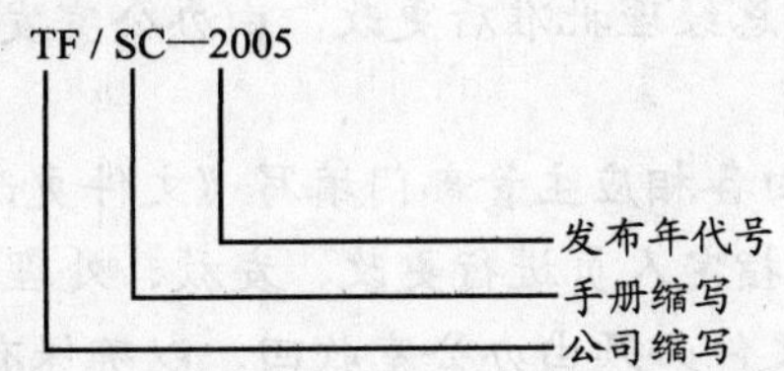

（2）程序文件

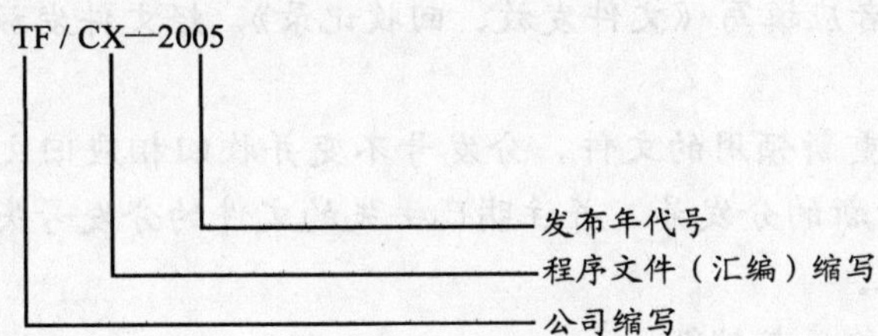

（3）作业规程

4.3 文件的编写、审核、批准、发放

文件发布前应得到批准，以确保文件是适宜的。

1）有机产品管理手册由办公室负责组织编写，由有机产品领导小组组长审核，总经理批准后发布，由办公室负责登记、发放；

2）公司各项规章制度及其他有机产品管理文件由各部门负责人组织编写，由有机产品领导小组组长审核，报总经理批准，办公室负责登记、发放；

3）确保文件使用的各场所都得到相关文件的适用有效版本。文件的发放、回收由办公室填写《文件发放、回收记录》。

4.4 文件的受控状况

文件分为“受控”和“非受控”两大类，凡与有机产品管理体系运行紧密相关的文件应为受控，由各主管部门按本程序规定执行管理。所有受控文件在该文件封面受控状态栏加盖表明其受控状态的印章，没有受控栏的在其右上角加盖表明其受控状态的印章。

4.5 文件的更改

1）有机产品管理手册由办公室组织更改，填写《文件更改申请单》，经有机产品领导小组组长审核，总经理批准后更改，由办公室发放。办公室应保留文件更改内容的记录；

2）其他文件的更改由各相应主管部门填写《文件更改申请单》，经原审核部门审批，再由各相应部门指定人员进行更改、发放、处理；

3）所有被更改的原文件必须由办公室收回，以确保有效文件的唯一性。

4.6 文件的领用

1）文件使用者应填写《文件发放、回收记录》，经文件发放人员确认后方可领用；

2）因破损而重新领用的文件，分发号不变并收回相应旧文件；因丢失而补发的文件，应给予新的分发号，并注明已丢失的文件的分发号失效；办公室做好相应发放签收记录。

4.7 文件的保存、作废与销毁

4.7.1 文件的保存

1）与有机产品管理体系相关的文件都必须分类存放在干燥、通风、安全的地方；

2）各部门文件由本部门负责保管。办公室每季度对各部门文件保管情况进行检查；

3）对于受控文件，各部门应及时填写本部门使用文件的《受控文件清单》；

4）任何人不得在受控文件上乱涂画改，不准私自外借，确保文件清晰、易于识别和检索。

4.7.2 文件的作废与销毁

1）所有失效或作废文件由相关部门及时从所有发放或使用场所撤出，加盖“作废”印章，确保防止作废文件的非预期使用；

2）为某种原因需保留的任何已作废的文件，都应签“作废保留”字样以便于识别；

3）对要销毁的作废文件，经有机产品领导小组组长批准后，由办公室统一进行销毁。

4.7.3 文件的借阅、复制

借阅、复制与有机管理体系有关的文件应进行登记，由相关部门负责人按规定权限审批后向资料管理人借阅、复制。复制的受控文件必须由资料管理人登记。

4.8 外来文件的控制

4.8.1 收到外来文件的部门，需识别其适用性和有效性，并控制分发以确保其有效。

4.8.2 各主管部门负责收集相关国家、行业、企业、国际标准的最新版本，加盖受控印章，分发到相关部门使用，并把旧标准收回。

4.8.3 各部门要把上述标准及其他与有机管理体系有关的外来文件单独填入《受控文件清单》，并报办公室独立备案。

4.9 每年 1 月份由办公室组织对现有有机管理体系文件进行定期评审，各部门结合平时使用情况进行评审，必要时予以修改，执行 4.5 条款规定。

4.10 对承载媒体不是纸张的文件的控制，参照上述规定执行。

5 相关文件

《体系运行记录控制程序》

6 相关记录

6.1 《文件发放、回收记录》

6.2 《文件更改申请》

6.3 《受控文件清单》

6.4 《文件更改/作废/销毁处理单》

记录控制程序

1 目的

对有机管理体系所要求的记录予以控制。

2 范围

适用于能够证明奶牛产品符合要求和有机管理体系有效运行的记录。

3 职责

3.1 办公室负责监督、管理各部门的体系运行记录。

3.2 各部门负责收集、整理、保管本部门的体系运行记录。

3.3 办公室保管超过 1 年的体系运行记录。

3.4 各部门负责人负责批准本部门编制的体系运行记录格式。

4 程序

4.1 各部门资料员收集、整理、保存本部门的体系运行记录。

4.2 体系运行记录的标识编号

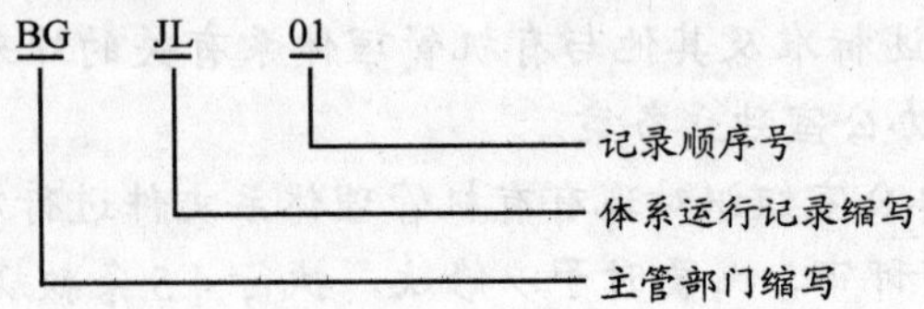

部门缩写：办公室（BG）、销售部（XS）、财务部（CW）、生产部（SC）。

4.3 体系运行记录填写

4.3.1 体系运行记录填写要及时、真实、内容完整、字迹清晰，不得随意涂改。如因某种原因不能填写的项目，以“—”代替但应能说明理由。

4.3.2 如因笔误或计算错误而需要修改原数据的，应加盖或签上更改人的印章或姓名及日期。

4.4 体系运行记录的保存、保护

4.4.1 各部门必须把所有体系运行记录分类，依日期顺序整理好，存放于通风、干燥的地方。所有的体系运行记录应保持清洁、字迹清晰。各部门按规定的期限保存记录，对于保存1年以上的记录交办公室保存。

4.4.2 办公室编制《受控记录清单》，将公司所有与有机管理体系运行有关的记录汇总，包括名称、编号、保存期、使用部门等内容，并汇集备案记录的样本。

4.5 体系运行记录的发放、借阅

1）各部门填写《文件发放、回收记录》，向办公室领用所需记录空白表；

2）各部门保管的体系运行记录应便于检索，需借阅者要经相应负责人批准，由记录管理人登记备案。

4.6 体系运行记录的销毁处理

体系运行记录如超过保存期或有其他特殊情况需要销毁时，由办公室报有机管理者代表批准，由被授权人执行销毁。

4.7 记录格式

4.7.1 各部门的体系运行记录格式，由各部门主管负责组织编制，有机管理者代表审批，交办公室备案。

4.7.2 各相关部门可根据工作需要提出记录格式设计更改，执行《文件控制程序》有关文件更改的规定。

4.8 体系运行记录的保存期限

4.8.1 与体系运行有关的体系运行记录，保存期限为5年。

4.8.2 与产品质量和销售有关的体系运行记录，保存期限为10年。

5 相关文件

《文件控制程序》

6 相关记录

6.1 《受控记录清单》

6.2 《文件发放、回收记录》

6.3 《文件更改申请》

6.4 《文件更改/作废/销毁处理单》

培训控制程序

1 目的

对承担有机管理体系职责的人员规定相应岗位的能力要求，并进行培训以满足规范要求。

2 范围

适用于承担有机管理体系规定职责的所有人员，包括临时雇用的人员，必要时还包括供方的人员。

3 职责

3.1 办公室

1）负责编制各部门岗位任职要求；

2）负责《年度培训计划》的制订及监督实施；

3）负责上岗基础教育；

4）负责保存相关培训记录。

3.2 各部门负责本部门员工的岗位技能培训。

3.3 有机管理者代表负责批准部门《岗位任职要求》。

3.4 总经理批准公司年度培训计划。

4 活动描述

4.1 人员安排

承担有机管理体系职责的人员应是有能力的，经过教育、培训或者技能和经历方面适宜。办公室负责编制各部门《岗位任职要求》报有机管理者代表批准。部门负责人应至少满足下列条件之一：

1）具备相关专业的技术职称；

2）大专以上学历，并已工作2年以上；

3）受过相关的职业培训；

4）具备四年以上相关工作经历。

4.2 培训、意识和能力

4.2.1 应识别从事影响奶牛产品质量的活动的人员的能力需求，分别对新员工、在岗员工、转岗员工、各类专业人员、特殊工种人员、内检员等，根据他们的岗位责任需求制订并实施培训。

4.2.2 新员工培训

1）公司基础教育：包括公司简介、员工守则、有机方针和目标、质量、安全和环保意识、相关法律法规、有机管理体系标准基础知识等的培训。在进入公司1个月内，由办公室组织进行；

2）部门基础教育：学习有机手册主要内容，由所在部门负责人组织进行；

3）岗位技能培训：学习本部门的工作程序，由本部门负责人组织并进行适当的考核，合格者方可上岗。

4.2.3 在岗人员培训按培训计划，每年应对在岗员工进行至少一次全面的岗位技能培训和考核。

4.2.4 特殊工作人员培训

1）设备操作人员的培训，由所在岗位技术负责人负责培训，培训合格后持证上岗。每年对于这些岗位的人员还应进行培训；

2）有机管理体系内检员应由认证或咨询机构培训和考核。人员上岗工作前应获得相应资格。

4.2.5 通过教育和培训，使员工意识到：

1）满足顾客和法律法规要求的重要性；

2）自己从事的活动与公司发展的相关性。公司鼓励全体员工参与有机生产管理，为实现有机目标作出贡献。

4.2.6 评价所提供培训的有效性

1）通过理论考核、操作考核、业绩评定和观察等方法评价培训的有效性，评价被培训的人员是否具备了所需的能力。

2）每年第 4 季度办公室组织各部门培训负责人及员工代表召开年度培训工作会议，评价培训的有效性，征求意见和建议，以便更好地制订下年度的培训计划；

3）办公室加强对员工日常工作业绩的评价，可随时对各部门员工进行现场抽查。对不能胜任本职工作的员工应暂停工作，安排培训、考核，或转岗，使员工的能力与其从事的工作相适应。

4.2.7 办公室负责建立、保存员工培训记录。

4.3 培训计划及实施

4.3.1 每年 12 月各部门上报办公室下年度的《培训申请单》，根据公司需求及下年度各部门《培训申请单》，办公室于 12 月制订下年度的《年度培训计划》（包括培训内容、对象、时间、考核方式等内容），经总经理批准后下发各部门，并监督实施。

4.3.2 每次培训各相关部门应填写《培训记录表》，记录培训人员、时间、地点、教师、内容及考核成绩等，培训后将有关记录、试卷或操作考核记录等交办公室存档。

4.3.3 各部门的计划外培训，应填写《培训申请单》，报有机管理者代表批准，由相关部门组织实施。

5 相关文件

《岗位任职要求》

6 相关记录

6.1 《培训记录表》

6.2 《培训申请单》

6.3 《年度培训计划》

采购控制程序

1 目的

对采购过程及供方进行控制，确保所采购的产品符合规定要求。

2 适用范围

适用于对生产和服务所需的原材料的采购的控制以及对供方进行选择、评价和控制。

3 职责

3.1 销售部

1）负责制订采购计划，执行采购作业；

2）负责对供方的评价和对采购物品进行验收。

3.2 销售部负责编制采购物品的检验标准和合格供方评定准则。

3.3 有机管理者代表负责批准采购物品的检验标准和合格供方评定准则。

4 活动描述

4.1 物质分类

4.1.1 主要物质——严重影响有机性能的物质。

4.1.2 辅助物质——其他生产资料，如屠宰工具。

4.1.3 销售部负责编制《物质明细表》，并对生产用物质正确分类。

4.2 采购控制

4.2.1 销售部组织对主要物质的供方进行评定。由有机管理者代表批准并将评审合格的供方列入《合格供方名录》。

4.2.2 根据生产的需要，由有机管理者代表负责下达采购任务，确保不使用禁用的和未经许可的生产资料，特别是主要物质的采购应当注意选择《合格供方名录》中的供方。

4.2.3 销售部必须严格遵循采购要求进行采购，详细标明采购物品品名，数量，并注明有机状态、生产厂家、销售商等。采购物质要留原始票据，如发票、收据，以备需要时追踪。

4.2.4 采购验证

对采购的有机投入物质有效性由有机管理者代表进行验证，确保有机采购的符合性。对采购的物质品名、品种、数量、采购人信息，应由供销部详细记录《采购产品登记表》和《进货验证记录》，以备为有机产品证明提供证据。

4.2.5 入库

采购的有机食品生产投入物入库管理详见《仓库管理规程》。

5 相关文件

5.1 《合格供方评定准则》
5.2 《屠宰工具购进检验标准》
5.3 《仓库管理规程》

6 相关记录

6.1 《物资明细表》
6.2 《采购产品登记表》
6.3 《供方评定记录》
6.4 《合格供方名录》
6.5 《进货验证记录》

内部检查控制程序

1 目的

验证有机管理体系是否符合标准要求，是否得到有效地保持、实施和改进。

2 适用范围

适用于公司有机管理体系所覆盖的所有区域和所有要求的内部检查。

3 职责

3.1 有机管理者代表

1）批准组织年度内检计划和检查实施计划；
2）批准内部有机管理体系检查报告；
3）全面负责内部有机管理体系检查组的领导工作；
4）选定检查组长及检查员。

3.2 办公室

1）编写《年度内检计划》；
2）组织、协调内检活动的展开；
3）负责现场检查全过程的管理。

3.3 内检组长

1）编制、实施本次内检计划；

2）编写内检报告。

4 程序

4.1 年度内检计划

4.1.1 根据拟检查的活动和区域的状况和重要程序及以往检查的结果，由办公室负责策划各部门全年检查方案，编制年度内检计划，确定检查的范围、频次和方法，经有机管理者代表检查批准。每年内检至少一次，并要求覆盖本公司有机管理体系的所有要求，另外出现以下情况时由有机管理者代表及时组织进行内部有机检查。

1）组织机构、管理体系发生重大变化；

2）出现重大质量事故，或用户对某一环节连续投诉；

3）法律、法规及其他外部要求的变更；

4）在接受第二方、第三方检查之前；

5）在有机认证证书到期换证前。

4.1.2 年度内检计划内容

1）检查目的、范围、依据和方法；

2）受审部门和检查时间。

4.1.3 根据需要，可检查有机体系覆盖的全部要求和部门，也可以专门针对某几项要求或部门进行重点检查。但全年的内检必须覆盖有机管理体系全部要求和必要条款。

4.2 检查前的准备

4.2.1 有机管理者代表任命内检组长和内检组员。内检应由与受审部门无直接关系并具备资格的内检员负责。

4.2.2 由内检组长策划检查并编制《检查实施计划》，交有机管理者代表检查，总经理批准。计划内容主要包括：

1）检查目的、范围、方法、依据；

2）内部检查的工作安排；

3）检查组成员；

4）检查时间、地点；

5）受审部门及检查要点；

6）预定时间，持续时间；

7）开会时间；

8）检查报告分发范围、日期。

4.2.3 在了解受审部门的具体情况后，内检组长组织编写《内检检查表》，内检检查表要详细列出检查项目、依据、方法，确保无要求遗漏，检查能顺利进行。

4.2.4 内检组长于内检前十天将内检时间通知受审部门，受审部门对内检时间如有异议，应在内检前3天通知内检组长。

4.2.5 内部有机管理体系检查员应经有机体系认证或咨询机构培训、考核合格后方能担任。

4.3 内检的实施

4.3.1 首次会议

1）参加会议人员：公司领导、内检组成员及各部门负责人。与会者应签到并由办公室保留会议记录。

2）会议内容：由检查组长主持会议。组长介绍内检目的、范围、依据、方式、组员和内检日程安排及其他有关事项。

4.3.2 现场检查

1）内检组根据《内检检查表》对受审部门的程序和文件执行情况进行现场检查，将体系运行效果及不符合详细记录在检查表中；

2）内检组长需每日召开内检组内部会议，全面汇总、分析该日内检情况，对《内检不合格报告》进行核对；

3）内检时检查员要公正而又客观地对待问题。

4.3.3 检查报告

4.3.3.1 现场检查后，检查组长召开检查组会议，综合分析检查结果、依据标准、体系文件及有关法律法规要求，必要时还要依据与顾客签订的合同要求，确认不合格项并发出内检不合格报告。经相关部门领导确认后，由相关部门分析原因，制订纠正措施，经检查员确认后实施纠正。检查员负责对实施结果跟踪验证，并报告验证结果。

4.3.3.2 检查组填写《不合格项分布表》，记录不合格分布情况。

4.3.3.3 现场检查后，检查组长完成《内部有机管理体系检查报告》，交有机管理者代表检查，批准。检查报告内容：

1）检查目的、范围、方法和依据；

2）检查组成员、受检查方代表名单；

3）检查实施情况综述；

4）不合格项分布情况分析；

5）存在的主要问题分析；

6）对公司有机管理体系有效性、符合性结论及今后应改进的地方。

4.3.4 末次会议

1）参加人员：领导层、内检组成员及各部门领导，与会者应签到并由办公室保留会议记录；

2）会议内容：检查组长主持会议。内检组长重申检查目的，宣读内检不合格报告，宣读《内部有机管理体系检查报告》，提出完成纠正措施的要求及日期；

3）由办公室发放《内部有机管理体系检查报告》到各相关部门。内检结果要提交公司管理评审。

5 相关文件

《改进控制程序》

6 相关记录

6.1 《年度内检计划》
6.2 《检查实施计划》
6.3 《内检检查表》
6.4 《内检不合格报告》
6.5 《内部有机管理体系检查报告》
6.6 《首（末）次会议签到表》
6.7 《不合格项分布表》
6.8 《纠正和预防措施处理单》

不合格品控制程序

1 目的

对不合格产品和服务进行识别和控制，防止不合格产品和服务的非预期使用或交付。

2 适用范围

适用于对材料及产品的不合格和服务的不规范的控制。

3 职责

3.1 办公室负责跟踪不合格的处理结果。
3.2 生产部、销售部负责人负责在各自的工作范围内进行有机牛产品检验和不合格品的识别并对不合格品作出处理决定。

4 程序

4.1 不合格品的分类

1）严重不合格：经检验判定的直接影响产品质量、主要性能技术指标等的不合格；

2）一般不合格：外观的、表面的不影响产品质量的不合格。

4.2 进货不合格品的识别和处理，处理方式可采用：退货、换货。

由销售部进货验证人员签字确认后，在材料上贴“不合格”标签，养殖基地将其放置于不合格品区，验证人员将《进货验证记录》报进货人签字处理。对严重不合格应填写《不合格品报告》。将报告呈交总经理由其做出退货决定或相关处理决定。

4.3 不合格的记录和处理

4.3.1 销售部随时对不合格服务进行记录，对不合格服务分析原因，制订解决方案和纠正措施。

1）轻微不合格在供销部发现后及时处理并纠正完毕；

2）一般不合格在 24 h 之内处理完毕；

3）严重不合格在 72 h 之内处理完毕；

4.3.2 销售部对顾客的直接投诉及相关部门反映的顾客投诉信息填写《顾客投诉处理记录》，上报部门负责人制订解决方案及纠正措施，并将其下发相关责任部门进行实施，所采取的措施要留有记录。

4.4 处理方案及纠正措施的验证

4.4.1 办公室对上报及检查出的不合格产品及不合格服务按处理方案及纠正措施进行跟踪验证。

4.4.2 办公室对严重不合格品和顾客投诉的处理结果进行验证并上报总经理审阅。

4.5 不合格服务处理结果的通报

办公室在相关责任部门处理纠正完毕后对顾客的投诉进行答复及确认，达到顾客满意为止。

5 相关文件

《改进控制程序》

6 相关记录

6.1 《进货验证记录》

6.2 《不合格品报告》

6.3 《顾客投诉处理记录》

改进控制程序

1 目的

采取有效的改进、纠正和预防措施，实现有机管理体系的持续改进。

2 适用范围

适用于改进、纠正和预防措施的制订、实施与验证。

3 职责

3.1 总经理和办公室定期对于体系运行状况进行管理评审并完整记录。

3.2 办公室负责组织各部门对体系、产品持续改进策划，当出现存在和潜在的质量问题时发出相应的《纠正和预防措施处理单》，并跟踪验证实施效果。

3.3 办公室负责在出现环境问题时发出相应的《纠正和预防措施处理单》，并跟踪验证实施效果。

3.4 各部门负责实施相应的改进、纠正和预防措施。

3.5 有机管理者代表负责监督、协调改进、纠正和预防措施的实施。

3.6 销售部负责有效地处理顾客意见。

4 活动描述

4.1 持续改进的策划

4.1.1 日常的改进活动

各部门对日常改进活动的策划和管理参见本章节中4.2条款、4.3条款执行。

4.1.2 较重大的改进项目

涉及对现有过程和产品的更改及资源需求变化，办公室组织相关部门在策划和管理时应考虑：

1）改进项目的目标和总体要求；

2）分析现有过程的状况确定改进方案；

3）实施改进并评价改进的结果。

4.1.3 办公室通过组织对方针和目标的贯彻过程、检查结果、数据分析、纠正和预防措施的实施、管理评审的结果，积极寻找体系持续改进的机会，确定需要改进的方面（如服务流程优化、资源配置及环境质量的改善等）。组织各部门进行策划，制订《改进计划》报有机管理者代表检查，总经理批准后，予以实施。

4.2 纠正措施

4.2.1 办公室组织相关部门对存在的体系运行不合格应采取纠正措施，以消除不合格原因，防止不合格再发生。

4.2.2 识别不合格

对有机管理体系各过程输出的信息进行识别：

1）过程、产品质量出现重大问题；

2）管理评审发现不合格时；

3）顾客对产品或服务质量投诉时；

4）内检发现不合格时。

4.2.3 原因分析、措施制订、实施与验证

可采用统计技术或试验的方法来确定主要原因。

4.2.3.1 对情况 1)，2）办公室填写《纠正和预防措施处理单》中“不合格事实”栏，确定责任部门；由责任部门填写“原因分析”栏，制订纠正措施并实施，办公室跟踪验证实施效果。

4.2.3.2 对情况 3)，由供销部填写顾客《纠正和预防措施处理单》中“不合格事实”栏，转办公室确认并确定责任部门，由责任部门分析原因，制订纠正措施并实施，办公室跟踪验证实施效果并将结果反馈给销售人员，再由供销部及时转告顾客并取得顾客满意。

4.2.3.3 对情况 4)，由检查组发出《内检不合格报告》，执行《内部检查程序》。

4.2.4 对每项纠正措施完成后，该部门负责人对实施效果的有效性进行评审，评审其能否防止类似不合格继续性发生，并在《纠正和预言措施处理单》上签名确认。办公室负责进行跟踪验证。

4.3 预防措施

4.3.1 识别潜在不合格

办公室可重点应用统计技术分析如下记录：

1）供方供货质量统计、产品合格率、顾客满意程度调查、环境统计等；

2）以往的内检报告、管理评审报告；

3）纠正、预防、改进措施执行记录等。

以便及时了解体系运行的有效性和过程、产品、环境质量趋势及顾客的要求和期望。并应当在日常对体系运作的检查和监督过程中，及时收集分析各方面的反馈信息加以利用。

4.3.2 发现有潜在的不合格事实时，根据潜在问题影响程度确定轻重缓急，由办公室召集相关部门讨论原因，定出预防措施和责任部门；办公室填写《纠正和预防措施处理单》的潜在不合格事实栏，经责任部门分析原因并制订预防措施后实施，办公室跟踪验证实施效果，有机管理者代表对有效性进行评审，并在《纠正和预防措施处理单》上签名确认。

4.4 改进、纠正和预防措施实施控制及记录

4.4.1 改进、纠正和预防措施的实施过程中，有机管理者代表协助分析原因，并监督措施实施的过程。

4.4.2 由改进、纠正和预防措施引起的对体系文件的任何更改，按《文件控制程序》执行。

4.4.3 重要改进、纠正和预防措施的记录应作为下次管理评审的条件之一。

5 相关文件

5.1《文件控制程序》

5.2 《记录控制程序》

5.3 《不合格品控制程序》

6 相关记录

6.1《改进计划》

6.2 《管理评审记录》

6.3《纠正和预防措施处理单》

6.4 《数据分析记录》

有机牛奶运输规程

1 目的

为确保有机牛奶在运输过程中的质量，编制此规程。

2 范围

本规程规定了有机牛奶在运输过程中的要求；

本规程适用于有机牛奶的运输。

3 职责

3.1 养殖基地和生产部负责人派专人用专门的工具运输牛奶，并按照此规程对运输人员进行监督和管理。

3.2 运输人员按此规程进行有机牛奶运输，确保牛奶的有机品质。

4 要求

4.1 包装物应坚固、洁净、无毒、无异味，符合国家食品包装材料及食品包装容器卫生要求。

4.2 运输应采取必要的防污染措施，保证运输车辆的清洁、无污染和漏油现象，尾气排放量不会影响运输对象。

4.3 运输与搬运过程中应始终保持在 5℃，避免温度过高或过低，使有机牛奶变质。

4.4 在运输前或运输过程中禁止对运输对象或运输包装物及车辆使用任何化学合成的清洁剂或保鲜剂。

5 相关记录

《有机牛奶品运输情况记录》

合格供方评定准则

1 为了规范和指导对供方的评价与选择，特制订本准则。

2 销售负责填写《供方评定记录》并根据《物资明细表》规定的产品类别，明确对供方的控制方式和程度。

3 评定准则

3.1 对有多年业务往来的主要物资的供方，应提供充分的质量证明文件，适当包括以下内容，以证实其质量保证能力：

1）供方产品质量状况或来自有关方面的信息；

2）供方质量管理体系对按要求如期提供稳定质量产品的保证能力（如通过 ISO 9000 认证或有机产品认证）；

3）供方顾客满意程度；

4）产品交付后由供方提供相关的服务和技术支持能力；

5）其他方面，如履约能力有关的财务状况、价格和交付情况等。

3.2 对第一次营销供应主要物质的供方，除提供上条所述的书面证明材料外，还需经样品测试，测试合格才能供货。

3.3 对于辅助物质供方，在提供必要的质量证明文件并经过样品验证和实用合格后，经有机管理者代表批准，可列入《合格供方名录》。

4 问题的处理

4.1 供方产品如出现严重质量问题，销售部应取消其供货资格。

4.2 销售部每年对合格供方进行一次跟踪复评，填写《供方年度业绩评定表》，评价时按百分制，质量评分占 60%，交货期评分占 20%，其他（如价格、售后服务等占 20%）。评定总分低于 60（或质量评分低于 48），应取消其合格供方资格。

5 对服务供方的控制

为公司提供服务的供方，如运输企业、检测、培训机构等，也应依据公司对服务的需求对其资质评价合格后采用。对国家授权机构，可不再做服务质量评价。

养殖用具购进检验标准

1 目的

为确保养殖用具的品质，在有机生产中符合要求，特编制此标准。

2 范围

适用于农场农机具的购入和进货检验。

3 职责

3.1 销售部负责人按照此规程对采购人员进行监督和管理。

3.2 采购人员按此规程进行养殖用具的购入。

4 要求

4.1 养殖用具的选择：要符合我公司使用标准，从合格供方处购入；并应当质量合格，符合一般性使用需求；后续维修零配件等服务有保障。

4.2 禁止采购无证照经营者的养殖用具。
4.3 运输过程中禁止粗暴管理，确保养殖用具的质量。
4.4 采购员执行此规程，并做好进货验证记录。
4.5 注意选择名录内的合格供方。

5 检验

5.1 由销售部依据上述各项（4.1～4.5）进行进货检验。
5.2 由有机管理者代表检查供方的评价有效性。

有机奶牛饲喂规程

1 目的

为确保养殖基地有机奶牛的饲喂满足有机标准要求，编制此规程。

2 范围

适用于有机牧场的奶牛饲喂管理。

3 职责

生产部按照此规程对饲养人员进行管理。

4 要求

4.1 有机奶牛幼畜必须由母畜带领和哺乳。幼牛的哺乳期不得少于 3 个月。
4.2 对于断乳后的牛幼畜，本养殖基地只允许饲喂该牧场生产的有机饲料，禁止常规和混合饲料的饲喂。
4.3 本养殖场采取散养式的养殖方式。
4.4 当有机饲料短缺时，在经认证机构批准并在严格记录的情况下，允许使用以干物质计每年不超过饲喂总量 10%的常规饲料。并且有机奶牛日粮中的常规饲料以干物质计不得超过 25%。

5 记录要求

5.1 《幼畜哺乳记录》
5.2《幼畜投喂记录》
5.3 《饲喂记录》

有机饲料管理规程

1 目的

为确保养殖基地有机饲料的日常管理符合有机标准的要求。

2 范围

适用于养殖基地有机饲料的日常管理。

3 职责

生产部按照此规程对生产人员进行管理。

4 要求

4.1 青贮和干草基地及管理要求

4.1.1 基地应该为经过有机产品认证的有机产品生产基地。

4.1.2 注意保护种植基地环境，预防水土流失和盐碱化以保护有机青贮和牧草。

4.1.3 田间管理不允许使用化肥和农药、除草剂等有机标准中的禁用物质。

4.1.4 每年九月开始人工收割青贮，用拖拉机运回养殖场调制后贮存。

4.2 青贮饲料贮存规程

4.2.1 本养殖场所使用的原料必须是经过有机认证的原料或本养殖场合作单位生产的原料。

4.2.2 原料进厂后用铡草机将原料切成 5 ~ 8 cm 长。

4.2.3 将切好的原料水分调整到 50% ~ 55%，将微贮剂按规定的比例加到原料后调匀入窖。

4.2.4 用拖拉机将入窖的原料压实。

4.2.5 用可降解的聚乙烯薄膜将原料覆盖，并用土压实，保证密封良好。

4.3 干草堆放区必须有围栏或者设专人看守，禁止任何有污染的人、畜、车辆、机械等进入，同时要设有排水沟或至少保持排水通畅，防止污染水源进入。

4.4 搅拌饲料的规程

4.4.1 检查搅拌设备运转是否正常。

4.4.2 根据饲料配方先加入干草，然后加入青贮饲料，并加水调节湿度，控制水分在 40% ~ 50%，再加入精饲料，搅拌均匀。

4.4.3 搅拌完成后，将饲料装入拖拉机，配送到牛舍。

5 记录要求

5.1 《饲料的采购记录》
5.2 《青饲料的贮存记录》
5.3 《饲料出库记录》
5.4 《饲料的搅拌记录》

有机奶牛繁殖管理规程

1 目的

为了确保养殖基地有机奶牛的繁殖满足有机标准要求和我公司发展需要，编制此规程。

2 范围

适用于有机养殖基地的奶牛繁殖管理。

3 职责

生产部按照此规程对饲养人员进行管理。

4 要求

4.1 养殖基地采用人工授精方式繁殖幼畜，禁止使用胚胎移植、克隆等对畜禽的遗传多样性产生严重影响的各种繁殖方式。
4.2 采取自然发情，除非为了治疗目的，禁止使用激素促进畜禽排卵和分娩。
4.3 母畜在妊娠的后三分之一时段内禁止使用禁用物质，否则其后代不能当作有机畜禽。
4.4 混群期间严格防止外来的动物掺杂其中，以及野生肉食性动物的入侵。

5 记录

《幼畜存活记录》

有机奶牛日常管理规程

1 目的

为确保养殖基地有机奶牛的日常管理满足有机标准要求，特编制此规程。

2 范围

适用于有机牧区的奶牛日常管理。

3 职责

生产部按照此规程对饲养人员进行管理。

4 要求

4.1 有机奶牛的活动场所应达到以下效果以满足其生理和行为需要：

1）每只奶牛平均的运动场所地面积不少于 2.5 m^2；

2）圈舍内应当空气流通，自然光照充足，且避免过度的太阳辐射；

3）圈舍内应当保持适当的温度和湿度，避免风、雨、雪的侵袭；

4）准备足够的垫料，足够的饮水和饲料；

5）为将要生产的母牛提供暖圈；

6）暖圈在冬季应当每天出草出粪，夏天每隔三五天清理一次。

4.2 养殖基地有机牛饮用水符合《GB 6749 生活饮用水》标准的深井水。在圈舍周围设置水槽。

4.3 在无雨、雪等恶劣天气的情况下，让奶牛自己在运动场所和牛舍内自由活动。

4.4 禁止将有机牛拴住饲养。

4.5 除了患病的牛以外，不得将有机奶牛单栏饲养。

4.6 平时加强人员牧场巡视以防备野生肉食动物的侵袭。

4.7 不得强迫饲喂有机奶牛。

5 记录

5.1《奶牛日常管理记录》

5.2《圈舍清理情况记录》

有机奶牛疾病防控规程

1 目的

为确保养殖基地有机牛的疾病防控满足有机标准要求，特编制此规程。

2 范围

适用于有机牧区的奶牛的疾病防控管理。

3 职责

生产部按照此规程对饲养人员进行管理。

4 要求

4.1 为了提高奶牛抵御疾病能力，本养殖基地采用适合当地条件的圈舍。
4.2 圈舍内给每只牛提供足够的占地面积。
4.3 每年春天幼畜降生之前和秋季入冬以前，用石灰水对圈舍进行泼洒消毒。操作应当在牛群外出放牧的时间进行。
4.4 所有牛定期接受国家法定的预防性接种。
4.5 养殖基地以中草药制剂按比例稀释后对牛实施药浴已达到预防寄生虫的目的。操作时将牛群分别赶入药浴池浸泡，浸泡时长为十分钟。此操作每年夏季进行两次。
4.6 养殖基地牧场在疾病防治过程中一般不提倡用任何兽药。
4.7 养殖基地在疾病防治过程中绝对禁止使用任何激素。

5 记录

5.1 《有机牛疫苗接种情况记录》
5.2 《有机牛药浴情况记录》
5.3 《有机牛疾病及治疗情况记录》

有机奶牛非治疗性手术操作规程

1 目的

为确保我养殖基地有机牛的非治疗性手术满足有机标准要求并能够保证公司

正常生产，特编制此规程。

2 范围

适用于有机养殖基地的牛阉割操作。

3 职责

生产部按照此规程对手术操作人员进行管理。

4 要求

4.1 为了提高牛群的持续生产和保持优良品种延续能力，养殖基地对初生的小公牛实施阉割手术。
4.2 除了在新生的牛中选择身体素质出色，显性性状明显的小公牛留作种牛外，其余的初生牛都要进行阉割，接受阉割的比例不少于98%。
4.3 实施阉割手术的时间以五月下旬为宜，注意选择晴朗温暖无风的天气进行。
4.4 确保阉割场所和接受手术后小牛休息场所的避风饱暖。
4.5 实施手术的人员必须是熟悉牛情况且经验丰富的牧人。
4.6 手术中应当使用有机牛专用手术刀，并在每只牛接受手术前仔细用酒精消毒两遍。
4.7 手术实施必须由两人或者两人以上配合进行，手术者开始工作以前和以后应使用消毒液洗手并佩戴口罩手套以防止交叉污染。
4.8 手术动作应当干净利索地完成。术后不必包扎和上药。

5 记录

《有机牛阉割情况记录》

挤奶厅卫生标准及清洗消毒流程

1 挤奶厅卫生标准

1.1 挤奶厅地面无污水、无污垢；收奶器具摆放有序；外见本色、内无异物。
1.2 奶牛进站挤奶时牛体干净卫生，无粪便、饲草及其他杂物。
1.3 挤奶厅内通风良好，能及时排出不良气味。
1.4 保证有充足的热水，进行乳房清洗。
1.5 一头牛一条毛巾，不能一群牛共用一条毛巾。

1.6 保持安静不大吵大闹、不吸烟、不随地吐痰。
1.7 在挤奶过程中不能随便打骂牛，对牛要和蔼可亲。
1.8 挤奶前去除头三把牛奶，把挤掉的奶收集到专用容器中统一处理。
1.9 挤奶前、挤奶后要进行乳房药浴。

罚则：

奶站管理员要严格执行奶站现场管理制度，不按上述要求执行的发现一次罚款 50 元，三次以上进行解聘处理。

2 挤奶厅清洗消毒流程

2.1 奶牛乳房的清洗消毒

第一步：奶牛进站前工作人员检查牛体是否刷拭干净，如不干净要求奶户刷拭干净后进站。

第二步：奶牛进站开始挤奶前，先清洗乳房。乳房很脏时，用含有消毒剂（0.3%～0.5%的高锰酸钾）的温水清洁乳房；对环境污染严重或隐性乳腺炎多发的牧场挤奶前用药浴液浸（喷）乳头（利拉法、优利奥、康臣、护乳净都可以）；用清水擦洗乳头。

第三步：用消毒毛巾或一次性纸巾擦干乳头，避免留在乳头上的脏水流入奶衬或牛奶中。一牛一巾可阻止乳腺炎的交叉感染。每天使用后的毛巾要清洗、消毒和晾干。

第四步：挤奶一结束必须马上浸乳头，因为在挤奶后约 60 分钟乳头括约肌才能完全闭合阻止细菌的侵入。浸乳头是降低乳腺炎发病的关键步骤之一（浸乳头液每次均应调换新鲜液使用。每天应对消毒药液杯进行二次清洗消毒，药浴液可以使用利拉法、康臣、优利奥、韦斯伐利亚公司生产的药浴液、护乳净、碘甘油按产品要求进行使用）。

2.2 挤奶设备的清洗程序

挤奶设备的日常清洗保养，包括预冲洗、碱洗、酸洗和清洗。

2.2.1 预冲洗

1）预冲洗不用任何清洗剂，只用清洁（符合饮用水卫生标准）的软性水冲洗。

2）预冲洗时间挤完牛奶后，应马上进行冲洗。当室内温度低于牛体温时，管道中的残留物会发生硬化，使冲洗更加困难。

3）预冲洗水不能走循环，用水量以冲洗后水变清为止。

4）预冲洗水温太低会使牛奶中脂肪凝固，而太高会使蛋白质变性，因此水温在 35 ~ 36℃之间最佳。

2.2.2 碱洗

1）碱洗时间循环清洗 5 分钟。每次挤奶完毕预冲洗后立即进行，挤奶台连续挤奶的，每日碱洗至少两次。

2）碱洗温度开始温度 80℃左右，循环后水温不能低于 40℃。

3）建议碱洗液浓度为 0.15%，在决定碱洗液浓度时，首先要考虑水的 pH 值和水的硬度，同时碱洗液浓度与碱洗时间、碱洗温度有关。

2.2.3 酸洗

1）酸洗的主要目的是清洗管道中残留的矿物质，每周 1 次，挤奶台每天 1 次。酸洗温度在 80℃左右，循环后水温不能低于 40℃。

2）酸洗时间循环酸洗 5 分钟。

3）建议酸清洗剂浓度 0.3%，同样与清洗时间等有关。

2.2.4 清水冲洗

用碱或酸清洗完后用符合饮用标准的清水[或自来水加入食品级消毒剂[氯浓度 2×10^{-4}（体积分数）]进行清洗，以清除可能残留的酸、碱液和微生物，清洗循环时间 20 分钟。

2.2.5 升高真空度

为提高各种管道的清洗效果，可升高真空度使水流速超过 1.5 m/s。在自动清洗装置中应有清洗喷射器，使水形成浪涌式湍流，提高洗涤效果。在半自动清洗时，可以加入海绵柱，以提高洗涤效果。

罚则：

清洗工要按照清洗流程认真清洗，发现 1 次清洗不到位罚款 50 元，3 次以上进行解聘处理。

3 挤奶操作规程

3.1 检查设备的准备情况

1）所有的阀门是否在正确的位置，如：集乳器的阀钮、真空扣夹、集乳罐蝶阀、水管蝶阀等；

2）真空泵周围有无杂物，是否影响真空泵的正常启动；

3）真空泵的油壶是否有油；

4）过滤器内是否装有一次性的过滤纸；

5）不锈钢牛奶出口是否已经放入冷缸；

6）启动真空泵后气压是否达到要求；

7）真空泵启动后观察真空泵油壶油管是否下油。

3.2 检查奶牛的准备情况

1）奶牛进入挤奶厅之前是否已经清洁牛体；

2）清洗乳房的水桶是否符合不污染食品的要求、是否干净；

3）擦洗乳房的毛巾或纸巾是否干燥、干净；

4）乳头药浴液是否已经按要求配好；

5）药浴杯是否结实、耐用，符合食品级的要求；

6）清洗乳房的水是否符合要求；

7）清洗用的消毒药品是否符合要求。

3.3 挤奶人员的准备情况

1）挤奶操作员着装是否符合要求：防水、易于清洗、消毒、美观等；

2）找好位置易于操作，不影响奶牛的出入。

3.4 挤奶程序

1）挤奶前，清洁乳房上的污物后，擦干乳房。挤奶前乳头药浴，30 s 后用干净纸巾或毛巾擦干，一块毛巾或纸巾只用于一头牛。挤掉头三把奶，挤掉的奶收集到牛奶观察杯中，观察是否有异常现象出现，绝不可以挤到其他任何地方；

2）挤奶中，用 S 形上杯法上杯，保证每一个杯组都不漏气，调整杯组到正确的位置。挤奶当中随时注意听，及时纠正挤奶杯组的漏气现象，坚决杜绝挤奶中的压杯与放气现象；

3）挤奶后，观察到集乳器中没有牛奶后，及时关掉集乳器上的真空开关，切断真空后取下挤奶杯组，坚决杜绝过挤和强行往下拽的现象。挤奶后药浴，保持至少 30 min 的站立时间。

4 牛奶的储存与运输程序

4.1 挤下的牛奶必须在 2 h 内降到 4℃。

4.2 当冷热奶混合时，温度不能超过 10℃，冷却到 4℃的时间不应超过 2 h。

4.3 牛奶在罐内储存时间不得超过 24 h。

4.4 一天一拉并清空奶仓，出仓前温度应达到 4℃，到厂温度低于 6℃。

设备设施维护、保养规程

1 目的

通过对设备设施进行周期性的维护保养和管理，使设备设施处于良好状态，保障养殖基地各项工作的正常运行，达到规定的要求。

2 范围

本程序适用于养殖基地所有设备、设施的消毒、管理和维护。

3 职责

1）生产部人员负责基地设备设施的消毒、管理和预防性维护；

2）机器操作员负责机器设备的日常清洁维护和保养。

4 要求

4.1 生产设备：基地应当建立《设备设施一览表》，并于每年 12 月编制来年度的《设备维护保养计划》。

4.2 设备的管理

设备由生产部负责人归档管理，并应建立生产设备台账。

4.3 设备设施的日常保养

操作员在使用生产设备前应进行充分的清洗、擦拭，使用后也要进行充分的清洗、擦拭，避免有机环境被污染。

4.4 设备设施的维修保养

1）中等规模以上的维修每年应至少进行一次；

2）根据设备的使用情况，对部分零部件拆卸、清洗、修复；

3）对设备的各个间隙进行调整，更换个别易损件；

4）清除设备油污，做好润滑工作；

5）清除电器装置上的污物，检查电器装置，保证电器各部件处于完好状态；

6）清洗附件，疏通油路。

7）此类维修应当在《设备维修单》上记录并存档。

4.5 生产设备临时故障的维修程序

1）操作工在设备发生故障时应及时报告基地负责人，并及时请维修人员进行维修。

2）维修人员查看设备的故障情况，进行故障的排除。

4.6 对生产加工设备的检查、维护和修理应填写记录。

5 记录

5.1《设备设施维护保养记录》

5.2《设备维修单》
5.3《设备设施一览表》
5.4《设备维修维护保养计划》

防污染措施

1 目的

为确保养殖基地的奶牛饲养区和挤奶车间不受污染，特编制此措施。

2 范围

适用于养殖基地的饲养区，挤奶间及其防污染管理。

3 职责

生产部按照此规程对相关工作人员进行管理。

4 要求

4.1 在常规饲养区中使用过的养殖用具如果要应用于有机牧场，应当得到充分清洗以去除污染物残留。
4.2 禁止在有机养殖基地使用和焚烧任何覆盖物和其他物质。
4.3 禁止外来家畜进入有机养殖基地。
4.4 有机养殖基地必须远离有机或常规肥料堆制区。
4.5 有机养殖基地的牛粪便在处理和堆肥时应避免对地下水和地表水产生污染。
4.6 挤奶之前，应对机械设备进行彻底的清洗，以免与常规产品接触造成污染。
4.7 有机牛奶的储存应该与常规产品分开，并且有明显的标识。
4.8 有机牛奶的运输之前，要对运输工具进行彻底的清洗。

5 记录

5.1 《有机养殖基地日常管理记录》
5.2 《有机养殖基地禁用物质使用历史情况记录》

4.2.5 记录表格设计及填写要求

记录能起到证实符合要求、实现可追溯的要求。有机产品认证特别关注追溯体系，因此记录非常重要。标准 GB/T 19630.4—2005《有机产品　第 4 部分：管理体系》4.2.6 中给出了有机产品常用的 11 个方面的记录，其中涉及养殖及其加工的有 9 个方面。本书 4.2.2 中在谈操作规程时提出了一些记录的要求，表 5-1 提出了对有机养殖申请者有关材料的要求，其中包含了主要的记录。有机养殖申请者在设计记录表格时要考虑本行业的特点，记录不宜过多，能在一张表上反映的信息就不设计成两张表。可以采用台账与记录表相结合的形式，也可以采用台账与卡片相结合的方式。记录的填写要及时、真实、完整、清晰。

4.3 有机养殖的质量监控及追踪

有机养殖的质量是在整个养殖过程中形成的，生产者不仅要对整个有机产品生产过程进行日常监控，还要对质量管理体系进行内部检查。

1）畜禽养殖质量监控与追踪

养殖场要制订并实施畜禽养殖转换、平行生产、畜禽引入与繁殖、饲料选用、饲料添加剂选用与控制、饲养条件控制、疾病防治、非治疗性手术、运输和屠宰的操作规程，按规程规定对实施情况形成相关记录，并对规程的实施情况及效果进行监控。

2）水产养殖质量监控与追踪

养殖场要制订并实施水产养殖转换、养殖场选址、水质控制、养殖过程控制（包括饵料选择、投入、疾病防治、种苗繁殖）、捕捞过程控制、鲜活水产运输、水生动物宰杀的操作规程，并形成各过程可追溯性记录，并通过日常检查监督相关规程在各环节的实施情况。

3）蜜蜂养殖质量监控与追踪

蜂产品加工企业要按程序文件规定，对养蜂专业户和蜂场制订并实施有关蜜蜂养殖转换期、采蜜范围选择、蜜蜂饲喂、疾病防治、蜂王与蜂群的选择、蜂蜡加工和蜂箱制作、蜂产品收获与处理、蜂产品贮存的操作规程的实施情况进行监督，并对所形成的各环节的记录的及时性、真实性进行监督。

4.4 内部质量体系检查

为了验证有机产品生产加工过程或经营者的管理满足标准的要求和相关法律法规的规定，有机产品认证申请者要建立内部检查机制。

内部检查是一个系统的、独立的、形成文件的并客观获取证据和进行评价的验证过程，申请者应建立内部检查程序或制度，规定检查的依据、职责、方法、频次以及报告要求。应建立内部检查方案，明确一个认证周期内的检查重点及安排。

内部检查由组织内部经过培训具备相关知识和能力以及必要素质的人员来完成。内部检查要求客观、公正、真实、认真。内部检查一般包括以下环节：

1）内部检查策划和安排。要确定检查组长和组员、检查内容、时间及要求形成内部检查计划；检查计划包括：检查目的、检查依据、检查时间、检查内容安排等。内部检查计划如表 4-3 所示。

表 4-3 某有机养殖企业内部检查计划

××公司有机产品内部检查计划

检查目的：		
检查依据： 1）《有机产品》GB/T 19630 2）公司适用的相关法律和标准 3）公司有机产品质量管理体系文件		
检查范围：		
检查日期： 年 月 日— 年 月 日		
检查组成员： 姓名 单 位 职务 组别		
时 间	检查内容 （说明检查的内容和部门、现场）	组 别

编制： 日期： 审批： 日期：

2）审核准备。内部检查员编制检查表，并进行必要的准备（熟悉标准和文件要求、准备必要工具）；检查表的格式如表 4-4 所示。

表 4-4 检查表格式及编写提示

××公司有机产品内部检查表

受检查部门： 时间： 第 页 共 页

要素	序号	检查方法或提问清单	检查记录	备 注
涉及的标准条款号		（针对标准和组织的体系文件说明要检查的内容及抽样和审核方法）	（记录文件与标准的符合程度、实际操作及记录与体系文件和标准和符合程序，既要总体描述，又要有具体抽样结果的具体描述，对符合的可简要描述，对不符合的要详细描述）	用符合标识

内部检查员： 组长确认：

3）召开首次会议，正式开展审核。首次会议由组长主持，时间约半小时，说明审核依据、时间安排和审核内容与要求。

4）实施现场检查。按照计划安排对职能部门、养殖现场、仓库等进行检查，具体内容是检查 GB/T 19630 的要求在本单位的实施情况，发现存在的问题。检查表内容可参考表 5-2～表 5-9 部分内容。

5）对照审核准则和现场获取的审核证据，确定审核发现，并系统评价与标准的符合性，得出审核结论，形成不符合报告及内部检查报告；不符合报告的格式如表 4-5 所示，内部检查报告的格式如表 4-6 所示。

6）召开末次会议。由组长主持，也可由有机产品负责人主持。对检查情况进行综述，肯定取得的成绩，说明发现的问题，给出内部检查结论。

内部检查也可抽样送检。

表 4-5　有机产品内部检查不符合报告及纠正措施表格式

××公司有机产品内部检查不符合项及纠正措施报告单

<table>
<tr><td>受检查部门</td><td></td><td>检查日期</td><td></td></tr>
<tr><td>检查员</td><td></td><td>陪同人员</td><td></td></tr>
<tr><td>检查依据</td><td colspan="3"></td></tr>
<tr><td>性　质</td><td colspan="3">□ 一般不符合　　　　□ 严重不符合</td></tr>
<tr><td>不符合事实</td><td colspan="3">检　查　员＿＿＿＿＿＿日期＿＿＿＿＿＿</td></tr>
<tr><td>部门认可意见</td><td colspan="3">部门负责人＿＿＿＿＿＿日期＿＿＿＿＿＿</td></tr>
<tr><td colspan="4">不符合项的原因分析与纠正措施：
部门负责人：＿＿＿＿＿＿ 日期：＿＿＿＿＿＿</td></tr>
<tr><td colspan="4">纠正措施验证（以下由检查组长填写）：
检查组长：＿＿＿＿＿＿ 日期：＿＿＿＿＿＿</td></tr>
</table>

表 4-6 有机产品内部检查报告

××公司有机产品内部检查报告

1．单位名称：
2. 申请有机产品认证的产品范围：
3．检查目的：
4. 检查依据：
5．现场检查时间：　　　年　　月　　日至　　　年　　月　　日
6．检查组长：　　　　　组员：
7．检查过程概述 （对检查过程进行综合描述，说明检查的部门和现场总数、查阅的文件和记录数量、谈话的人数、检查过程）
8．管理体系的建立和运行情况 （说明管理体系文件及运行与标准的符合程度，说明存在的问题及值得肯定的方面）
9．产品生产过程控制与《有机产品》标准要求的符合性 （说明整个养殖过程中对转换期、平行生产控制、畜禽引入、饲料及添加剂管理、饲养条件、疾病防治、非治疗性手术、繁育、运输、屠宰、禁用物质管理等实际情况及与标准的符合性）

10．产品质量情况
（描述实物产品质量情况）

11．抽样检验情况（必要时，将委托检验情况在此描述）
（检验说明：检验机构、报告日期、检验结果）

12．本次审核共发现：严重不合格　　　项，一般不合格　　　　项，观察　项。
（描述不符合的分布情况，说明涉及的标准条款和部门）

13．　危险性自我评估
（评估可能具有的风险）

14．检查结论
（给出总体的检查结论，描述管理体系与标准的符合性及运行的有效性、描述产品质量及控制过程与标准的符合性）

15．改进建议
（归纳主要问题，进行总体性分析，提出改进建议和对不符合的整改要求）

检查组长（签字）：　　　　　　　　　　　　　　　　　　年　　月　　日

5 有机产品认证

5.1 有机产品认证流程及要求

中国有机产品认证起步较晚，2003年国家认监委等9个部委联合下发的《关于建立农产品认证认可工作体系实施意见》和2004年联合商务部等11部委下发的《关于积极推进有机食品产业发展的若干意见》，基本建立起一套完整的有机产品法规标准体系。目前，中国获得认证的有机产品种类有茶叶、蜂蜜、奶粉、大豆、小麦、荞麦、芝麻、核桃、松子、中药材等200种。

有机产品认证属于产品认证的范畴，是指经认证机构依据相关要求认证，以认证证书形式确认的某一生产或加工体系。虽然不同的认证机构的认证程序有一定差距，但都必须符合《中华人民共和国认证认可条例》、国家质量监督检验检疫总局《有机产品认证管理办法》、国家认证认可监督管理委员会（CNCA）《有机产品认证实施规则》和中国认证机构国家认可委员会（CNAS）《产品认证机构通用要求　有机产品认证的应用指南》的要求以及国际通用的做法，有机产品认证过程以检查为基础，包括实地检查、质量保证体系检查和必要时对产品或环境、土壤的抽样检测。有机产品认证的模式通常为“过程检查加必要的产品和产地环境监测加证后监督”，其认证程序一般包括：认证申请受理、检查准备和实施、合格评定和认证决定、监督和管理等主要流程。检查一般包括以下内容：

1）生产或加工设施、土地、储藏、环境质量状况，包括对有机生产可能产生影响的风险评估；

2）识别和调查/检查有风险的区域；

3）生产、加工记录和账户；

4）农田的生产、销售平衡，投入产出平衡，加工和处理的追溯性；

5）经营者是否有效执行有机生产标准和认证机构的要求；

6）允许和限制使用的物质，必要时进行抽样检测；

7）转换期的要求，分离生产的要求，平行生产的要求，基因工程产品的要求。

其认证流程如图 5-1 所示。

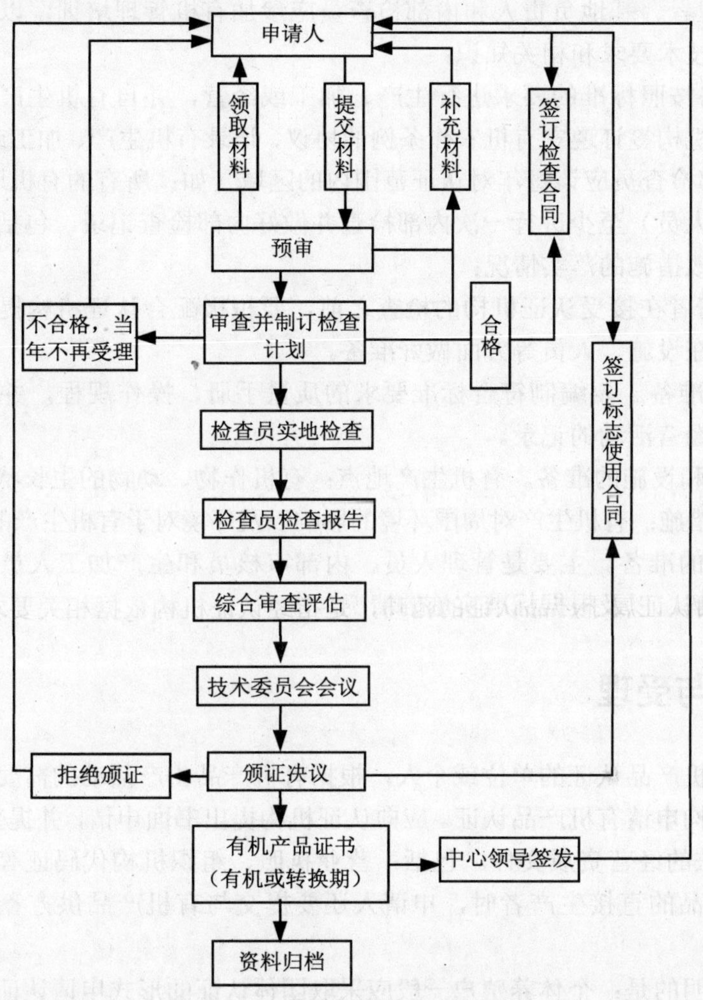

图 5-1　有机产品认证流程图

对于有机产品认证，有机产品生产者特别要重视有机转换期要求。以欧盟标准为例，一年生作物在播种前至少需要两年的转换期，而多年生作物（牧草除外）在第一次收获有机产品之前至少需要三年的转换期。也就是说，您如果希望产品获得有机认证，必须确保在转换期内的生产要求符合有机要求并有足够的证据来证明。有意申请有机产品认证的单位或个人要做到以下几点：

1）熟悉标准，了解标准中允许使用的物质和禁止使用的物质以及技术方面的要求；

2）管理者、基地负责人和内部检查员应参加有机管理培训，以便系统了解有机生产的技术要求和相关知识；

3）严格按照标准的要求进行生产、加工或经营，并自有机生产正式开始之日起与认证机构签订遵守有机农作条例的协议，记录有机生产、加工或经营活动；

4）内部检查员应该每年对认证范围内的区域（如：所有的有机地块、农户、加工设施或人员）至少进行一次内部检查并做好内部检查记录，包括操作中的不符合项、整改措施的落实情况；

5）申请者在接受认证机构的检查之前，要积极配合认证机构提供有关的文件材料，并在设施、人员等方面做好准备。

a. 文件准备。要编制符合标准要求的质量手册、操作规程，并准备所有生产、加工、经营活动的记录。

b. 地点和设施的准备。有机生产地点；有机作物、动物的生长状况；有机和常规的隔离措施；有机生产对周围环境的影响以及环境对于有机生产的影响等。

c. 人员的准备。主要是管理人员、内部审核员和生产加工人员对有机农业和标准的理解，以及根据标准实施的情况。

5.2 申请与受理

申请有机产品认证的单位或个人，根据有机产品生产活动的需要可以向有机产品认证机构申请有机产品认证。应向认证机构提出书面申请，并提交以下材料：

1）合法的经营资质文件。包括：营业执照、组织机构代码证等，当申请人不是有机产品的直接生产者时，申请人还要提交与有机产品供方签订的书面合同。

需要说明的是：个体养殖户一般应采取团体认证的形式申请认证。如果多个养殖户在同一地区从事养殖，这些农户愿意以有机方式开展生产，并且建立了严密的组织管理体系和内部检查体系，可以保证有机生产措施得到有效实施，那么这些养殖户所拥有的养殖场所可以被看作是一个整体的独立养殖场，小农户组织管理体系，可以是按章程组织起来的农民专业协会或专业生产合作社等农民合作组织来申请认证；也可以是按契约关系与农业龙头企业组成“养殖户+基地+企业”的利益共同体来申请认证。

2）申请人及有机生产的基本情况。包括申请人及其生产者名称、地址、联系方式；基地名称、基本情况；过去三年间的养殖历史的描述；生产规模（如品种、数量、产量、加工量）的描述；申请和获得其他有机产品认证情况。

3）基地区域范围描述。包括地理位置图、水域（水产养殖）、周围邻近区域的情况说明。

4）申请认证的有机产品生产计划。包括品种、数量、预计产量。

5）基地有关环境质量的证明材料。

6）有关专业技术人员和管理人员的资质证明材料。

7）保证执行有机产品标准的声明。

8）有机生产管理体系文件。

9）其他相关材料。

具体的申请材料及要求如表 5-1 所示。

认证机构收到申请材料后要进行申请评审，并做出是否受理认证的决定。评审的内容包括两个方面：

1）对于申请方。重点关注其申请是否符合有机产品认证的基本要求，相关文件和资料是否齐全，是否符合申请条件。

2）对认证机构。重点关注申请是否处于本机构的认可范围，本机构是否具备相应的专业能力及人力和技术资源，完成该项认证所需要的资源和时间。

经申请评审决定受理认证的，认证机构和申请者要签订正式的书面协议，明确认证依据、认证范围、认证费用、现场检查的日期、双方责任、证书使用规定、违约责任等事项。

表 5-1 申请有机养殖认证时需提交的附件资料

申请有机养殖认证时需提交的附件资料	
有机产品基本要求	□ 申请方法律地位证明（法人营业执照复印件或法人授权书） □ 拟获证组织的资质或许可证复印件（法律法规规定需要资质和许可证的行业） □ 商标注册证明复印件或商标授权使用证明（认证证书中表明注册商标时需提供） □ 有效的有机管理体系文件（手册、程序文件等） □ 有机产品认证调查表 □ 适用法律法规标准清单 □ 有关专业技术和管理人员的资质证明材料 □ 组织认证场所清单（两个或两个以上场所时提供） 适用标准清单（适用时） □ 分包方协议（适用时） □ 投入品或配料有机产品认证证书、该产品有机认证时的检查报告、检查决定（适用时）

申请有机养殖认证时需提交的附件资料	
有机生产认证补充材料	□ 生产基地有关环境质量的证明材料 □ 环境监测报告（适用时） □ 养殖基地地理位置图、圈舍（水域）分布图（标出面积） □ 水产养殖基地水体检测报告（适用时）
证书转换	□ 原认证机构颁发的认证证书 □ 上一次检查报告、不合格报告及整改完成证据

注：扩项申请时，需提供因扩项而增加或变化的部分、有时限要求的证明性文件。

5.3 有机产品现场检查程序

国内外不同认证机构对有机产品认证现场检查的流程、检查的重点、检查的方法等有比较大的差异，有的偏重于现场过程的检查，有的偏重于质量保证体系的检查。本书以中国认证机构国家认可委员会对从事有机产品认证的机构的认可要求以及 GB/T 19011《质量和（或）环境管理体系审核指南》的原则和方法，对有机产品认证现场检查活动进行说明。有机产品现场检查的程序如图 5-2 所示。

5.3.1 检查活动的启动

认证机构在受理有机产品认证申请后，根据申请者的专业特点和性质确定认证依据，选择并委派进行现场检查的检查员组成检查组，向检查组下达任务，标志着现场检查活动的开始。

检查组由国家注册的具有相应专业知识和能力的有机产品认证检查员组成，必要时配备相应技术专家并征得受检查方同意，且同一受检查方不能连续派同一检查员实施检查。《现场检查任务书》至少包括以下内容：

1）申请者的名称、地址和联系方式；

2）检查依据：包括认证标准和其他法律法规要求以及组织的有机产品质量管理体系文件；

3）检查范围：包括检查产品种类和产地（基地）、加工场所等；

4）检查要点：包括管理体系、追踪体系和投入物的使用等；对于上一年度获得认证的单位或者个人，本次认证侧重于检查认证机构提出的整改要求的执行情况。

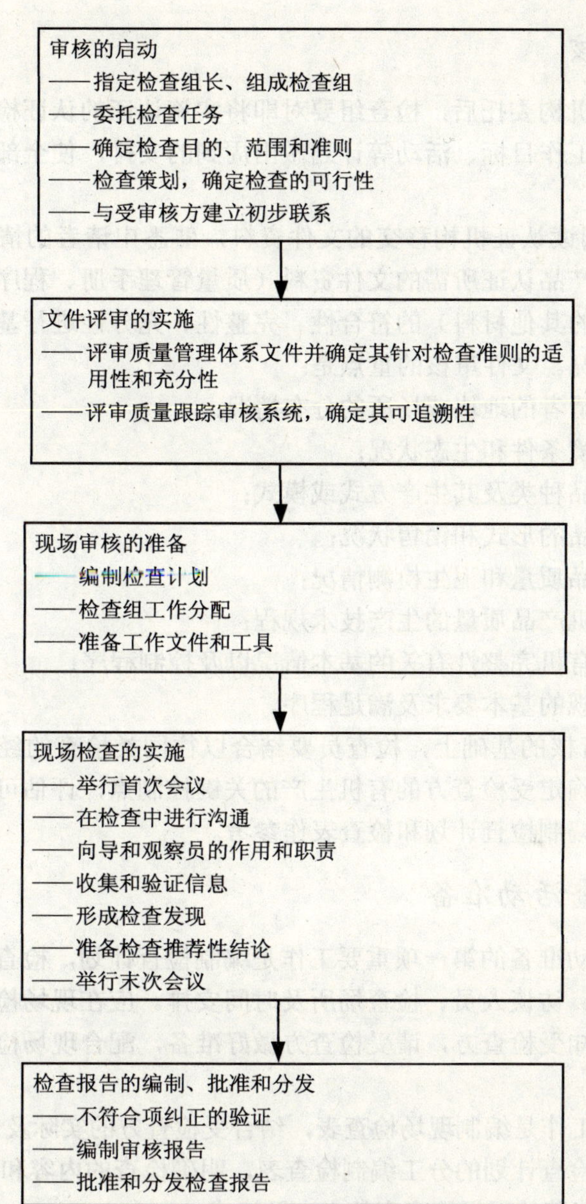

图 5-2　有机产品现场检查程序

5.3.2 文件审核

在接受认证机构委托后，检查组要对即将实施认证的认证检查进行整体的策划，对各阶段的工作目标、活动等计划做出周到的安排，使全部检查活动能够有条不紊地开展。

1）检查和阅读认证机构移交的文件资料，熟悉申请者的情况。通过对受检查方提交的有机产品认证所需的文件资料（质量管理手册、程序文件、操作规程以及申请书要求的其他材料）的符合性、完整性、充分性进行基本判定，熟悉受检查方的基本情况。文件审核的重点是：

——了解申请者的地块或场所的分布情况；

——产地环境条件和生态状况；

——养殖产品种类及其生产方式或模式；

——终端产品的形式和销售状况；

——以往产品质量和卫生检测情况；

——支撑有机产品质量的生产技术规程；

——与保持有机完整性有关的基本情况以及控制程序；

——法律法规的基本要求及满足程序。

2）在文件审核的基础上，检查员要结合以往同类检查的经验以及通过检阅相关技术资料，确定受检查方的有机生产的关键控制点，评估可能存在的风险，以供审核准备时编制检查计划和检查表作参考。

5.3.3 现场检查活动准备

现场检查活动准备的第一项重要工作是编制检查计划，检查计划应包括检查依据、检查内容、访谈人员、检查场所及时间安排。应在现场检查之前将检查计划以书面形式通知受检查方，请受检查方做好准备，配合现场检查工作，并对计划进行确认。

第二项准备工作是编制现场检查表，结合受检查方的实际及认证标准的要求，每名检查员要按检查计划的分工编制检查表，明确检查的内容和方法。表 5-2 提供了一般的有机养殖的现场检查表的内容及格式。

第三项工作是准备必要的资料和工具。包括认证标准及相关法律法规、调查表/检查表、检查报告母本、前一年的检查报告及认证建议、必要的文具、相机、采样用品及标签、野外活动必要的用具、简单的急救药品。

5.3.4 现场检查活动的实施

现场检查的目的是根据认证依据的要求对受检查方认证产品的生产、加工等相关活动进行检查、核实和评估，确定生产过程的操作活动及其产品与标准的符合程度。

在首次会议上，检查组应向受检查方明确检查的目的、依据、范围及检查的方法和程序，就检查计划与受检查方进一步沟通和确认，请受检查方确定作为向导、见证的陪同人员，确定检查所需要的资源，向受检查方做出保密承诺，说明不符合项确定准则、可能的推荐意见等规定。

现场检查的主要任务是在受检查方的现场对照检查依据检查有机生产和加工、包装、仓储、储运等全过程及其场所，核实保证有机生产过程的技术措施与管理措施，核对产品检测报告，收集相关技术文件和管理体系文件，进行风险评估，收集相关证据和资料。

对于初次认证的检查，重点要检查质量保证体系和投入物的使用，对于年度复查，重点要检查认证机构提出的改进要求的落实情况以及质量跟踪体系。

现场检查的主要工作包括以下内容：

（1）核实

主要对以下内容进行核实：

1）提供的申请材料及现场证实的材料是否完整、真实；

2）生产的产品是否和申请认证的产品相一致；

3）养殖的场所及其位置、面积和生产能力；

4）动物养殖的方法和模式与申报的是否一致；

5）在认证年内的产量；

6）法律法规要求是否满足。

（2）检查

主要对以下内容进行检查：

1）相关的场所和设施（家畜、设备等）；

2）边界和可能的污染物，牧场的生态环境及周边环境；

3）动物疾病治疗和防治管理；

4）投入物及其储藏地点；

5）投入物的适用方法及频次；

6）产品的收获、储藏、运输和销售方式。

（3）访谈

现场检查时对有机产品负责人、生产管理人员、质量控制人员、生产操作者进行交流访谈，了解他们对有机产品标准的理解程度、是否受过有机产品相关知识的培训，以及具体的管理、实施和操作方面的情况。

(4) 分析和评估

对照认证依据分析并评估动物生长和生产情况；饲料、添加剂管理；农药和兽药管理；有害生物管理（动物）；畜禽疾病的治疗和预防的管理；生产过程中的有机控制点和有机完整性；生产和加工过程中不符合的纠正。

(5) 审核

对记录和可追溯性系统进行审核，包括：

1）初次检查的牧场最后一次使用的禁用物质的日期及其影响的产品；

2）申请转换的养殖场，检查前 3 年的生产详细记录，包括养殖过程、品种、病症防治记录、农药和兽药记录；

3）产品品种及产量记录；

4）种畜禽等繁育材料的种类、生物化学性、来源、数量等信息；

5）畜禽场（养蜂场）的库存记录，包括所有进入该单位动物的详细内容：品种、产地、进入日期、有机状态；出栏畜禽的详细资料，如年龄、屠宰时重量、标识及目的地；

6）畜禽场关于所有兽药的使用情况记录；

7）所用农业投入物的产地、性质和数量。

5.4 申请者基本情况

主要目的是确认企业的实际情况与申请表中的信息是否一致；申请后信息是否发生变化。主要是对以下信息进行核对：

1）畜牧生产基本情况（农户或农场、动物品种、产量数量）；

2）生产区域的面积；

3）圈舍和放牧/自由活动区域的面积；

4）牧草/植物生长的自然条件；

5）饲料的来源；

6）动物疾病防治；

7）动物粪便处理；

8）养殖设备。

具体检查内容参照表 5-2 至表 5-8 中相关内容。

5.5 管理体系检查

对生产者管理体系的检查主要是对管理体系文件与标准的符合性及可操作性、与实际情况的符合性、完成文件所需要的资源配置情况、内部检查的实施及有效性、可追溯性及持续改进情况的检查，具体内容可参考表 5-2 至表 5-9 中相关内容。

5.6 有机养殖现场检查

有机养殖现场检查主要包括：养殖过程、屠宰和运输、贮藏和包装、追溯性文件、污染的风险评估等内容。

有机水产养殖、有机畜禽养殖、有机养蜂、有机奶牛、有机禽蛋养殖的检查内容各有不同，以下分别说明。

5.6.1 有机水产养殖检查

有机水产养殖现场检查包括基本情况核对、管理体系符合性检查、生产过程控制检查及检测。

1）管理体系符合性检查

检查员按照 GB/T 19630 标准第 4 部分的要求，对申请者管理体系符合性进行检查。具体内容如表 5-2 所示。

2）基本情况及生产过程控制检查

检查员按照 GB/T 19630 标准第 1 部分的要求及法律法规和标准规范的要求，对整个水产养殖过程进行检查，以获取相关证据。

表 5-2 有机水产养殖现场检查表

序号	项目	检查内容	追溯性记录	实际情况	符合性评价
1	基本情况	1）所有权和经营合法证明 2）水产品名称、水面面积、养殖区域以及预计产量 3）生产实际情况与水产养殖区域分布的符合性 4）水产养殖历史 5）申请者与水产养殖的关系 6）养殖户的基本情况 7）过去认证情况	养殖水域分区图 水域利用历史记录		
2	转换期	起止时间及相关记录			

序号	项目	检查内容	追溯性记录	实际情况	符合性评价
3	平行生产	在饵料投放、捕捞、储藏、运输、销售方面区分有机养殖和非有机养殖的措施	平行生产管理记录		
4	养殖水域管理	1）是否合理利用养殖水域空间？申请认证的水产品是否分布在不同的水域？是否对申请认证的产品季节分布密度进行监测 2）水域水质情况是否符合 GB11607《渔业水质标准》的要求 3）养殖水域周边是否存在污染源 4）水域的界定是否明确	水质监测报告		
5	养殖管理	1）申请认证的产品是否都已投苗养殖 2）申请认证的产品是否已被捕捞 3）养殖区域是否使用禁用物质或有以往使用禁用物质的残留迹象 4）养殖方法是否符合生物自然行为和当地的养殖条件 5）采取何种措施预防水产品逃离养殖区域 6）采取何种措施防止水产品受到捕食者的侵害 7）是否有防止人为伤害水产品的措施 8）按照有机方式管理水产品的时间			
6	饵料管理	1）饵料的状态，各种饵料的使用量占总饵料量的比例 2）饵料的来源，是外购还是本场种植？饵料储藏管理情况，如何控制有害生物？出入库管理情况 3）是否通过投饵加入矿物质添加剂、维生素、微量元素及其他物质 4）是否使用饵料防腐剂？是否使用了禁用物质 5）是否使用动物粪便，如何控制 6）是否使用了人烘尿			
7	疾病防治	1）采取哪些措施实施水产品疫病预防和防治 2）是否对水产品接种疫苗？如何控制使其符合相关规定要求 3）对患病水产品采用常规渔药治疗后采取的隔离措施有哪些 4）使用药物的水产品停药后多长时间捕捞和销售			

序号	项目	检查内容	追溯性记录	实际情况	符合性评价
8	繁殖	1）申请认证的水产品采用何种繁殖方式 2）水产品苗的养殖管理、饵料管理、疫病防治情况			
9	捕捞和捕捞后处置	1）捕捞量是否超过生态系统的再生能力或大于投放量 2）养殖捕捞工具的使用情况 3）捕捞船的机动设备是否对养殖水域或有机产品造成潜在污染 4）捕捞方式是否符合国家规定 5）捕捞后的处理方式及设施情况	捕捞记录		
10	鲜活水产品运输	1）采用何种运输工具，是否为有机产品专用 2）工具使用前是否进行清洗？如何清洗 3）运输用的水质、水温、含氧量，pH 值及运载密度是否适合运输对象 4）运输设备和材料是否对水产品存在毒性影响 5）运输过程中是否使用化学合成的镇静剂和兴奋剂 6）混合运输中如何隔离有机和非有机水产品	运输工具清洗记录 运输记录 提货单		
11	储藏	1）储藏区清洁卫生管理情况 2）储藏方法是否符合要求 3）储藏区是否有违禁物质 4）如何控制有害生物？如进行熏蒸，是否在其 5 d 后使用 5）仓库情况	贮藏库清洁记录 贮藏记录		
12	水生动物屠宰	1）采用何种方式宰杀 2）使用什么设备？是否为有机专用？如何清洗和消毒刀具 3）宰杀过程中的卫生如何控制 4）宰杀过程中宰杀场所如何隔离 5）有机水产品被宰杀后如何进行标识 6）在宰杀场的处理时间，使用设施、如何处理宰杀后的副产品	设备清洗记录 宰杀记录		
13	销售	销售方式、渠道及数量	销售记录、发票 投诉记录、产品召回记录		
14	环境污染控制	1）封闭的水体，排放的水体是否符合要求 2）水底泥如何进行处理	水质监测报告		

5.6.2 有机畜类养殖检查

有机畜类现场检查包括基本信息核对、管理体系检查、生产过程检查及抽样检测。

（1）基本情况检查

初次认证现场正式检查前，对申请表中以下内容与企业管理人员进行交流，以确认实际情况与申请表信息的一致性，确认申请信息的完整性和准确性。再次认证时核对其变化。具体内容如表 5-3 所示。

表 5-3　有机畜类企业基本情况检查表

序号	基本项目	完整性	一致性
1	申请者的联系信息、负责人		
2	申请认证的产品		
3	产品的养殖地点和时间		
4	是否存在平行生产		
5	是否申请过其他机构认证		
6	畜牧生产基本情况（农户或农场、动物品种、产品数量）		
7	生产区域的总面积		
8	圈舍和放牧/自由活动区域的面积		
9	草场的总面积		
10	牧草/植物生长的自然条件（土壤类型、气候、年降雨量、降雨分布、温度、污染源等）		
11	饲料的来源（有机的和非有机的）		
12	动物疫病防治		
13	动物粪便处理		
14	养殖设备（自有的或者与其他操作者共用的）		
15	其他证明文件		

（2）管理体系检查

现场检查时，检查员按照 GB/T 19630 标准中第 4 部分对管理体系的要求进行检查，具体检查内容如表 5-4 所示。

表 5-4 管理体系符合性检查表

序号	检查项目		检查内容	实际情况	符合性判断
1	基本要求		申请者是否按照相应标准的要求建立并保持完整有效的生产管理体系		
2	文件要求	质量管理手册	1）手册的内容是否符合企业的实际和 GB/T 19630.4 的要求 2）手册的审批及发放情况 3）是否在生产中得到有效的实施		
3		程序文件或作业文件	1）结合企业实际，制订了哪些程序文件和操作规程？文件是否齐全 2）文件的内容是否符合企业实际，是否具有可操作性		
4		文件控制	1）所有文件是否为最新有效版本 2）文件的发放情况？是否能确保使用文件的场所和人员得到文件的有效版本		
5		记录控制	1）是否建立并保存了生产过程记录 2）是否对畜禽的所有活动都建立了记录 3）记录的设置是否能够证明其生产活动符合有机产品标准要求并能实现可追溯		
6	资源管理		1）生产者是否具备与有机生产规模和技术相适应的资源 2）人力资源是否满足标准的要求？对人员进行了哪些培训 3）有机产品管理者是否符合标准规定的条件 4）内部检查员是否符合标准规定的条件		
7	内部控制		1）是否建立了完善可行的内部检查制度 2）内部检查是否由内部检查员来完成 3）内部检查员是否履行了自己的职责 4）内部检查的不合格项整改的有效性情况 5）内部检查报告内容是否符合要求，结论是什么		
8	追溯性体系		1）生产者是否建立了可追溯性系统 2）生产者是否保存了能追溯实际生产全过程的记录，记录设置的内容是否可以实现可追溯		
9	持续改进		1）是否建立了纠正和预防措施程序 2）纠正和预防措施程序对有机生产管理体系的有效性如何		

（3）生产过程控制检查

检查员在申请者生产现场按照 GB/T 19630 标准第 1 部分及相关法律法规和标准规范要求实施检查，获取相关证据。

表 5-5 畜类养殖过程检查表

序号	项目	检查内容	追溯性记录	实际情况	符合性
1	动物来源	1）查阅繁育记录，人工授精或自然繁育记录，了解动物是否来自自己的农场 2）是否有购买的动物？从哪里购买？何时购买 3）动物是否来自认证的有机农场？有无证明文件 4）如有来自常规农场的动物，其占群体的比例是多少？是何时购买的？企业如何确保其符合有机标准和生产计划的要求 5）动物购进前是否进行了疾病检疫和防疫处理	繁育记录：日期、图、记录，确认是否引进了常规幼畜，是如何进行控制的 购买动物记录：票据、交易证书、运单、有机证书		
2	转换期	1）饲料的转换期是多长时间？是否使用过禁用物质 2）牲畜的转换期是多长时间			
3	平行生产	1）是否存在平行生产情况 2）如果存在平行生产，圈舍、运动场是否完全分开？动物是否容易区分 3）贮存饲料的仓库是否分开，是否有明显标识 4）是否有有机牲畜和非有机牲畜的分解、饲喂、治疗等详细记录？如何控制有机牲畜不接触非有机牲畜饲料和禁用物质的依存区域			
4	饲养条件	观察动物行为是否处于活动状态？毛发是否光亮？眼睛是否光亮？蹄子是否溃疡、肿胀、发炎？是否有注射针眼？是否有营养不良和存在寄生虫			

序号	项目	检查内容	追溯性记录	实际情况	符合性
5	饲料和饲料添加剂	1）饲料的数量和日粮情况？不同生长阶段和每年的不同阶段是否有不同配方的饲料 2）确认是否对100%的饲料有证明其是有机饲料的材料 3）饲料是否都是非转基因的？有何证明材料 4）使用什么样的饲料添加剂，索取标签等证明材料 5）饲料配方和添加剂中是否有化学合成的配料或添加剂？索取标签等证明材料 6）饲料质量是否符合有关标准的要求 7）饲料储存场所（仓库）是否符合规定的条件？有无标志？是否与禁用物质隔离？如何实施仓库管理 8）是否用青贮饲料？如果用，青贮用的物质/微生物是什么？索取标签等证明材料。青贮饲料如何储存，如用塑料袋，如何进行处置 9）是否利用乳/初乳代用品？索取标签等证明材料 10）是否对不同种畜使用不同的饲料，描述详细情况 11）如果饲料颗粒化或粉碎，设备是否在农场？如用其他加工厂，是否经过认证；如没有经过认证，如何保证质量 12）在紧急情况下，生产者是否有计划购买饲料	饲料记录：包括饲料转换比例、饲料和添加剂购买、储存、使用的票据、交易证书、提单、批号、运单、有机证书		
6	草场/牧场	1）草场/牧场的田块历史情况：载畜量、围圈的数量、动物在围圈中的生活时间、牧场的所有权归谁 2）牧场管理、播种和施肥情况 3）邻近区域是否有缓冲带，其位置和风险的类型和大小 4）如动物在邻近的牧场或作物残茬上放牧，牧场或作物是否是有机的 5）牧场有害生物的管理情况如何？是否有喷洒农药的痕迹 6）是否有针对其他捕食者的措施			

序号	项目	检查内容	追溯性记录	实际情况	符合性
7	水	1）水的来源和供水系统情况 2）水的质量是否符合要求，细菌和硝酸盐含量是否符合要求 3）如果水源是地表水，判断水的质量 4）养殖对地表水有无影响？如何控制 5）添加到水里的物质是什么？原因是什么	水质化验报告		
8	圈舍	1）圈舍的类型、条件、单个畜舍的面积是否满足要求 2）垫料是否足够？用什么材料？来源是哪些？是否是有机的 3）圈舍不通风如何？是否足够 4）圈舍是否清洁、干燥舒适，如何清洗，消毒材料是什么，是否熏蒸，索取消毒材料标签 5）光源是什么？是否控制动物习性 6）建筑材料是否有可能污染，有哪些经过化学处理、杂酚油浸处理、油漆等 7）动物可以到室外吗？场所具备什么条件？是否有物理危害因素存在 8）反刍动物是否有牧场			
9	疾病防治	1）动物健康维护的管理措施有哪些？在卫生、繁育、筛选、隔离、生活空间考虑、室外活动、干燥垫料、通风、饲料、减压方面是如何考虑的 2）采用何种类型的接种疫苗，本地区常用疫苗是什么？是否有转基因疫苗 3）动物体内是否存在寄生虫，其类型和控制措施有哪些？排泄物化验、杀虫药物的使用、硅藻土顺序疗法的使用、草场轮作情况 4）是否存在严重的外寄生虫，采取什么措施处理？是否有药物滴施措施 5）如何控制苍蝇 6）本地区常见的动物疫病有哪些？如何控制？是否使用抗生素？对抗生素使用如何控制	动物健康记录：包括动物健康检查记录（日期、记录、卡片、兽医、计算机信息）； 如使用禁用物质，则要隔离记录、防疫记录； 休药期体细胞数量和细菌总数		
10	动物辨识	1）动物如何辨识？耳号牌、烙号、刺号、项圈编号等 2）如动物进行了禁用物质处理，如何辨识和隔离	在繁育、健康、生产、销售等环节的记录		

序号	项目	检查内容	追溯性记录	实际情况	符合性
11	粪便管理	1）粪便管理措施有哪些 2）是液态还是半液态 3）是否添加其他材料，如磷酸钙、石灰、微生物、锯末等 4）什么时候使用肥料？使用数量是多少，是否有记录 5）如何储存肥料？如何控制肥料的污染 6）粪便是否得到及时处理和合理利用	粪便处理、利用记录		
12	运输与屠宰	1）动物如何装车，如何减少干扰 2）在哪些屠宰？如何屠宰 3）如何运输到屠宰厂？运输距离是多少 4）政府有关机构是否对设备进行了检查？是哪些机构？出具了什么报告 5）设备是否专用于有机产品的屠宰？是否与有机屠宰工艺一致 6）畜体如何标识和隔离，有机牲畜是每天第一班屠宰吗？如不是，设备如何清洗 7）刀具表面如何清洗和消毒，索取标签以及安全数据表单 8）工厂内使用什么材料防治害虫？如使用熏蒸法则审阅记录，索取标签 9）肉类熟化措施有哪些 10）肉类如何包装和标识？索取标签是否有政府卫生检疫主管部门的标识和认证机构的标识 11）产品在厂内储存多长时间？使用什么设施，对有机肉类有辨识和隔离设施吗	屠宰记录：屠宰过程记录、票据、冷藏、包装		
13	销售	1）肉类是否在场内直接销售 2）销售的数量是多少 3）批号管理和标签控制	销售记录：销售和运输发票、过磅单、贸易证书		
14	环境保护	1）畜类数量是否超过其养殖范围的最大载畜量，是否充分考虑了饲料生产能力、畜类健康对环境的影响 2）是否存在过度放牧或过度养殖现象 3）粪便处理设施在设计、施工、操作时是如何考虑对地下及地表水的污染控制的 4）养殖场污染物排放是否符合 GB 18596 的规定	环境监测报告		

（4）牛奶生产

除奶牛的养殖情况检查按上述检查表要求检查外，还要对牛奶生产过程进行检查。

牛奶生产除按有机养殖内容检查外还要针对牛奶生产检查以下内容如表 5-6 所示。

表 5-6　牛奶生产检查表

序号	检查内容	追溯性记录	实际情况	符合性
1	奶牛产奶前如何清洁和干燥			
2	挤奶机、圈舍的干净程度，设备的维护			
3	挤奶生产过程的清洗和卫生。是否有清洗水			
4	乳房清洗剂使用			
5	政府食品卫生主管部门的检验报告			
6	体细胞数（SCC）和细菌数（SPC）检测结果			
7	奶产品如何销售			

5.6.3 有机禽类养殖检查

有机禽类养殖的现场检查包括基本信息核对、管理体系符合性检查、生产过程控制检查及检测。

1）基本信息核对，如表 5-7 所示。

表 5-7　有机禽类企业基本情况检查表

序号	基本项目	完整性	一致性
1	申请者的联系信息、负责人		
2	申请认证的产品		
3	产品的养殖地点和时间		
4	是否存在平行生产		
5	是否申请过其他机构认证		
6	禽类生产基本情况（农户或农场、品种、数量）		
7	生产区域的总面积		
8	禽舍/自由活动区域的面积		
9	草场的总面积（放养时）		
10	饲料的来源（有机的和非有机的）		
11	动物疫病防治		
12	动物粪便处理		
13	养殖设备（自有的或者与其他操作者共用的）		
14	其他证明文件		

2）管理体系符合性检查。

现场检查时，检查员按照 GB/T 19630 标准中第 4 部分对管理体系的要求进行检查，具体检查内容如表 5-8 所示。

表 5-8 禽类生产过程控制检查表

序号	项目	检查内容	追溯性记录	实际情况	符合性
1	禽的引入与繁殖	1）查阅繁育记录，人工授精或自然繁育记录，了解动物是否来自自己的农场 2）是否有购买的动物？从哪里购买？何时购买 3）动物是否来自认证的有机农场？有无证明文件 4）如有来自常规农场的动物，其占群体的比例是多少？是何时购买的？企业如何确保其符合有机标准和生产计划的要求 5）动物购进前是否进行了疾病检疫和防疫处理	繁育记录：日期、图、记录，确认是否引进了常规幼畜，是如何进行控制的 购买动物记录：票据、交易证书、运单、有机证书		
2	转换期	1）饲料的转换期是多长时间？是否使用过禁用物质 2）禽的转换期是多长时间			
3	平行生产	1）是否存在平行生产情况 2）如果存在平行生产，圈舍、放养场是否完全分开？动物是否容易区分 3）贮存饲料的仓库是否分开，并有明显标识 4）是否有有机禽和非有机禽的分解、饲喂、治疗等详细记录？如何控制有机禽不接触非有机禽饲料和禁用物质的依存区域			
4	饲养条件	观察动物行为状态是否正常？羽毛是否光亮？眼睛是否光亮？ 脚部、喙、冠是否正常			

序号	项目	检查内容	追溯性记录	实际情况	符合性
5	饲料和饲料添加剂	1）饲料的数量和日粮情况？不同生长阶段和每年的不同阶段是否有不同配方的饲料 2）确认是否对 100%的饲料有证明其是有机饲料的材料 3）饲料是否都是非转基因的？有何证明材料 4）使用什么样的饲料添加剂，索取标签等证明材料 5）饲料配方和添加剂中是否有化学合成的配料或添加剂？索取标签等证明材料 6）饲料质量是否符合有关标准的要求 7）饲料储存场所（仓库）是否符合规定的条件？有无标识？是否与禁用物质隔离？如何实施仓库管理 8）是否用青贮饲料？如果用，青贮用的物质/微生物是什么？索取标签等证明材料。青贮饲料如何储存，如用塑料袋，如何进行处置 9）是否对不同种禽使用不同的饲料，描述详细情况 10）如果饲料颗粒化或粉碎，设备是否在农场？如用其他加工厂，是否经过认证；如没有经过认证，如何保证质量 11）在紧急情况下，生产者是否有计划购买饲料	饲料记录：包括饲料转换比例、饲料和添加剂购买、储存、使用的票据、交易证书、提单、批号、运单、有机证书		
6	水	1）水的来源和供水系统情况 2）水的质量是否符合要求，细菌和硝酸盐含量是否符合要求 3）如果水源是地表水，判断水的质量 4）养殖对地表水有无影响？如何控制 5）添加到水里的物质是什么？原因是什么	水质化验报告		
7	禽舍	1）禽舍的类型、条件、单个畜舍的面积是否满足要求 2）禽舍通风如何？是否足够 3）禽舍是否清洁、干燥舒适，如何清洗，消毒材料是什么，是否熏蒸，索取消毒材料标签 4）光源是什么？是否控制动物习性 5）建筑材料是否有可能污染，有哪些经过化学处理、杂酚油浸处理、油漆等			

序号	项目	检查内容	追溯性记录	实际情况	符合性
8	疾病防治	1）禽类健康措施维护的管理措施有哪些？在卫生、繁育、筛选、隔离、生活空间考虑、室外活动、通风、饲料、减压方面是如何考虑的 2）采用何种类型的接种疫苗，本地区常用的疫苗是什么？是否有转基因疫苗 3）禽体内是否存在寄生虫，其类型和控制措施有哪些？排泄物化验、杀虫药物的使用情况 4）是否存在严重的外寄生虫，采取什么措施处理 5）如何控制苍蝇 6）本地区常见的禽类疫病有哪些？如何控制？是否使用抗生素？对抗生素使用如何控制	动物健康记录：包括动物健康检查记录（日期、记录、卡片、兽医、计算机信息）； 如使用禁用物质，则要隔离记录、防疫记录； 休药期体细胞数量和细菌总数		
9	动物辨识	禽舍的数量	在繁育、健康、生产、销售等环节的记录		
10	粪便管理	1）粪便管理措施有哪些 2）是液态还是半液态 3）是否添加其他材料 4）什么时候使用肥料？使用数量是多少，是否有记录 5）如何储存肥料？如何控制肥料的污染 6）粪便是否得到及时处理和合理利用	粪便处理、利用记录		
11	运输与屠宰	1）禽类如何装车，如何减少干扰 2）在哪里屠宰？如何屠宰 3）如何运输到屠宰厂？运输距离是多少 4）政府有关机构是否对设备进行了检查？是哪些机构？出具了什么报告 5）设备是否专用于有机产品的屠宰？是否与有机屠宰工艺一致 6）有机禽是每天第一班屠宰吗？如不是，设备如何清洗 7）刀具表面如何清洗和消毒，索取标签以及安全数据表单 8）工厂内使用什么材料防治害虫？如使用熏蒸法则审阅记录，索取标签 9）肉类熟化措施有哪些 10）肉类如何包装和标识？索取标签是否有政府卫生检疫主管部门的标识和认证机构的标识 11）产品在厂内储存多长时间？使用什么设施，对有机肉类有辨识和隔离设施吗	屠宰记录：屠宰过程记录、票据、冷藏、包装		

序号	项目	检查内容	追溯性记录	实际情况	符合性
12	销售	1）肉类是否在场内直接销售 2）销售的数量是多少 3）批号管理和标签控制	销售记录：销售和运输发票、过磅单、贸易证书		
13	环境保护	1）禽类数量是否超过其养殖范围的最大载畜量，是否充分考虑了饲料生产能力、畜类健康对环境的影响 2）是否存在过度放牧或过度养殖现象 3）粪便处理设施在设计、施工、操作时是如何考虑对地下及地表水的污染控制 4）养殖场污染物排放是否符合 GB 18596 的规定	环境监测报告		
14	禽蛋生产	1）禽蛋的收集过程如何控制？使用什么设备 2）禽蛋清洗过程如何控制 3）采用什么包装材料 4）如何储存			

3）生产过程控制检查。检查员在申请者的生产现场对养殖过程按照 GB/T 19630 标准第 1 部分及相关法律法规、标准规范要求对全过程进行检查，获取相关证据。

5.6.4 有机养蜂养殖检查

有机养蜂养殖检查包括基本情况核对、管理体系符合性检查、生产过程控制检查。

（1）管理体系符合性检查

检查员在现场根据 GB/T 19630 标准第 4 部分的要求，对申请者管理体系的符合性进行检查。具体检查内容如表 5-9 所示。

（2）基本情况核对与生产过程检查

检查员在申请者的生产现场，依据 GB/T 19639 第 1 部分有关有机蜂养殖的要求及相关法律法规和标准规范要求对生产过程进行检查。具体内容如表 5-9 所示。

表 5-9 有机蜂养殖检查表

序号	检查项目	检查内容	追踪记录	实际情况	符合性评价
1	基本情况	1）蜂房数量、位置、拟认证的蜂箱 2）有机蜂蜜估计产量 3）需要认证的其他产品，每个产品的预计数量 4）以往的认证情况			
2	生产情况	1）生产者从业背景情况 2）营业的合法性情况 3）所有权或土地使用历史情况 4）以往其他认证机构对产品的认证情况 5）雇佣人数及参与检查人员基本情况 6）非有机蜂的平行生产情况（生产方式、区分平行生产的措施、平行生产产品销售情况） 7）邻近适当范围内的土地利用情况 8）近一年的管理体系运行情况			
3	以往认证条件	根据以往认证情况所采取的措施			
4	蜂箱/蜜蜂情况	1）蜂房的位置和检查过的蜂箱、蜂蜜处于哪个生产阶段 2）操作人员和检查人员对蜜蜂健康状况的评价	不符合投入物的使用证明，蜂箱位置		
5	蜂箱/蜜蜂来源	1）当前蜂箱的年龄 2）完整的饲喂/替换过程，蜜蜂控制系统 3）购买的蜂王或蜂王的来源及有机状况 4）转换期及蜂蜡的替换	蜂群识别系统、蜜蜂/蜂王的购买记录、新蜂箱、收据		
6	蜂群管理	1）蜂群管理的总体情况 2）蜂群使用的蜜和花粉存量 3）美国幼虫腐臭病、欧洲幼虫腐臭病的诊断、处理措施，记录保持情况 4）螨虫控制措施、监测和使用情况 5）使用的其他产品被认可或被禁止情况 6）是否使用违禁产品？如何隔离 7）蜂王翅膀是否被剪	1）病虫诊断和处理、控制、记录 2）违禁产品使用记录 3）蜂群检查日期、蜂王发展和数量、活动日志 4）病虫害管理投入品的使用记录 5）产量记录		

序号	检查项目	检查内容	追踪记录	实际情况	符合性评价
7	蜜蜂饲喂	1）饲喂过程的类型是什么 2）食物成分的来源有哪些 3）所有蜜、糖的认证情况 4）添加剂的认可或禁用情况 5）采用何种设备来混合、储存、运输饲料 6）采取哪些步骤来保持有机糖浆的完整性 7）蜜源情况、类型、位置、潜在污染	饲喂记录（日期、时间表）预计的蜜源植物种植面积		
8	水源	1）蜂房和加工设施使用的水源及检测结果 2）水源是否潜在污染	水质检测报告		
9	采蜜范围内的可能影响	1）认证土地上所有蜂箱的位置，蜂房转移到其他位置的情况 2）规定范围内的常规农作物和其他污染源情况；是否种植转基因作物 3）采取哪些措施来减少污染风险			
10	产品加工	1）加工设施、类型、大小、状况 2）提取和包装过程及使用的设备 3）所有需要认证的蜂产品/蜜加工过程；如何控制质量是否添加其他成分 4）是否是专用于有机蜂产品加工，如也用于非有机蜂蜜产品的加工，如何防止混合？如何清洁设备？清洁操作人员及使用的清洁产品情况 5）加工区域内的虫害如何管理 6）包装类型和大小、标签、法规要求和图章使用、认证机构相关许可证明	加工过程记录（温度、专家学者、观察、检测） 设备记录 清洗记录 包装记录		

序号	检查项目	检查内容	追踪记录	实际情况	符合性评价
11	产品储存	1）使用的设备和容器及数量 2）设备储存区 3）是否存在潜在污染的风险（如被禁止的啮齿/昆虫、用于有机或非有机蜜蜂的设备的混用）？如何控制 4）提取前短期储存的类型和位置、标签和识别情况 5）散装蜂蜜或者其他产品的中间储存容器的类型、标签 6）终产品的储存区、标签情况 7）有可污染风险	储存记录		
12	运输	1）运到蜂蜜提取设施的过程 2）终产品运到市场的过程 3）如何控制运输过程中的污染风险	运输记录		
13	蜜蜂/蜂产品的加工	1）提取的蜂蜜数量、去掉蜂箱的日期、表明包装的数量和大小的提取过程报告 2）生产报告（产品类型、日期、生产数量和大小、使用的其他添加剂、添加物质的有机情况、其他产品、中间产品及终产品和存量） 3）批号、日期、代码系统说明 4）出售和运输情况 5）标签信息	提取过程报告 生产报告		
14	销售	销售基本情况（批发、现场、直销、零售）			

5.7 污染风险评估

有机养殖的污染风险可能来自牧场使用的农药、养殖过程中使用的饲料添加剂、禁用物质的带入、防治动物疾病使用的兽药、平行生产过程非有机养殖的影响、养殖场使用的清洁剂和消毒剂等。标准 GB/T 19630.1 中附录水质及消毒剂的要求，以下给出 HJ/T 80—2001（附录 D）对畜禽饲料添加剂的要求，供读者参考。

附录 D 允许和限制使用的畜禽饲料添加剂
（规范性附录）

物质名称	使用条件
贝壳粉	
海草	
石灰石	
白云石	
泥灰石	
氧化镁	
绿砂	
硒	根据推荐剂量注射或由畜禽摄入
发芽的粮食	
鱼肝油	
人工合成的维生素和微量元素	限制使用
海盐	
粗岩盐	
乳清	
糖	
甜菜浆	
面粉	
糖蜜	
酶	
酵母	
蚁酸菌、乙酸菌、乳酸菌、丙酸菌	饲料发酵
蚁酸、乙酸、乳酸、丙酸	只限于天气条件不适合发酵时使用

有机检查员在现场检查时，可结合本章有关现场检查的要求，对各种可能的污染的风险进行评估，并在检查报告中加以说明。美国有机物质评估研究所（OMRI）定期向社会发布经其评估的商品物资名单，我国尚没有制订出自己的物资列表，检查员可参考 OMRI 的评估结果，如果现场检查发现生产者使用了 OMRI 公布的名单之外的物资，检查员可要求生产者提供商品中非活性物资的成分的书面保证书。

5.8 销售检查

首先要确定生产者是直接销售产品，还是作为有机加工的原料。如是直接销售，要了解产品的包装、销售渠道及方式、运输和储存方法，重点检查在运输和销售环节如何防止产品受到污染的情况，产品的标识是否符合要求。

5.9 有机养殖检查报告编写

现场审核活动结束后，检查组长要根据现场检查的结果，编写检查报告，总结整个认证情况，对企业的生产、管理与标准的符合程度、企业的绩效、存在的问题、不符合项进行详细描述，客观、公正、准确、全面地报告申请人有机生产情况及产品与标准的符合情况，对有机生产过程、产品质量与安全的符合性作出判定，提出是否推荐认证的决定；并将所有检测/监测报告、标签以及其他支持性材料附到报告后面。

认证机构或检查组及时将完整的检查报告提交受检查的申请人，申请人有异议时可要求认证机构予以澄清。

企业或申请人的内部检查报告，也可参考本节要求编写。

表 5-10 至表 5-12 给出了某认证机构的有机养殖认证检查的相关报告样式。

表 5-10　有机养殖认证检查报告样式

××认证中心有机养殖认证检查报告

企业名称					
企业地址				邮政编码	
电话		传真		邮箱	
企业负责人		联系人		联系人电话	
内部检查员					
检查日期	年　月　日至　年　月　日				
检查员	级别	分工	专业范围	联系电话	
申请项目基本信息	1）文件是否齐备，信息是否正确　□ 是　□否 2）此前是否通过其他机构的有机产品认证 □ 是　□否 如是，请说明 3）其他认证情况说明				

<table>
<tr><td>申请项目基本信息</td><td>4）申请人的经营模式为
5）申请人有机生产的开始时间
6）是否存在平行生产 □ 是 □否
如是，请说明：土地面积： ；比例
区分平行生产的措施是：

7）申请认证的畜禽类型
品种：
数量：
商标：

8）第 1 次认证□ 再次认证□</td></tr>
<tr><td>质量管理体系符合性</td><td>描述组织的文件结构、内容符合性、文件逻辑性、文件可操作性</td></tr>
<tr><td>生产过程及控制情况</td><td>描述以下内容：
1） 描述动物来源情况；
2） 描述饲料情况；
3） 草地管理情况；
4） 水源管理情况；
5） 圈舍管理情况；
6） 动物健康管理情况；
7） 寄生虫控制；
8） 畜禽粪便管理情况；
9） 奶蛋及其他产品控制措施情况；
10）屠宰处理；
11）销售；
12）其他需要说明的情况</td></tr>
<tr><td>产地生态环境与环境保护</td><td>描述产地生态环境、对污染控制情况，说明水、大气、土壤的监测情况</td></tr>
</table>

<table>
<tr><td>追踪体系</td><td colspan="7">说明各种适用于追溯要求和记录的情况</td></tr>
<tr><td>产品检验情况</td><td colspan="7">（必要时）说明对产品质量的检验情况及结果</td></tr>
<tr><td>不符合及整改情况</td><td colspan="7">对检查中发现的不符合及企业整改情况进行说明</td></tr>
<tr><td>总体评价</td><td colspan="7">从总体上评价申请认证的组织及产品对认证依据标准的符合情况，确定认证范围</td></tr>
<tr><td>检查结论</td><td colspan="7">说明是否可以认证注册的推荐意见</td></tr>
<tr><td>报告附件说明</td><td colspan="7"></td></tr>
<tr><td>编写</td><td></td><td>日期</td><td></td><td>审批</td><td></td><td>日期</td><td></td></tr>
</table>

表 5-11　有机水产养殖认证检查报告样式

××认证中心有机水产养殖认证审核报告

<table>
<tr><td>企业名称</td><td colspan="5"></td></tr>
<tr><td>企业地址</td><td colspan="3"></td><td>邮政编码</td><td></td></tr>
<tr><td>电话</td><td></td><td>传真</td><td></td><td>邮箱</td><td></td></tr>
<tr><td>企业负责人</td><td></td><td>联系人</td><td></td><td>联系人电话</td><td></td></tr>
<tr><td>内部检查员</td><td colspan="5"></td></tr>
<tr><td>检查日期</td><td colspan="5">年　月　日至　年　月　日</td></tr>
<tr><td>检查员</td><td>级别</td><td>分工</td><td colspan="2">专业范围</td><td>联系电话</td></tr>
<tr><td></td><td></td><td></td><td colspan="2"></td><td></td></tr>
<tr><td></td><td></td><td></td><td colspan="2"></td><td></td></tr>
<tr><td></td><td></td><td></td><td colspan="2"></td><td></td></tr>
</table>

申请项目 基本信息	1）文件是否齐备，信息是否正确　□ 是　□否 2）此前是否通过其他机构的有机产品认证 □ 是　□否 如是，请说明 3）其他认证情况说明 4）申请人的经营模式为 5）申请人有机生产的开始时间 6）是否存在平行生产　□ 是　□否 如是，请说明：土地面积：　；比例 区分平行生产的措施是： 7）申请认证的水产名称 面积： 预计产量： 养殖区域： 8）水域分布 养殖单元 近4年渔业养殖情况 9）第1次认证□　　再次认证□
质量管理体系 符合性	描述组织的文件结构、内容符合性、文件逻辑性、文件可操作性
生产过程及 控制情况	描述以下内容： 1）养殖水域管理情况； 2）养殖过程管理情况； 3）饲料管理情况； 4）疫病防治情况； 5）平行生产情况； 6）繁殖情况； 7）捕捞和捕捞后处理情况； 8）鲜活水产品运输情况； 9）贮藏情况； 10）销售情况

<table>
<tr><td>产地生态环境与环境保护</td><td colspan="5">描述产地生态环境、对污染控制情况，说明水、大气、土壤的监测情况</td></tr>
<tr><td>追踪体系</td><td colspan="5">说明各种适用于追溯要求和记录的情况</td></tr>
<tr><td>产品检验情况</td><td colspan="5">（必要时）说明对产品质量的检验情况及结果</td></tr>
<tr><td>不符合及整改情况</td><td colspan="5">对检查中发现的不符合及企业整改情况进行说明</td></tr>
<tr><td>总体评价</td><td colspan="5">从总体上评价申请认证的组织及产品对认证依据标准的符合情况，确定认证范围</td></tr>
<tr><td>检查结论</td><td colspan="5">说明是否可以认证注册的推荐意见</td></tr>
<tr><td>报告附件说明</td><td colspan="5"></td></tr>
<tr><td>编写</td><td></td><td>日期</td><td></td><td>审批</td><td></td></tr>
</table>

日期

表 5-12 有机养蜂认证审核报告样式

××认证中心有机养蜂认证审核报告

<table>
<tr><td>申请人名称</td><td colspan="5"></td></tr>
<tr><td>地址</td><td colspan="3"></td><td>邮政编码</td><td></td></tr>
<tr><td>电话</td><td></td><td>传真</td><td></td><td>邮箱</td><td></td></tr>
<tr><td>负责人</td><td></td><td>联系人</td><td></td><td>联系人电话</td><td></td></tr>
<tr><td>内部检查员</td><td colspan="5"></td></tr>
<tr><td>检查日期</td><td colspan="5">年　月　日至　年　月　日</td></tr>
<tr><td>检查员</td><td>级别</td><td>分工</td><td colspan="2">专业范围</td><td>联系电话</td></tr>
<tr><td></td><td></td><td></td><td colspan="2"></td><td></td></tr>
<tr><td></td><td></td><td></td><td colspan="2"></td><td></td></tr>
<tr><td></td><td></td><td></td><td colspan="2"></td><td></td></tr>
<tr><td>申请项目基本信息</td><td colspan="5">1）文件是否齐备，信息是否正确　□ 是　□否
2）此前是否通过其他机构的有机产品认证 □ 是　□否
如是，请说明
3）其他认证情况说明（认证机构/认证年数/其他当前或以前的认证）
4）生产者背景
5）申请人有机养蜂的开始时间
6）申请认证的蜂房数量
位置：
需要认证的蜂箱：
有机蜂蜜估计产量：
7）需要认证的其他产品
每个产品的预计数量
近 4 年渔业养殖情况
8）第 1 次认证□　　再次认证□
9）雇佣人员情况：
10）所有权/土地使用历史：
11）非有机蜂产品的平行生产情况：</td></tr>
</table>

质量管理体系符合性	描述组织的文件结构、内容符合性、文件逻辑性、文件可操作性
生产过程及控制情况	描述以下内容： 1） 蜂箱/蜜蜂的情况； 2） 蜂箱/蜜蜂的来源； 3） 蜂群管理； 4） 食物/蜜源情况； 5） 邻近土地的使用情况； 6） 产品处理情况； 7） 储存和设备情况； 8） 运输情况； 9） 蜂蜜/蜂产品加工情况； 10）销售情况
养蜂地生态环境与环境保护	描述产地生态环境、对污染控制情况，说明水、大气、土壤的监测情况
追踪体系	说明各种适用于追溯要求和记录的情况
产品检验情况	（必要时）说明对产品质量的检验情况及结果
不符合及整改情况	对检查中发现的不符合及企业整改情况进行说明
总体评价	从总体上评价申请认证的组织及产品对认证依据标准的符合情况，确定认证范围
检查结论	说明是否可以认证注册的推荐意见
报告附件说明	

编写		日期		审批		日期	

5.10 问题跟踪与整改

申请人应根据检查组现场检查提出的问题，分析原因，提出整改措施计划并实施整改。实施后要对整改措施效果进行验证，将整改材料、报告、照片等寄交认证机构。经认证机构确认有效后进入认证决定流程。

5.11 认证决定与证书管理

认证机构根据文件审核和现场检查过程中收集的信息、检查记录、检查报告和其他有关的信息，评价所采用的标准等认证依据及法律法规的适用性和符合性、现场检查的合理性和充分性、检查报告及证据和材料的客观性、真实性和完整性等，并重点进行有机生产符合性判定、产品安全质量符合性判定以及产品质量是否符合执行标准的要求，最终作出是否通过认证并颁发认证证书的决定。

当申请人的生产活动及管理体系符合认证标准的要求，认证机构予以批准认证。

当申请人的生产活动、管理体系及其他方面不完全符合认证要求的，认证机构提出整改要求，申请人在规定的期限内完成整改或已经提交整改措施并有能力在规定的期限内完成整改以满足认证要求的，认证机构经验证后可以批准认证。

申请人的生产活动存在以下情况之一的，认证机构不予批准认证：

1）未建立管理体系或建立的管理体系没有有效实施；

2）使用禁用物质；

3）生产过程不具备可追溯性；

4）未能按认证机构规定的时间完成整改，提交整改措施，或所提交的整改措施未满足认证要求；

5）其他严重不符合有机产品标准的事项。

对于符合有机产品认证要求的，认证机构向申请人出具有机产品认证证书，并准许使用有机产品认证标志。属于有机产品转换期间的产品，证书中应注明“转换”字样和转换期限。获证单位或个人只能使用注明“转换”字样的有机产品认证标志。

有机产品认证证书一般包括以下信息：

1）获证单位或个人的名称；

2）获证产品的数量、产品种类；

3）有机产品认证的类别；

4）认证依据的标准；

5）有机产品认证使用的范围、数量、使用形式或者方式；

6）颁证机构、日期、有效期和负责人签字；

7）属于有机产品转换期的要注明“转换”字样和转换期限。

有机产品认证证书的有效期为一年。

获证者应当在有效期满前向认证机构申请年度换证。认证机构按照规定对获证单位或个人、获证产品及生产、变更情况进行跟踪检查，每年例行的检查至少一年一次。有关证书变更、重新申请的要求、证书的撤销、注销和暂停的规定认证机构在公开文件中告知获证者，监督检查的程序与初次认证基本相同。

6 有机标志管理

6.1 有机标志

“中国有机产品标志”、“中国有机转换产品标志”的主要图案由三部分组成，即外围的圆形、中间的种子图形及其周围的环形线条。标志的外围形似地球，象征和谐、安全，圆形中的“中国有机产品”和“中国有机转换产品”字样为中英文结合方式，既表示中国有机产品与世界同行，也有利于国外消费者识别。

标志中间类似种子的图形代表生命萌芽之际的勃勃生机，象征了有机产品从种子开始的全过程认证，同时昭示出有机产品就如同刚刚萌芽的种子，正在中国大地茁壮成长。

种子图形周围圆润自如的线条象征环形和道路，与种子图形合并构成汉字“中”，体现出有机产品根植中国，有机之路越走越广。同时，处于平面的环形又是英文字母“C”的变形，种子形状也是“O”的变形，意为“China Organic”。

绿色代表环保、健康，表示有机产品给人类的生态环境带来完美与协调。橘红色代表旺盛的生命力，表示有机产品对可持续发展的作用。“中国有机转换产品标志”中的褐黄色代表肥沃的土地，表示有机产品在肥沃的土壤上不断发展。

有机产品认证标志图如图 6-1 所示。

中国有机产品认证标志　　中国有机转换产品认证标志

图 6-1　中国有机产品认证标志图

有机产品认证标志根据使用需要，分为 10 mm、15 mm、20 mm、30 mm 和 60 mm 五种规格。

6.2 有机标志管理

2004 年 9 月 27 日国家质量监督检验检疫总局发布了《有机产品认证管理办法》规定："有机产品认证标志分为中国有机产品认证标志和中国有机转换产品认证标志，中国有机产品认证标志标有中文'中国有机产品'字样和相应英文（ORGANIC）。在有机产品转换期内生产的产品或者以转换期内生产的产品为原料的加工产品，应当使用中国有机转换产品认证标志。该标志标有中文'中国有机转换产品'字样和相应英文（CONVERSION TO ORGANIC）。有机产品认证标志应当在有机产品认证证书限定的产品范围、数量内使用。获证单位或者个人，应当按照规定在获证产品或者产品的最小包装上加施有机产品认证标志。获证单位或者个人可以将有机产品认证标志印制在获证产品标签、说明书及广告宣传材料上，并可以按照比例放大或者缩小，但不得变形、变色。在获证产品或者产品最小包装上加施有机产品认证标志的同时，应当在相邻部位标注有机产品认证机构的标识或者机构名称，其相关图案或者文字应当不大于有机产品认证标志。未获得有机产品认证的产品，不得在产品或者产品包装及标签上标注'有机产品'、'有机转换产品'（'ORGANIC'、'CONVERSION TO ORGANIC'）和'无污染'、'纯天然'等其他误导公众的文字表述。"

《有机产品　第 3 部分：标识与销售》(GB/T 19630.3）规定了有机产品标识和销售的通用规范及要求。标准第 7 章规定："中国有机产品认证标志和中国有机转换产品认证标志仅用于按照有机产品国家标准生产或者加工并经认证机构认证的相应的有机产品或者有机转换产品。印制的中国有机产品认证标志和中国有机转换产品认证标志应当清楚、明显。印制在获证产品标签、说明书及广告宣传材料上的中国有机产品认证标志和中国有机转换产品认证标志，可以按比例放大或者缩小，但不得变形、变色。"

根据上述规定，使用者在印刷有机标识时，要符合有关规定中对文字和图形方面的要求，不可随意选择字体或图形，也不能更改标识中的有关内容。在进行有关认证的宣传时，标志所用的文字、图形或符号应清晰，颜色要鲜明，既要保证引起消费者的注意，也不应引起消费者的混淆或误导消费者。在使用标志时只能用在已经通过有机产品认证的产品上。

附录：主要相关法律法规

附录1　中华人民共和国畜牧法

（2005年12月29日第十届全国人民代表大会常务委员会第十九次会议通过　自2006年7月1日起施行）

第一章　总则

第一条　为了规范畜牧业生产经营行为，保障畜禽产品质量安全，保护和合理利用畜禽遗传资源，维护畜牧业生产经营者的合法权益，促进畜牧业持续健康发展，制定本法。

第二条　在中华人民共和国境内从事畜禽的遗传资源保护利用、繁育、饲养、经营、运输等活动，适用本法。

本法所称畜禽，是指列入依照本法第十一条规定公布的畜禽遗传资源目录的畜禽。

蜂、蚕的资源保护利用和生产经营，适用本法有关规定。

第三条　国家支持畜牧业发展，发挥畜牧业在发展农业、农村经济和增加农民收入中的作用。县级以上人民政府应当采取措施，加强畜牧业基础设施建设，鼓励和扶持发展规模化养殖，推进畜牧产业化经营，提高畜牧业综合生产能力，发展优质、高效、生态、安全的畜牧业。

国家帮助和扶持少数民族地区、贫困地区畜牧业的发展，保护和合理利用草原，改善畜牧业生产条件。

第四条　国家采取措施，培养畜牧兽医专业人才，发展畜牧兽医科学技术研究和推广事业，开展畜牧兽医科学技术知识的教育宣传工作和畜牧兽医信息服务，推进畜牧业科技进步。

第五条　畜牧业生产经营者可以依法自愿成立行业协会，为成员提供信息、技术、营销、培训等服务，加强行业自律，维护成员和行业利益。

第六条　畜牧业生产经营者应当依法履行动物防疫和环境保护义务，接受有关主管部门依法实施的监督检查。

第七条　国务院畜牧兽医行政主管部门负责全国畜牧业的监督管理工作。县级以上地方人民政府畜牧兽医行政主管部门负责本行政区域内的畜牧业监督管理工作。

县级以上人民政府有关主管部门在各自的职责范围内，负责有关促进畜牧业发展的工作。

第八条 国务院畜牧兽医行政主管部门应当指导畜牧业生产经营者改善畜禽繁育、饲养、运输的条件和环境。

第二章 畜禽遗传资源保护

第九条 国家建立畜禽遗传资源保护制度。各级人民政府应当采取措施，加强畜禽遗传资源保护，畜禽遗传资源保护经费列入财政预算。

畜禽遗传资源保护以国家为主，鼓励和支持有关单位、个人依法发展畜禽遗传资源保护事业。

第十条 国务院畜牧兽医行政主管部门设立由专业人员组成的国家畜禽遗传资源委员会，负责畜禽遗传资源的鉴定、评估和畜禽新品种、配套系的审定，承担畜禽遗传资源保护和利用规划论证及有关畜禽遗传资源保护的咨询工作。

第十一条 国务院畜牧兽医行政主管部门负责组织畜禽遗传资源的调查工作，发布国家畜禽遗传资源状况报告，公布经国务院批准的畜禽遗传资源目录。

第十二条 国务院畜牧兽医行政主管部门根据畜禽遗传资源分布状况，制定全国畜禽遗传资源保护和利用规划，制定并公布国家级畜禽遗传资源保护名录，对原产我国的珍贵、稀有、濒危的畜禽遗传资源实行重点保护。

省级人民政府畜牧兽医行政主管部门根据全国畜禽遗传资源保护和利用规划及本行政区域内畜禽遗传资源状况，制定和公布省级畜禽遗传资源保护名录，并报国务院畜牧兽医行政主管部门备案。

第十三条 国务院畜牧兽医行政主管部门根据全国畜禽遗传资源保护和利用规划及国家级畜禽遗传资源保护名录，省级人民政府畜牧兽医行政主管部门根据省级畜禽遗传资源保护名录，分别建立或者确定畜禽遗传资源保种场、保护区和基因库，承担畜禽遗传资源保护任务。

享受中央和省级财政资金支持的畜禽遗传资源保种场、保护区和基因库，未经国务院畜牧兽医行政主管部门或者省级人民政府畜牧兽医行政主管部门批准，不得擅自处理受保护的畜禽遗传资源。

畜禽遗传资源基因库应当按照国务院畜牧兽医行政主管部门或者省级人民政府畜牧兽医行政主管部门的规定，定期采集和更新畜禽遗传材料。有关单位、个人应当配合畜禽遗传资源基因库采集畜禽遗传材料，并有权获得适当的经济补偿。

畜禽遗传资源保种场、保护区和基因库的管理办法由国务院畜牧兽医行政主管部门制定。

第十四条 新发现的畜禽遗传资源在国家畜禽遗传资源委员会鉴定前，省级人民政府畜牧兽医行政主管部门应当制定保护方案，采取临时保护措施，并报国务院畜牧兽医行政主管部门备案。

第十五条 从境外引进畜禽遗传资源的，应当向省级人民政府畜牧兽医行政主管部门提出申请；受理申请的畜牧兽医行政主管部门经审核，报国务院畜牧兽医行政主管部门经评估论证后批准。经批准的，依照《中华人民共和国进出境动植物检疫法》的规定办理相关手续并实施检疫。

从境外引进的畜禽遗传资源被发现对境内畜禽遗传资源、生态环境有危害或者可能产生危害的，国务院畜牧兽医行政主管部门应当商有关主管部门，采取相应的安全控制措施。

第十六条 向境外输出或者在境内与境外机构、个人合作研究利用列入保护名录的畜禽遗传资源的，应当向省级人民政府畜牧兽医行政主管部门提出申请，同时提出国家共享惠益的方案；受理申请的畜牧兽医行政主管部门经审核，报国务院畜牧兽医行政主管部门批准。

向境外输出畜禽遗传资源的，还应当依照《中华人民共和国进出境动植物检疫法》的规定办理相关手续并实施检疫。

新发现的畜禽遗传资源在国家畜禽遗传资源委员会鉴定前，不得向境外输出，不得与境外机构、个人合作研究利用。

第十七条 畜禽遗传资源的进出境和对外合作研究利用的审批办法由国务院规定。

第三章 种畜禽品种选育与生产经营

第十八条 国家扶持畜禽品种的选育和优良品种的推广使用，支持企业、院校、科研机构和技术推广单位开展联合育种，建立畜禽良种繁育体系。

第十九条 培育的畜禽新品种、配套系和新发现的畜禽遗传资源在推广前，应当通过国家畜禽遗传资源委员会审定或者鉴定，并由国务院畜牧兽医行政主管部门公告。畜禽新品种、配套系的审定办法和畜禽遗传资源的鉴定办法，由国务院畜牧兽医行政主管部门制定。审定或者鉴定所需的试验、检测等费用由申请者承担，收费办法由国务院财政、价格部门会同国务院畜牧兽医行政主管部门制订。

培育新的畜禽品种、配套系进行中间试验，应当经试验所在地省级人民政府畜牧兽医行政主管部门批准。

畜禽新品种、配套系培育者的合法权益受法律保护。

第二十条 转基因畜禽品种的培育、试验、审定和推广，应当符合国家有关农业转基因生物管理的规定。

第二十一条 省级以上畜牧兽医技术推广机构可以组织开展种畜优良个体登记，向社会推荐优良种畜。优良种畜登记规则由国务院畜牧兽医行政主管部门制定。

第二十二条 从事种畜禽生产经营或者生产商品代仔畜、雏禽的单位、个人，应当取得种畜禽生产经营许可证。申请人持种畜禽生产经营许可证依法办理工商登记，取得营业执照后，方可从事生产经营活动。

申请取得种畜禽生产经营许可证，应当具备下列条件：

（一）生产经营的种畜禽必须是通过国家畜禽遗传资源委员会审定或者鉴定的品种、配套系，或者是经批准引进的境外品种、配套系；

（二）有与生产经营规模相适应的畜牧兽医技术人员；

（三）有与生产经营规模相适应的繁育设施设备；

（四）具备法律、行政法规和国务院畜牧兽医行政主管部门规定的种畜禽防疫条件；

（五）有完善的质量管理和育种记录制度；

（六）具备法律、行政法规规定的其他条件。

第二十三条 申请取得生产家畜卵子、冷冻精液、胚胎等遗传材料的生产经营许可证，除应当符合本法第二十二条第二款规定的条件外，还应当具备下列条件：

（一）符合国务院畜牧兽医行政主管部门规定的实验室、保存和运输条件；

（二）符合国务院畜牧兽医行政主管部门规定的种畜数量和质量要求；

（三）体外授精取得的胚胎、使用的卵子来源明确，供体畜符合国家规定的种畜健康标准和质量要求；

（四）符合国务院畜牧兽医行政主管部门规定的其他技术要求。

第二十四条 申请取得生产家畜卵子、冷冻精液、胚胎等遗传材料的生产经营许可证，应当向省级人民政府畜牧兽医行政主管部门提出申请。受理申请的畜牧兽医行政主管部门应当自收到申请之日起三十个工作日内完成审核，并报国务院畜牧兽医行政主管部门审批；国务院畜牧兽医行政主管部门应当自收到申请之日起六十个工作日内依法决定是否发给生产经营许可证。

其他种畜禽的生产经营许可证由县级以上地方人民政府畜牧兽医行政主管部门审核发放，具体审核发放办法由省级人民政府规定。

种畜禽生产经营许可证样式由国务院畜牧兽医行政主管部门制定，许可证有效期为三年。发放种畜禽生产经营许可证可以收取工本费，具体收费管理办法由国务院财政、价格部门制定。

第二十五条 种畜禽生产经营许可证应当注明生产经营者名称、场（厂）址、生产经营范围及许可证有效期的起止日期等。

禁止任何单位、个人无种畜禽生产经营许可证或者违反种畜禽生产经营许可证的规定生产经营种畜禽。禁止伪造、变造、转让、租借种畜禽生产经营许可证。

第二十六条 农户饲养的种畜禽用于自繁自养和有少量剩余仔畜、雏禽出售的，农户饲养种公畜进行互助配种的，不需要办理种畜禽生产经营许可证。

第二十七条 专门从事家畜人工授精、胚胎移植等繁殖工作的人员，应当取得相应的国家职业资格证书。

第二十八条 发布种畜禽广告的，广告主应当提供种畜禽生产经营许可证和营业执照。广告内容应当符合有关法律、行政法规的规定，并注明种畜禽品种、配套系的审定或者鉴定名称；对主要性状的描述应当符合该品种、配套系的标准。

第二十九条 销售的种畜禽和家畜配种站（点）使用的种公畜，必须符合种用标准。销售种畜禽时，应当附具种畜禽场出具的种畜禽合格证明、动物防疫监督机构出具的检疫合格证明，销售的种畜还应当附具种畜禽场出具的家畜系谱。

生产家畜卵子、冷冻精液、胚胎等遗传材料，应当有完整的采集、销售、移植等记录，记录应当保存二年。

第三十条 销售种畜禽，不得有下列行为：

（一）以其他畜禽品种、配套系冒充所销售的种畜禽品种、配套系；

（二）以低代别种畜禽冒充高代别种畜禽；

（三）以不符合种用标准的畜禽冒充种畜禽；

（四）销售未经批准进口的种畜禽；

（五）销售未附具本法第二十九条规定的种畜禽合格证明、检疫合格证明的种畜禽或者未附具家畜系谱的种畜；

（六）销售未经审定或者鉴定的种畜禽品种、配套系。

第三十一条 申请进口种畜禽的，应当持有种畜禽生产经营许可证。进口种畜禽的批准文件有效期为六个月。

进口的种畜禽应当符合国务院畜牧兽医行政主管部门规定的技术要求。首次进口的种畜禽还应当由国家畜禽遗传资源委员会进行种用性能的评估。

种畜禽的进出口管理除适用前两款的规定外，还适用本法第十五条和第十六条的相关规定。

国家鼓励畜禽养殖者对进口的畜禽进行新品种、配套系的选育；选育的新品种、配套系在推广前，应当经国家畜禽遗传资源委员会审定。

第三十二条 种畜禽场和孵化场（厂）销售商品代仔畜、雏禽的，应当向购买者提供其销售的商品代仔畜、雏禽的主要生产性能指标、免疫情况、饲养技术要求和有关咨询服务，并附具动物防疫监督机构出具的检疫合格证明。

销售种畜禽和商品代仔畜、雏禽，因质量问题给畜禽养殖者造成损失的，应当依法赔偿损失。

第三十三条 县级以上人民政府畜牧兽医行政主管部门负责种畜禽质量安全的监督管理工作。种畜禽质量安全的监督检验应当委托具有法定资质的种畜禽质量检验机构进行；所需检验费用按照国务院规定列支，不得向被检验人收取。

第三十四条 蚕种的资源保护、新品种选育、生产经营和推广适用本法有关规定，具体管理办法由国务院农业行政主管部门制定。

第四章 畜禽养殖

第三十五条 县级以上人民政府畜牧兽医行政主管部门应当根据畜牧业发展规划和市场需求，引导和支持畜牧业结构调整，发展优势畜禽生产，提高畜禽产品市场竞争力。

国家支持草原牧区开展草原围栏、草原水利、草原改良、饲草饲料基地等草原基本建设，优化畜群结构，改良牲畜品种，转变生产方式，发展舍饲圈养、划区轮牧，逐步实现畜草平衡，改善草原生态环境。

第三十六条 国务院和省级人民政府应当在其财政预算内安排支持畜牧业发展的良种补贴、贴息补助等资金，并鼓励有关金融机构通过提供贷款、保险服务等形式，支持畜禽养殖者购买优良畜禽、繁育良种、改善生产设施、扩大养殖规模，提高养殖效益。

第三十七条 国家支持农村集体经济组织、农民和畜牧业合作经济组织建立畜禽养殖场、养殖小区，发展规模化、标准化养殖。乡（镇）土地利用总体规划应当根据本地实际情况安排畜禽养殖用地。农村集体经济组织、农民、畜牧业合作经济组织按照乡（镇）土地利用总体规划建立的畜禽养殖场、养殖小区用地按农业用地管理。畜禽养殖场、养殖小区用地使用权期限届满，需要恢复为原用途的，由畜禽养殖场、养殖小区土地使用权人负责恢复。在畜禽养殖场、养殖小区用地范围内需要兴建永久性建（构）筑物，涉及农用地转用的，依照《中华人民共和国土地管理法》的规定办理。

第三十八条 国家设立的畜牧兽医技术推广机构，应当向农民提供畜禽养殖技术培训、良种推广、疫病防治等服务。县级以上人民政府应当保障国家设立的畜牧兽医技术推广机构从事公益性技术服务的工作经费。

国家鼓励畜禽产品加工企业和其他相关生产经营者为畜禽养殖者提供所需的服务。

第三十九条 畜禽养殖场、养殖小区应当具备下列条件：

（一）有与其饲养规模相适应的生产场所和配套的生产设施；

（二）有为其服务的畜牧兽医技术人员；

（三）具备法律、行政法规和国务院畜牧兽医行政主管部门规定的防疫条件；

（四）有对畜禽粪便、废水和其他固体废弃物进行综合利用的沼气池等设施或者其他无害化处理设施；

（五）具备法律、行政法规规定的其他条件。

养殖场、养殖小区兴办者应当将养殖场、养殖小区的名称、养殖地址、畜禽品种和养殖规模，向养殖场、养殖小区所在地县级人民政府畜牧兽医行政主管部门备案，取得畜禽标识代码。

省级人民政府根据本行政区域畜牧业发展状况制定畜禽养殖场、养殖小区的规模标准和备案程序。

第四十条 禁止在下列区域内建设畜禽养殖场、养殖小区：

（一）生活饮用水的水源保护区，风景名胜区，以及自然保护区的核心区和缓冲区；

（二）城镇居民区、文化教育科学研究区等人口集中区域；

（三）法律、法规规定的其他禁养区域。

第四十一条 畜禽养殖场应当建立养殖档案，载明以下内容：

（一）畜禽的品种、数量、繁殖记录、标识情况、来源和进出场日期；

（二）饲料、饲料添加剂、兽药等投入品的来源、名称、使用对象、时间和用量；

（三）检疫、免疫、消毒情况；

（四）畜禽发病、死亡和无害化处理情况；

（五）国务院畜牧兽医行政主管部门规定的其他内容。

第四十二条 畜禽养殖场应当为其饲养的畜禽提供适当的繁殖条件和生存、生长环境。

第四十三条 从事畜禽养殖，不得有下列行为：

（一）违反法律、行政法规的规定和国家技术规范的强制性要求使用饲料、饲料添加剂、兽药；

（二）使用未经高温处理的餐馆、食堂的泔水饲喂家畜；

（三）在垃圾场或者使用垃圾场中的物质饲养畜禽；

（四）法律、行政法规和国务院畜牧兽医行政主管部门规定的危害人和畜禽健康的其他行为。

第四十四条 从事畜禽养殖，应当依照《中华人民共和国动物防疫法》的规定，做好畜禽疫病的防治工作。

第四十五条 畜禽养殖者应当按照国家关于畜禽标识管理的规定，在应当加施标识的畜禽的指定部位加施标识。畜牧兽医行政主管部门提供标识不得收费，所需费用列入省级人民政府财政预算。

畜禽标识不得重复使用。

第四十六条 畜禽养殖场、养殖小区应当保证畜禽粪便、废水及其他固体废弃物综合利用或者无害化处理设施的正常运转，保证污染物达标排放，防止污染环境。

畜禽养殖场、养殖小区违法排放畜禽粪便、废水及其他固体废弃物，造成环境污染危害的，应当排除危害，依法赔偿损失。

国家支持畜禽养殖场、养殖小区建设畜禽粪便、废水及其他固体废弃物的综合利用设施。

第四十七条 国家鼓励发展养蜂业，维护养蜂生产者的合法权益。

有关部门应当积极宣传和推广蜜蜂授粉农艺措施。

第四十八条 养蜂生产者在生产过程中，不得使用危害蜂产品质量安全的药品和容器，确保蜂产品质量。养蜂器具应当符合国家技术规范的强制性要求。

第四十九条 养蜂生产者在转地放蜂时，当地公安、交通运输、畜牧兽医等有关部门应当为其提供必要的便利。

养蜂生产者在国内转地放蜂，凭国务院畜牧兽医行政主管部门统一格式印制的检疫合格证明运输蜂群，在检疫合格证明有效期内不得重复检疫。

第五章 畜禽交易与运输

第五十条 县级以上人民政府应当促进开放统一、竞争有序的畜禽交易市场建设。

县级以上人民政府畜牧兽医行政主管部门和其他有关主管部门应当组织搜集、整理、发布畜禽产销信息，为生产者提供信息服务。

第五十一条 县级以上地方人民政府根据农产品批发市场发展规划，对在畜禽集散地建立畜禽批发市场给予扶持。

畜禽批发市场选址，应当符合法律、行政法规和国务院畜牧兽医行政主管部门规定的动物防疫条件，并距离种畜禽场和大型畜禽养殖场三公里以外。

第五十二条 进行交易的畜禽必须符合国家技术规范的强制性要求。

国务院畜牧兽医行政主管部门规定应当加施标识而没有标识的畜禽，不得销售和收购。

第五十三条 运输畜禽，必须符合法律、行政法规和国务院畜牧兽医行政主管部门规定的动物防疫条件，采取措施保护畜禽安全，并为运输的畜禽提供必要的空间和饲喂饮水条件。

有关部门对运输中的畜禽进行检查，应当有法律、行政法规的依据。

第六章 质量安全保障

第五十四条 县级以上人民政府应当组织畜牧兽医行政主管部门和其他有关主管部门，依照本法和有关法律、行政法规的规定，加强对畜禽饲养环境、种畜禽质量、饲料和兽药等投入品的使用以及畜禽交易与运输的监督管理。

第五十五条 国务院畜牧兽医行政主管部门应当制定畜禽标识和养殖档案管理办法，采取措施落实畜禽产品质量责任追究制度。

第五十六条 县级以上人民政府畜牧兽医行政主管部门应当制订畜禽质量安全监督检查计划，按计划开展监督抽查工作。

第五十七条 省级以上人民政府畜牧兽医行政主管部门应当组织制定畜禽生产规范，指导畜禽的安全生产。

第七章 法律责任

第五十八条 违反本法第十三条第二款规定，擅自处理受保护的畜禽遗传资源，造成畜禽遗传资源损失的，由省级以上人民政府畜牧兽医行政主管部门处五万元以上五十万元以下罚款。

第五十九条 违反本法有关规定，有下列行为之一的，由省级以上人民政府畜牧兽医行政主管部门责令停止违法行为，没收畜禽遗传资源和违法所得，并处一万元以上五万元以下罚款：

（一）未经审核批准，从境外引进畜禽遗传资源的；

（二）未经审核批准，在境内与境外机构、个人合作研究利用列入保护名录的畜禽遗传资源的；

（三）在境内与境外机构、个人合作研究利用未经国家畜禽遗传资源委员会鉴定的新发现的畜禽遗传资源的。

第六十条 未经国务院畜牧兽医行政主管部门批准，向境外输出畜禽遗传资源的，依照《中华人民共和国海关法》的有关规定追究法律责任。海关应当将扣留的畜禽遗传资源移送省级人民政府畜牧兽医行政主管部门处理。

第六十一条 违反本法有关规定，销售、推广未经审定或者鉴定的畜禽品种的，由县级以上人民政府畜牧兽医行政主管部门责令停止违法行为，没收畜禽和违法所得；违法所得在五万元以上的，并处违法所得一倍以上三倍以下罚款；没有违法所得或者违法所得不足五万元的，并处五千元以上五万元以下罚款。

第六十二条 违反本法有关规定，无种畜禽生产经营许可证或者违反种畜禽生产经营许可证的规定生产经营种畜禽的，转让、租借种畜禽生产经营许可证的，由县级以上人民政府畜牧兽医行政主管部门责令停止违法行为，没收违法所得；违法所得在三万元以上的，并处违法所得一倍以上三倍以下罚款；没有违法所得或者违法所得不足三万元的，并处三千元以上三万元以下罚款。违反种畜禽生产经营许可证的规定生产经营种畜禽或者转让、租借种畜禽生产经营许可证，情节严重的，并处吊销种畜禽生产经营许可证。

第六十三条 违反本法第二十八条规定的，依照《中华人民共和国广告法》的有关规定追究法律责任。

第六十四条 违反本法有关规定，使用的种畜禽不符合种用标准的，由县级以上地方人民政府畜牧兽医行政主管部门责令停止违法行为，没收违法所得；违法所得在五千元以上的，并处违法所得一倍以上二倍以下罚款；没有违法所得或者违法所得不足五千元的，并处一千元以上五千元以下罚款。

第六十五条 销售种畜禽有本法第三十条第一项至第四项违法行为之一的，由县级以上人民政府畜牧兽医行政主管部门或者工商行政管理部门责令停止销售，没收违法销售的畜禽和违法所得；违法所得在五万元以上的，并处违法所得一倍以上五倍以下罚款；没有违法所得或者违法所得不足五万元的，并处五千元以上五万元以下罚款；情节严重的，并处吊销种畜禽生产经营许可证或者营业执照。

第六十六条 违反本法第四十一条规定，畜禽养殖场未建立养殖档案的，或者未按照规定保存养殖档案的，由县级以上人民政府畜牧兽医行政主管部门责令限期改正，可以处一万元以下罚款。

第六十七条 违反本法第四十三条规定养殖畜禽的，依照有关法律、行政法规的规定处罚。

第六十八条 违反本法有关规定，销售的种畜禽未附具种畜禽合格证明、检疫合格证明、家畜系谱的，销售、收购国务院畜牧兽医行政主管部门规定应当加施标识而没有标识的畜禽的，或者重复使用畜禽标识的，由县级以上地方人民政府畜牧兽医行政主管部门或者工商行政管理部门责令改正，可以处二千元以下罚款。

违反本法有关规定，使用伪造、变造的畜禽标识的，由县级以上人民政府畜牧兽医行政主管部门没收伪造、变造的畜禽标识和违法所得，并处三千元以上三万元以下罚款。

第六十九条 销售不符合国家技术规范的强制性要求的畜禽的，由县级以上地方人民政府畜牧兽医行政主管部门或者工商行政管理部门责令停止违法行为，没收违法销售的畜禽和违法所得，并处违法所得一倍以上三倍以下罚款；情节严重的，由工商行政管理部门并处吊销营业执照。

第七十条 畜牧兽医行政主管部门的工作人员利用职务上的便利，收受他人财物或者谋取其他利益，对不符合法定条件的单位、个人核发许可证或者有关批准文件，不履行监督职责，或者发现违法行为不予查处的，依法给予行政处分。

第七十一条 种畜禽生产经营者被吊销种畜禽生产经营许可证的，由畜牧兽医行政主管部门自吊销许可证之日起十日内通知工商行政管理部门。种畜禽生产经营者应当依法到工商行政管理部门办理变更登记或者注销登记。

第七十二条 违反本法规定，构成犯罪的，依法追究刑事责任。

第八章　附　则

第七十三条 本法所称畜禽遗传资源，是指畜禽及其卵子（蛋）、胚胎、精液、基因物质等遗传材料。

本法所称种畜禽，是指经过选育、具有种用价值、适于繁殖后代的畜禽及其卵子（蛋）、胚胎、精液等。

第七十四条 本法自 2006 年 7 月 1 日起施行。

附录2 中华人民共和国动物防疫法

（1997 年 7 月 3 日第八届全国人民代表大会常务委员会第二十六次会议通过 2007 年 8 月 30 日第十届全国人民代表大会常务委员会第二十九次会议修订 自 2008 年 1 月 1 日起施行）

第一章 总 则

第一条 为了加强对动物防疫活动的管理，预防、控制和扑灭动物疫病，促进养殖业发展，保护人体健康，维护公共卫生安全，制定本法。

第二条 本法适用于在中华人民共和国领域内的动物防疫及其监督管理活动。

进出境动物、动物产品的检疫，适用《中华人民共和国进出境动植物检疫法》。

第三条 本法所称动物，是指家畜家禽和人工饲养、合法捕获的其他动物。

本法所称动物产品，是指动物的肉、生皮、原毛、绒、脏器、脂、血液、精液、卵、胚胎、骨、蹄、头、角、筋以及可能传播动物疫病的奶、蛋等。

本法所称动物疫病，是指动物传染病、寄生虫病。

本法所称动物防疫，是指动物疫病的预防、控制、扑灭和动物、动物产品的检疫。

第四条 根据动物疫病对养殖业生产和人体健康的危害程度，本法规定管理的动物疫病分为下列三类：

（一）一类疫病，是指对人与动物危害严重，需要采取紧急、严厉的强制预防、控制、扑灭等措施的；

（二）二类疫病，是指可能造成重大经济损失，需要采取严格控制、扑灭等措施，防止扩散的；

（三）三类疫病，是指常见多发、可能造成重大经济损失，需要控制和净化的。

前款一、二、三类动物疫病具体病种名录由国务院兽医主管部门制定并公布。

第五条 国家对动物疫病实行预防为主的方针。

第六条 县级以上人民政府应当加强对动物防疫工作的统一领导，加强基层动物防疫队伍建设，建立健全动物防疫体系，制定并组织实施动物疫病防治规划。

乡级人民政府、城市街道办事处应当组织群众协助做好本管辖区域内的动物疫病预防与控制工作。

第七条 国务院兽医主管部门主管全国的动物防疫工作。

县级以上地方人民政府兽医主管部门主管本行政区域内的动物防疫工作。

县级以上人民政府其他部门在各自的职责范围内做好动物防疫工作。

军队和武装警察部队动物卫生监督职能部门分别负责军队和武装警察部队现役动物及饲养自用动物的防疫工作。

第八条 县级以上地方人民政府设立的动物卫生监督机构依照本法规定，负责动物、动物产品的检疫工作和其他有关动物防疫的监督管理执法工作。

第九条 县级以上人民政府按照国务院的规定，根据统筹规划、合理布局、综合设置的原则建立动物疫病预防控制机构，承担动物疫病的监测、检测、诊断、流行病学调查、疫情报告以及其他预防、控制等技术工作。

第十条 国家支持和鼓励开展动物疫病的科学研究以及国际合作与交流，推广先进适用的科学研究成果，普及动物防疫科学知识，提高动物疫病防治的科学技术水平。

第十一条 对在动物防疫工作、动物防疫科学研究中做出成绩和贡献的单位和个人，各级人民政府及有关部门给予奖励。

第二章　动物疫病的预防

第十二条 国务院兽医主管部门对动物疫病状况进行风险评估，根据评估结果制定相应的动物疫病预防、控制措施。

国务院兽医主管部门根据国内外动物疫情和保护养殖业生产及人体健康的需要，及时制定并公布动物疫病预防、控制技术规范。

第十三条 国家对严重危害养殖业生产和人体健康的动物疫病实施强制免疫。国务院兽医主管部门确定强制免疫的动物疫病病种和区域，并会同国务院有关部门制定国家动物疫病强制免疫计划。

省、自治区、直辖市人民政府兽医主管部门根据国家动物疫病强制免疫计划，制订本行政区域的强制免疫计划；并可以根据本行政区域内动物疫病流行情况增加实施强制免疫的动物疫病病种和区域，报本级人民政府批准后执行，并报国务院兽医主管部门备案。

第十四条 县级以上地方人民政府兽医主管部门组织实施动物疫病强制免疫计划。乡级人民政府、城市街道办事处应当组织本管辖区域内饲养动物的单位和个人做好强制免疫工作。

饲养动物的单位和个人应当依法履行动物疫病强制免疫义务，按照兽医主管部门的要求做好强制免疫工作。

经强制免疫的动物，应当按照国务院兽医主管部门的规定建立免疫档案，加施畜禽标识，实施可追溯管理。

第十五条 县级以上人民政府应当建立健全动物疫情监测网络，加强动物疫情监测。

国务院兽医主管部门应当制订国家动物疫病监测计划。省、自治区、直辖市人民政府兽医主管部门应当根据国家动物疫病监测计划，制订本行政区域的动物疫病监测计划。

动物疫病预防控制机构应当按照国务院兽医主管部门的规定，对动物疫病的发生、流行等情况进行监测；从事动物饲养、屠宰、经营、隔离、运输以及动物产品生产、经营、加工、贮藏等活动的单位和个人不得拒绝或者阻碍。

第十六条 国务院兽医主管部门和省、自治区、直辖市人民政府兽医主管部门应当根据对动物疫病发生、流行趋势的预测，及时发出动物疫情预警。地方各级人民政府接到动物疫情预警后，应当采取相应的预防、控制措施。

第十七条 从事动物饲养、屠宰、经营、隔离、运输以及动物产品生产、经营、加工、贮藏等活动的单位和个人，应当依照本法和国务院兽医主管部门的规定，做好免疫、消毒等动物疫病预防工作。

第十八条 种用、乳用动物和宠物应当符合国务院兽医主管部门规定的健康标准。

种用、乳用动物应当接受动物疫病预防控制机构的定期检测；检测不合格的，应当按照国务院兽医主管部门的规定予以处理。

第十九条 动物饲养场（养殖小区）和隔离场所，动物屠宰加工场所，以及动物和动物产品无害化处理场所，应当符合下列动物防疫条件：

（一）场所的位置与居民生活区、生活饮用水源地、学校、医院等公共场所的距离符合国务院兽医主管部门规定的标准；

（二）生产区封闭隔离，工程设计和工艺流程符合动物防疫要求；

（三）有相应的污水、污物、病死动物、染疫动物产品的无害化处理设施设备和清洗消毒设施设备；

（四）有为其服务的动物防疫技术人员；

（五）有完善的动物防疫制度；

（六）具备国务院兽医主管部门规定的其他动物防疫条件。

第二十条 兴办动物饲养场（养殖小区）和隔离场所，动物屠宰加工场所，以及动物和动物产品无害化处理场所，应当向县级以上地方人民政府兽医主管部门提出申请，并附具相关材料。受理申请的兽医主管部门应当依照本法和《中华人民共和国行政许可法》的规定进行审查。经审查合格的，发给动物防疫条件合格证；不合格的，应当通知申请人并说明理由。需要办理工商登记的，申请人凭动物防疫条件合格证向工商行政管理部门申请办理登记注册手续。

动物防疫条件合格证应当载明申请人的名称、场（厂）址等事项。

经营动物、动物产品的集贸市场应当具备国务院兽医主管部门规定的动物防疫条件，并接受动物卫生监督机构的监督检查。

第二十一条 动物、动物产品的运载工具、垫料、包装物、容器等应当符合国务院兽医主管部门规定的动物防疫要求。

染疫动物及其排泄物、染疫动物产品，病死或者死因不明的动物尸体，运载工具中的动物排泄物以及垫料、包装物、容器等污染物，应当按照国务院兽医主管部门的规定处理，不得随意处置。

第二十二条 采集、保存、运输动物病料或者病原微生物以及从事病原微生物研究、教学、检测、诊断等活动，应当遵守国家有关病原微生物实验室管理的规定。

第二十三条 患有人畜共患传染病的人员不得直接从事动物诊疗以及易感染动物的饲养、屠宰、经营、隔离、运输等活动。

人畜共患传染病名录由国务院兽医主管部门会同国务院卫生主管部门制定并公布。

第二十四条 国家对动物疫病实行区域化管理，逐步建立无规定动物疫病区。无规定动物疫病区应当符合国务院兽医主管部门规定的标准，经国务院兽医主管部门验收合格予以公布。

本法所称无规定动物疫病区，是指具有天然屏障或者采取人工措施，在一定期限内没有发生规定的一种或者几种动物疫病，并经验收合格的区域。

第二十五条 禁止屠宰、经营、运输下列动物和生产、经营、加工、贮藏、运输下列动物产品：

（一）封锁疫区内与所发生动物疫病有关的；

（二）疫区内易感染的；

（三）依法应当检疫而未经检疫或者检疫不合格的；

（四）染疫或者疑似染疫的；

（五）病死或者死因不明的；

（六）其他不符合国务院兽医主管部门有关动物防疫规定的。

第三章 动物疫情的报告、通报和公布

第二十六条 从事动物疫情监测、检验检疫、疫病研究与诊疗以及动物饲养、屠宰、经营、隔离、运输等活动的单位和个人，发现动物染疫或者疑似染疫的，应当立即向当地兽医主管部门、动物卫生监督机构或者动物疫病预防控制机构报告，并采取隔离等控制措施，防止动物疫情扩散。其他单位和个人发现动物染疫或者疑似染疫的，应当及时报告。

接到动物疫情报告的单位，应当及时采取必要的控制处理措施，并按照国家规定的程序上报。

第二十七条 动物疫情由县级以上人民政府兽医主管部门认定；其中重大动物疫情由省、自治区、直辖市人民政府兽医主管部门认定，必要时报国务院兽医主管部门认定。

第二十八条 国务院兽医主管部门应当及时向国务院有关部门和军队有关部门以及省、自治区、直辖市人民政府兽医主管部门通报重大动物疫情的发生和处理情况；发生人畜共患传染病的，县级以上人民政府兽医主管部门与同级卫生主管部门应当及时相互通报。

国务院兽医主管部门应当依照我国缔结或者参加的条约、协定，及时向有关国际组织或者贸易方通报重大动物疫情的发生和处理情况。

第二十九条 国务院兽医主管部门负责向社会及时公布全国动物疫情，也可以根据需要授权省、自治区、直辖市人民政府兽医主管部门公布本行政区域内的动物疫情。其他单位和个人不得发布动物疫情。

第三十条 任何单位和个人不得瞒报、谎报、迟报、漏报动物疫情，不得授意他人瞒报、谎报、迟报动物疫情，不得阻碍他人报告动物疫情。

第四章 动物疫病的控制和扑灭

第三十一条 发生一类动物疫病时，应当采取下列控制和扑灭措施：

（一）当地县级以上地方人民政府兽医主管部门应当立即派人到现场，划定疫点、疫区、受威胁区，调查疫源，及时报请本级人民政府对疫区实行封锁。疫区范围涉及两个以上行政区域的，由有关行政区域共同的上一级人民政府对疫区实行封锁，或者由各有关行政区域的上一级人民政府共同对疫区实行封锁。必要时，上级人民政府可以责成下级人民政府对疫区实行封锁。

（二）县级以上地方人民政府应当立即组织有关部门和单位采取封锁、隔离、

扑杀、销毁、消毒、无害化处理、紧急免疫接种等强制性措施，迅速扑灭疫病。

（三）在封锁期间，禁止染疫、疑似染疫和易感染的动物、动物产品流出疫区，禁止非疫区的易感染动物进入疫区，并根据扑灭动物疫病的需要对出入疫区的人员、运输工具及有关物品采取消毒和其他限制性措施。

第三十二条 发生二类动物疫病时，应当采取下列控制和扑灭措施：

（一）当地县级以上地方人民政府兽医主管部门应当划定疫点、疫区、受威胁区。

（二）县级以上地方人民政府根据需要组织有关部门和单位采取隔离、扑杀、销毁、消毒、无害化处理、紧急免疫接种、限制易感染的动物和动物产品及有关物品出入等控制、扑灭措施。

第三十三条 疫点、疫区、受威胁区的撤销和疫区封锁的解除，按照国务院兽医主管部门规定的标准和程序评估后，由原决定机关决定并宣布。

第三十四条 发生三类动物疫病时，当地县级、乡级人民政府应当按照国务院兽医主管部门的规定组织防治和净化。

第三十五条 二、三类动物疫病呈暴发性流行时，按照一类动物疫病处理。

第三十六条 为控制、扑灭动物疫病，动物卫生监督机构应当派人在当地依法设立的现有检查站执行监督检查任务；必要时，经省、自治区、直辖市人民政府批准，可以设立临时性的动物卫生监督检查站，执行监督检查任务。

第三十七条 发生人畜共患传染病时，卫生主管部门应当组织对疫区易感染的人群进行监测，并采取相应的预防、控制措施。

第三十八条 疫区内有关单位和个人，应当遵守县级以上人民政府及其兽医主管部门依法作出的有关控制、扑灭动物疫病的规定。

任何单位和个人不得藏匿、转移、盗掘已被依法隔离、封存、处理的动物和动物产品。

第三十九条 发生动物疫情时，航空、铁路、公路、水路等运输部门应当优先组织运送控制、扑灭疫病的人员和有关物质。

第四十条 一、二、三类动物疫病突然发生，迅速传播，给养殖业生产安全造成严重威胁、危害，以及可能对公众身体健康与生命安全造成危害，构成重大动物疫情的，依照法律和国务院的规定采取应急处理措施。

第五章 动物和动物产品的检疫

第四十一条 动物卫生监督机构依照本法和国务院兽医主管部门的规定对动物、动物产品实施检疫。

动物卫生监督机构的官方兽医具体实施动物、动物产品检疫。官方兽医应当具备规定的资格条件，取得国务院兽医主管部门颁发的资格证书，具体办法由国务院兽医主管部门会同国务院人事行政部门制定。

本法所称官方兽医，是指具备规定的资格条件并经兽医主管部门任命的，负责出具检疫等证明的国家兽医工作人员。

第四十二条 屠宰、出售或者运输动物以及出售或者运输动物产品前，货主应当按照国务院兽医主管部门的规定向当地动物卫生监督机构申报检疫。

动物卫生监督机构接到检疫申报后，应当及时指派官方兽医对动物、动物产品实施现场检疫；检疫合格的，出具检疫证明、加施检疫标志。实施现场检疫的官方兽医应当在检疫证明、检疫标志上签字或者盖章，并对检疫结论负责。

第四十三条 屠宰、经营、运输以及参加展览、演出和比赛的动物，应当附有检疫证明；经营和运输的动物产品，应当附有检疫证明、检疫标志。

对前款规定的动物、动物产品，动物卫生监督机构可以查验检疫证明、检疫标志，进行监督抽查，但不得重复检疫收费。

第四十四条 经铁路、公路、水路、航空运输动物和动物产品的，托运人托运时应当提供检疫证明；没有检疫证明的，承运人不得承运。

运载工具在装载前和卸载后应当及时清洗、消毒。

第四十五条 输入到无规定动物疫病区的动物、动物产品，货主应当按照国务院兽医主管部门的规定向无规定动物疫病区所在地动物卫生监督机构申报检疫，经检疫合格的，方可进入；检疫所需费用纳入无规定动物疫病区所在地地方人民政府财政预算。

第四十六条 跨省、自治区、直辖市引进乳用动物、种用动物及其精液、胚胎、种蛋的，应当向输入地省、自治区、直辖市动物卫生监督机构申请办理审批手续，并依照本法第四十二条的规定取得检疫证明。

跨省、自治区、直辖市引进的乳用动物、种用动物到达输入地后，货主应当按照国务院兽医主管部门的规定对引进的乳用动物、种用动物进行隔离观察。

第四十七条 人工捕获的可能传播动物疫病的野生动物，应当报经捕获地动物卫生监督机构检疫，经检疫合格的，方可饲养、经营和运输。

第四十八条 经检疫不合格的动物、动物产品，货主应当在动物卫生监督机构监督下按照国务院兽医主管部门的规定处理，处理费用由货主承担。

第四十九条 依法进行检疫需要收取费用的，其项目和标准由国务院财政部门、物价主管部门规定。

第六章　动物诊疗

第五十条　从事动物诊疗活动的机构，应当具备下列条件：

（一）有与动物诊疗活动相适应并符合动物防疫条件的场所；

（二）有与动物诊疗活动相适应的执业兽医；

（三）有与动物诊疗活动相适应的兽医器械和设备；

（四）有完善的管理制度。

第五十一条　设立从事动物诊疗活动的机构，应当向县级以上地方人民政府兽医主管部门申请动物诊疗许可证。受理申请的兽医主管部门应当依照本法和《中华人民共和国行政许可法》的规定进行审查。经审查合格的，发给动物诊疗许可证；不合格的，应当通知申请人并说明理由。申请人凭动物诊疗许可证向工商行政管理部门申请办理登记注册手续，取得营业执照后，方可从事动物诊疗活动。

第五十二条　动物诊疗许可证应当载明诊疗机构名称、诊疗活动范围、从业地点和法定代表人（负责人）等事项。

动物诊疗许可证载明事项变更的，应当申请变更或者换发动物诊疗许可证，并依法办理工商变更登记手续。

第五十三条　动物诊疗机构应当按照国务院兽医主管部门的规定，做好诊疗活动中的卫生安全防护、消毒、隔离和诊疗废弃物处置等工作。

第五十四条　国家实行执业兽医资格考试制度。具有兽医相关专业大学专科以上学历的，可以申请参加执业兽医资格考试；考试合格的，由国务院兽医主管部门颁发执业兽医资格证书；从事动物诊疗的，还应当向当地县级人民政府兽医主管部门申请注册。执业兽医资格考试和注册办法由国务院兽医主管部门商国务院人事行政部门制定。

本法所称执业兽医，是指从事动物诊疗和动物保健等经营活动的兽医。

第五十五条　经注册的执业兽医，方可从事动物诊疗、开具兽药处方等活动。但是，本法第五十七条对乡村兽医服务人员另有规定的，从其规定。

执业兽医、乡村兽医服务人员应当按照当地人民政府或者兽医主管部门的要求，参加预防、控制和扑灭动物疫病的活动。

第五十六条　从事动物诊疗活动，应当遵守有关动物诊疗的操作技术规范，使用符合国家规定的兽药和兽医器械。

第五十七条　乡村兽医服务人员可以在乡村从事动物诊疗服务活动，具体管理办法由国务院兽医主管部门制定。

第七章 监督管理

第五十八条 动物卫生监督机构依照本法规定，对动物饲养、屠宰、经营、隔离、运输以及动物产品生产、经营、加工、贮藏、运输等活动中的动物防疫实施监督管理。

第五十九条 动物卫生监督机构执行监督检查任务，可以采取下列措施，有关单位和个人不得拒绝或者阻碍：

（一）对动物、动物产品按照规定采样、留验、抽检；

（二）对染疫或者疑似染疫的动物、动物产品及相关物品进行隔离、查封、扣押和处理；

（三）对依法应当检疫而未经检疫的动物实施补检；

（四）对依法应当检疫而未经检疫的动物产品，具备补检条件的实施补检，不具备补检条件的予以没收销毁；

（五）查验检疫证明、检疫标志和畜禽标识；

（六）进入有关场所调查取证，查阅、复制与动物防疫有关的资料。

动物卫生监督机构根据动物疫病预防、控制需要，经当地县级以上地方人民政府批准，可以在车站、港口、机场等相关场所派驻官方兽医。

第六十条 官方兽医执行动物防疫监督检查任务，应当出示行政执法证件，佩戴统一标志。

动物卫生监督机构及其工作人员不得从事与动物防疫有关的经营性活动，进行监督检查不得收取任何费用。

第六十一条 禁止转让、伪造或者变造检疫证明、检疫标志或者畜禽标识。

检疫证明、检疫标志的管理办法，由国务院兽医主管部门制定。

第八章 保障措施

第六十二条 县级以上人民政府应当将动物防疫纳入本级国民经济和社会发展规划及年度计划。

第六十三条 县级人民政府和乡级人民政府应当采取有效措施，加强村级防疫员队伍建设。

县级人民政府兽医主管部门可以根据动物防疫工作需要，向乡、镇或者特定区域派驻兽医机构。

第六十四条 县级以上人民政府按照本级政府职责，将动物疫病预防、控制、扑灭、检疫和监督管理所需经费纳入本级财政预算。

第六十五条 县级以上人民政府应当储备动物疫情应急处理工作所需的防疫物资。

第六十六条 对在动物疫病预防和控制、扑灭过程中强制扑杀的动物、销毁的动物产品和相关物品，县级以上人民政府应当给予补偿。具体补偿标准和办法由国务院财政部门会同有关部门制定。

因依法实施强制免疫造成动物应激死亡的，给予补偿。具体补偿标准和办法由国务院财政部门会同有关部门制定。

第六十七条 对从事动物疫病预防、检疫、监督检查、现场处理疫情以及在工作中接触动物疫病病原体的人员，有关单位应当按照国家规定采取有效的卫生防护措施和医疗保健措施。

第九章 法律责任

第六十八条 地方各级人民政府及其工作人员未依照本法规定履行职责的，对直接负责的主管人员和其他直接责任人员依法给予处分。

第六十九条 县级以上人民政府兽医主管部门及其工作人员违反本法规定，有下列行为之一的，由本级人民政府责令改正，通报批评；对直接负责的主管人员和其他直接责任人员依法给予处分：

（一）未及时采取预防、控制、扑灭等措施的；

（二）对不符合条件的颁发动物防疫条件合格证、动物诊疗许可证，或者对符合条件的拒不颁发动物防疫条件合格证、动物诊疗许可证的；

（三）其他未依照本法规定履行职责的行为。

第七十条 动物卫生监督机构及其工作人员违反本法规定，有下列行为之一的，由本级人民政府或者兽医主管部门责令改正，通报批评；对直接负责的主管人员和其他直接责任人员依法给予处分：

（一）对未经现场检疫或者检疫不合格的动物、动物产品出具检疫证明、加施检疫标志，或者对检疫合格的动物、动物产品拒不出具检疫证明、加施检疫标志的；

（二）对附有检疫证明、检疫标志的动物、动物产品重复检疫的；

（三）从事与动物防疫有关的经营性活动，或者在国务院财政部门、物价主管部门规定外加收费用、重复收费的；

（四）其他未依照本法规定履行职责的行为。

第七十一条 动物疫病预防控制机构及其工作人员违反本法规定，有下列行为之一的，由本级人民政府或者兽医主管部门责令改正，通报批评；对直接负责的主管人员和其他直接责任人员依法给予处分：

（一）未履行动物疫病监测、检测职责或者伪造监测、检测结果的；

（二）发生动物疫情时未及时进行诊断、调查的；

（三）其他未依照本法规定履行职责的行为。

第七十二条 地方各级人民政府、有关部门及其工作人员瞒报、谎报、迟报、漏报或者授意他人瞒报、谎报、迟报动物疫情，或者阻碍他人报告动物疫情的，由上级人民政府或者有关部门责令改正，通报批评；对直接负责的主管人员和其他直接责任人员依法给予处分。

第七十三条 违反本法规定，有下列行为之一的，由动物卫生监督机构责令改正，给予警告；拒不改正的，由动物卫生监督机构代作处理，所需处理费用由违法行为人承担，可以处一千元以下罚款：

（一）对饲养的动物不按照动物疫病强制免疫计划进行免疫接种的；

（二）种用、乳用动物未经检测或者经检测不合格而不按照规定处理的；

（三）动物、动物产品的运载工具在装载前和卸载后没有及时清洗、消毒的。

第七十四条 违反本法规定，对经强制免疫的动物未按照国务院兽医主管部门规定建立免疫档案、加施畜禽标识的，依照《中华人民共和国畜牧法》的有关规定处罚。

第七十五条 违反本法规定，不按照国务院兽医主管部门规定处置染疫动物及其排泄物，染疫动物产品，病死或者死因不明的动物尸体，运载工具中的动物排泄物以及垫料、包装物、容器等污染物以及其他经检疫不合格的动物、动物产品的，由动物卫生监督机构责令无害化处理，所需处理费用由违法行为人承担，可以处三千元以下罚款。

第七十六条 违反本法第二十五条规定，屠宰、经营、运输动物或者生产、经营、加工、贮藏、运输动物产品的，由动物卫生监督机构责令改正、采取补救措施，没收违法所得和动物、动物产品，并处同类检疫合格动物、动物产品货值金额一倍以上五倍以下罚款；其中依法应当检疫而未检疫的，依照本法第七十八条的规定处罚。

第七十七条 违反本法规定，有下列行为之一的，由动物卫生监督机构责令改正，处一千元以上一万元以下罚款；情节严重的，处一万元以上十万元以下罚款：

（一）兴办动物饲养场（养殖小区）和隔离场所，动物屠宰加工场所，以及动物和动物产品无害化处理场所，未取得动物防疫条件合格证的；

（二）未办理审批手续，跨省、自治区、直辖市引进乳用动物、种用动物及其精液、胚胎、种蛋的；

（三）未经检疫，向无规定动物疫病区输入动物、动物产品的。

第七十八条 违反本法规定，屠宰、经营、运输的动物未附有检疫证明，经营和运输的动物产品未附有检疫证明、检疫标志的，由动物卫生监督机构责令改正，处同类检疫合格动物、动物产品货值金额百分之十以上百分之五十以下罚款；对货主以外的承运人处运输费用一倍以上三倍以下罚款。

违反本法规定，参加展览、演出和比赛的动物未附有检疫证明的，由动物卫生监督机构责令改正，处一千元以上三千元以下罚款。

第七十九条 违反本法规定，转让、伪造或者变造检疫证明、检疫标志或者畜禽标识的，由动物卫生监督机构没收违法所得，收缴检疫证明、检疫标志或者畜禽标识，并处三千元以上三万元以下罚款。

第八十条 违反本法规定，有下列行为之一的，由动物卫生监督机构责令改正，处一千元以上一万元以下罚款：

（一）不遵守县级以上人民政府及其兽医主管部门依法作出的有关控制、扑灭动物疫病规定的；

（二）藏匿、转移、盗掘已被依法隔离、封存、处理的动物和动物产品的；

（三）发布动物疫情的。

第八十一条 违反本法规定，未取得动物诊疗许可证从事动物诊疗活动的，由动物卫生监督机构责令停止诊疗活动，没收违法所得；违法所得在三万元以上的，并处违法所得一倍以上三倍以下罚款；没有违法所得或者违法所得不足三万元的，并处三千元以上三万元以下罚款。

动物诊疗机构违反本法规定，造成动物疫病扩散的，由动物卫生监督机构责令改正，处一万元以上五万元以下罚款；情节严重的，由发证机关吊销动物诊疗许可证。

第八十二条 违反本法规定，未经兽医执业注册从事动物诊疗活动的，由动物卫生监督机构责令停止动物诊疗活动，没收违法所得，并处一千元以上一万元以下罚款。

执业兽医有下列行为之一的，由动物卫生监督机构给予警告，责令暂停六个月以上一年以下动物诊疗活动；情节严重的，由发证机关吊销注册证书：

（一）违反有关动物诊疗的操作技术规范，造成或者可能造成动物疫病传播、流行的；

（二）使用不符合国家规定的兽药和兽医器械的；

（三）不按照当地人民政府或者兽医主管部门要求参加动物疫病预防、控制和扑灭活动的。

第八十三条 违反本法规定，从事动物疫病研究与诊疗和动物饲养、屠宰、经营、隔离、运输，以及动物产品生产、经营、加工、贮藏等活动的单位和个人，有下列行为之一的，由动物卫生监督机构责令改正；拒不改正的，对违法行为单位处一千元以上一万元以下罚款，对违法行为个人可以处五百元以下罚款：

（一）不履行动物疫情报告义务的；

（二）不如实提供与动物防疫活动有关资料的；

（三）拒绝动物卫生监督机构进行监督检查的；

（四）拒绝动物疫病预防控制机构进行动物疫病监测、检测的。

第八十四条 违反本法规定，构成犯罪的，依法追究刑事责任。

违反本法规定，导致动物疫病传播、流行等，给他人人身、财产造成损害的，依法承担民事责任。

第十章 附 则

第八十五条 本法自 2008 年 1 月 1 日起施行。

附录3 中华人民共和国环境保护法

（1989 年 12 月 26 日第七届全国人民代表大会常务委员会第十一次会议通过 1989年12月26日中华人民共和国主席令第二十二号公布 自公布之日起施行）

第一章 总 则

第一条 为保护和改善生活环境与生态环境，防治污染和其他公害，保障人体健康，促进社会主义现代化建设的发展，制定本法。

第二条 本法所称环境，是指影响人类生存和发展的各种天然的和经过人工改造的自然因素的总体，包括大气、水、海洋、土地、矿藏、森林、草原、野生生物、自然遗迹、人文遗迹、自然保护区、风景名胜区、城市和乡村等。

第三条 本法适用于中华人民共和国领域和中华人民共和国管辖的其他海域。

第四条 国家制定的环境保护规划必须纳入国民经济和社会发展计划，国家采取有利于环境保护的经济、技术政策和措施，使环境保护工作同经济建设和社会发展相协调。

第五条 国家鼓励环境保护科学教育事业的发展，加强环境保护科学技术的研究和开发，提高环境保护科学技术水平，普及环境保护的科学知识。

第六条 一切单位和个人都有保护环境的义务，并有权对污染和破坏环境的单位和个人进行检举和控告。

第七条 国务院环境保护行政主管部门，对全国环境保护工作实施统一监督管理。

县级以上地方人民政府环境保护行政主管部门，对本辖区的环境保护工作实施统一监督管理。

国家海洋行政主管部门、港务监督、渔政渔港监督、军队环境保护部门和各级公安、交通、铁道、民航管理部门，依照有关法律的规定对环境污染防治实施监督管理。

县级以上人民政府的土地、矿产、林业、农业、水利行政主管部门，依照有关法律的规定对资源的保护实施监督管理。

第八条 对保护环境有显著成绩的单位和个人，由人民政府给予奖励。

第二章 环境监督管理

第九条 国务院环境保护行政主管部门制定国家环境质量标准。

省、自治区、直辖市人民政府对国家环境质量标准中未作规定的项目，可以制定地方环境质量标准，并报国务院环境保护行政主管部门备案。

第十条 国务院环境保护行政主管部门根据国家环境质量标准和国家经济、技术条件，制定国家污染物排放标准。

省、自治区、直辖市人民政府对国家污染物排放标准中未作规定的项目，可以制定地方污染物排放标准；对国家污染物排放标准中已作规定的项目，可以制定严于国家污染物排放标准的地方污染物排放标准。地方污染物排放标准须报国务院环境保护行政主管部门备案。

凡是向已有地方污染物排放标准的区域排放污染物的，应当执行地方污染物排放标准。

第十一条 国务院环境保护行政主管部门建立监测制度，制定监测规范，会同有关部门组织监测网络，加强对环境监测和管理。

国务院和省、自治区、直辖市人民政府的环境保护行政主管部门，应当定期发布环境状况公报。

第十二条 县级以上人民政府环境保护行政主管部门，应当会同有关部门对管辖范围内的环境状况进行调查和评价，拟订环境保护规划，经计划部门综合平衡后，报同级人民政府批准实施。

第十三条 建设污染环境的项目，必须遵守国家有关建设项目环境保护管理的规定。

建设项目的环境影响报告书，必须对建设项目产生的污染和对环境的影响作出评价，规定防治措施，经项目主管部门预审并依照规定的程序报环境保护行政主管部门批准。环境影响报告书经批准后，计划部门方可批准建设项目设计任务书。

第十四条 县级以上人民政府环境保护行政主管部门或者其他依照法律规定行使环境监督管理权的部门，有权对管辖范围内的排污单位进行现场检查。被检查的单位应当如实反映情况，提供必要的资料。检查机关应当为被检查的单位保守技术秘密和业务秘密。

第十五条 跨行政区的环境污染和环境破坏的防治工作，由有关地方人民政府协商解决，或者由上级人民政府协调解决，做出决定。

第三章 保护和改善环境

第十六条 地方各级人民政府，应当对本辖区的环境质量负责，采取措施改善环境质量。

第十七条 各级人民政府对具有代表性的各种类型的自然生态系统区域，珍稀、濒危的野生动植物自然分布区域，重要的水源涵养区域，具有重大科学文化价值的地质构造、著名溶洞和化石分布区、冰川、火山、温泉等自然遗迹，以及人文遗迹、古树名木，应当采取措施加以保护，严禁破坏。

第十八条 在国务院、国务院有关主管部门和省、自治区、直辖市人民政府划定的风景名胜区、自然保护区和其他需要特别保护的区域内，不得建设污染环境的工业生产设施；建设其他设施，其污染物排放不得超过规定的排放标准。已经建成的设施，其污染物排放超过规定的排放标准的，限期治理。

第十九条 开发利用自然资源，必须采取措施保护生态环境。

第二十条 各级人民政府应当加强对农业环境的保护，防治土壤污染、土地沙化、盐渍化、贫瘠化、沼泽化、地面沉降和防治植被破坏、水土流失、水源枯竭、种源灭绝以及其他生态失调现象的发生和发展，推广植物病虫害的综合防治，合理使用化肥、农药及植物生长激素。

第二十一条 国务院和沿海地方各级人民政府应当加强对海洋环境的保护。向海洋排放污染物、倾倒废弃物，进行海岸工程建设和海洋石油勘探开发，必须依照法律的规定，防止对海洋环境的污染损害。

第二十二条 制定城市规划，应当确定保护和改善环境的目标和任务。

第二十三条 城乡建设应当结合当地自然环境的特点，保护植被、水域和自然景观，加强城市园林、绿地和风景名胜区的建设。

第四章 防治环境污染和其他公害

第二十四条 产生环境污染和其他公害的单位，必须把环境保护工作纳入计划，建立环境保护责任制度；采取有效措施，防治在生产建设或者其他活动中产生的废气、废水、废渣、粉尘、恶臭气体、放射性物质以及噪声、振动、电磁波辐射等对环境的污染和危害。

第二十五条 新建工业企业和现有工业企业的技术改造，应当采用资源利用率高、污染物排放量少的设备和工艺，采用经济合理的废弃物综合利用技术和污染物处理技术。

第二十六条 建设项目中防治污染的设施，必须与主体工程同时设计、同时施工、同时投产使用。防治污染的设施必须经原审批环境影响报告书的环境保护行政主管部门验收合格后，该建设项目方可投入生产或者使用。

防治污染的设施不得擅自拆除或者闲置，确有必要拆除或者闲置的，必须征得所在地的环境保护行政主管部门同意。

第二十七条 排放污染物的企业事业单位，必须依照国务院环境保护行政主管部门的规定申报登记。

第二十八条 排放污染物超过国家或者地方规定的污染物排放标准的企业事业单位，依照国家规定缴纳超标准排污费，并负责治理。水污染防治法另有规定的，依照水污染防治法的规定执行。

征收的超标准排污费必须用于污染的防治，不得挪作他用，具体使用办法由国务院规定。

第二十九条 对造成环境严重污染的企业事业单位，限期治理。

中央或者省、自治区、直辖市人民政府直接管辖的企业事业单位的限期治理，由省、自治区、直辖市人民政府决定。市、县或者市、县以下人民政府管辖的企业事业单位的限期治理，由市、县人民政府决定。被限期治理的企业事业单位必须如期完成治理任务。

第三十条 禁止引进不符合我国环境保护规定要求的技术和设备。

第三十一条 因发生事故或者其他突然性事件，造成或者可能造成污染事故的单位，必须立即采取措施处理，及时通报可能受到污染危害的单位和居民，并向当地环境保护行政主管部门和有关部门报告，接受调查处理。

可能发生重大污染事故的企业事业单位，应当采取措施，加强防范。

第三十二条 县级以上地方人民政府环境保护行政主管部门，在环境受到严重污染威胁居民生命财产安全时，必须立即向当地人民政府报告，由人民政府采取有效措施，解除或者减轻危害。

第三十三条 生产、储存、运输、销售、使用有毒化学物品和含有放射性物质的物品，必须遵守国家有关规定，防止污染环境。

第三十四条 任何单位不得将产生严重污染的生产设备转移给没有污染防治能力的单位使用。

第五章 法律责任

第三十五条 违反本法规定，有下列行为之一的，环境保护行政主管部门或者其他依照法律规定行使环境监督管理权的部门可以根据不同情节，给予警告或者处以罚款：

（一）拒绝环境保护行政主管部门或者其他依照法律规定行使环境监督管理权的部门现场检查或者在被检查时弄虚作假的。

（二）拒报或者谎报国务院环境保护行政主管部门规定的有关污染物排放申报事项的。

（三）不按国家规定缴纳超标准排污费的。

（四）引进不符合我国环境保护规定要求的技术和设备的。

（五）将产生严重污染的生产设备转移给没有污染防治能力的单位使用的。

第三十六条 建设项目的防治污染设施没有建成或者没有达到国家规定的要求，投入生产或者使用的，由批准该建设项目的环境影响报告书的环境保护行政主管部门责令停止生产或者使用，可以并处罚款。

第三十七条 未经环境保护行政主管部门同意，擅自拆除或者闲置防治污染的设施，污染物排放超过规定的排放标准的，由环境保护行政主管部门责令重新安装使用，并处罚款。

第三十八条 对违反本法规定，造成环境污染事故的企业事业单位，由环境保护行政主管部门或者其他依照法律规定行使环境监督管理权的部门根据所造成的危害后果处以罚款；情节较重的，对有关责任人员由其所在单位或者政府主管机关给予行政处分。

第三十九条 对经限期治理逾期未完成治理任务的企业事业单位，除依照国家规定加收超标准排污费外，可以根据所造成的危害后果处以罚款，或者责令停业、关闭。

前款规定的罚款由环境保护行政主管部门决定。责令停业、关闭，由作出限期治理决定的人民政府决定；责令中央直接管辖的企业事业单位停业、关闭，须报国务院批准。

第四十条 当事人对行政处罚决定不服的，可以在接到处罚通知之日起十五日内，向作出处罚决定的机关的上一级机关申请复议；对复议决定不服的，可以在接到复议决定之日起十五日内，向人民法院起诉。当事人也可以在接到处罚通知之日起十五日内，直接向人民法院起诉。当事人逾期不申请复议、也不向人民法院起诉、又不履行处罚决定的，由作出处罚决定的机关申请人民法院强制执行。

第四十一条 造成环境污染危害的，有责任排除危害，并对直接受到损害的单位或者个人赔偿损失。

赔偿责任和赔偿金额的纠纷，可以根据当事人的请求，由环境保护行政主管部门或者其他依照本法律规定行使环境监督管理权的部门处理；当事人对处理决定不服的，可以向人民法院起诉。当事人也可以直接向人民法院起诉。

完全由于不可抗拒的自然灾害，并经及时采取合理措施，仍然不能避免造成环境污染损害的，免予承担责任。

第四十二条 因环境污染损害赔偿提起诉讼的时效期间为三年，从当事人知道或者应当知道受到污染损害时起计算。

第四十三条 违反本法规定，造成重大环境污染事故，导致公私财产重大损失或者人身伤亡的严重后果的，对直接责任人员依法追究刑事责任。

第四十四条 违反本法规定，造成土地、森林、草原、水、矿产、渔业、野生动植物等资源的破坏的，依照有关法律的规定承担法律责任。

第四十五条 环境保护监督管理人员滥用职权、玩忽职守、徇私舞弊的，由其所在单位或者上级主管机关给予行政处分；构成犯罪的，依法追究刑事责任。

第六章 附 则

第四十六条 中华人民共和国缔结或者参加的与环境保护有关的国际条约，同中华人民共和国法律有不同规定的，适用国际条约的规定，但中华人民共和国声明保留的条款除外。

第四十七条 本法自公布之日起施行。《中华人民共和国环境保护法（试行）》同时废止。

附录4 中华人民共和国进出境动植物检疫法

（1991 年 10 月 30 日第七届全国人民代表大会常务委员会第二十二次会议通过 主席令第五十三号发布　自 1992 年 4 月 1 日起施行）

第一章　总　则

第一条　为防止动物传染病、寄生虫病和植物危险性病、虫、杂草以及其他有害生物（以下简称病虫害）传入、传出国境，保护农、林、牧、渔业生产和人体健康，促进对外经济贸易的发展，制定本法。

第二条　进出境的动植物、动植物产品和其他检疫物，装载动植物、动植物产品和其他检疫物的装载容器、包装物，以及来自动植物疫区的运输工具，依照本法规定实施检疫。

第三条　国务院设立动植物检疫机关（以下简称国家动植物检疫机关），统一管理全国进出境动植物检疫工作。国家动植物检疫机关在对外开放的口岸和进出境动植物检疫业务集中的地点设立的口岸动植物检疫机关，依照本法规定实施进出境动植物检疫。

贸易性动物产品出境的检疫机关，由国务院根据实际情况规定。

国务院农业行政主管部门主管全国进出境动植物检疫工作。

第四条　口岸动植物检疫机关在实施检疫时可以行使下列职权：

（一）依照本法规定登船、登车、登机实施检疫；

（二）进入港口、机场、车站、邮局以及检疫物的存放、加工、养殖、种植场所实施检疫，并依照规定采样；

（三）根据检疫需要，进入有关生产、仓库等场所，进行疫情监测、调查和检疫监督管理；

（四）查阅、复制、摘录与检疫物有关的运行日志、货运单、合同、发票以及其他单证。

第五条　国家禁止下列各物进境：

（一）动植物病原体（包括菌种、毒种等）、害虫及其他有害生物；

（二）动植物疫情流行的国家和地区的有关动植物、动植物产品和其他检疫物；

（三）动物尸体；

（四）土壤。

口岸动植物检疫机关发现有前款规定的禁止进境物的，作退回或者销毁处理。

因科学研究等特殊需要引进本条第一款规定的禁止进境物的，必须事先提出申请，经国家动植物检疫机关批准。

本条第一款第二项规定的禁止进境物的名录，由国务院农业行政主管部门制定并公布。

第六条 国外发生重大动植物疫情并可能传入中国时，国务院应当采取紧急预防措施，必要时可以下令禁止来自动植物疫区的运输工具进境或者封锁有关口岸；受动植物疫情威胁地区的地方人民政府和有关口岸动植物检疫机关，应当立即采取紧急措施，同时向上级人民政府和国家动植物检疫机关报告。

邮电、运输部门对重大动植物疫情报告和送检材料应当优先传送。

第七条 国家动植物检疫机关和口岸动植物检疫机关对进出境动植物、动植物产品的生产、加工、存放过程，实行检疫监督制度。

第八条 口岸动植物检疫机关在港口、机场、车站、邮局执行检疫任务时，海关、交通、民航、铁路、邮电等有关部门应当配合。

第九条 动植物检疫机关检疫人员必须忠于职守，秉公执法。

动植物检疫机关检疫人员依法执行公务，任何单位和个人不得阻挠。

第二章　进境检疫

第十条 输入动物、动物产品、植物种子、种苗等其他繁殖材料的，必须事先提出申请，办理检疫审批手续。

第十一条 通过贸易、科技合作、交换、赠送、援助等方式输入动植物、动植物产品和其他检疫物的，应当在合同或者协议中订明中国法定的检疫要求，并订明必须附有输出国家或者地区政府动植物检疫机关出具的检疫证书。

第十二条 货主或者其代理人应当在动植物、动植物产品和其他检疫物进境前或者进境时持输出国家或者地区的检疫证书、贸易合同等单证，向进境口岸动植物检疫机关报检。

第十三条 装载动物的运输工具抵达口岸时，口岸动植物检疫机关应当采取现场预防措施，对上下运输工具或者接近动物的人员、装载动物的运输工具和被污染的场地作防疫消毒处理。

第十四条 输入动植物、动植物产品和其他检疫物，应当在进境口岸实施检疫。未经口岸动植物检疫机关同意，不得卸离运输工具。

输入动植物，需隔离检疫的，在口岸动植物检疫机关指定的隔离场所检疫。

因口岸条件限制等原因，可以由国家动植物检疫机关决定将动植物、动植物产品和其他检疫物运往指定地点检疫。在运输、装卸过程中，货主或者其代理人应当采取防疫措施。指定的存放、加工和隔离饲养或者隔离种植的场所，应当符合动植物检疫和防疫的规定。

第十五条 输入动植物、动植物产品和其他检疫物，经检疫合格的，准予进境；海关凭口岸动植物检疫机关签发的检疫单证或者在报单上加盖的印章验放。

输入动植物、动植物产品和其他检疫物，需调离海关监管区检疫的，海关凭口岸动植物检疫机关签发的《检疫调离通知单》验放。

第十六条 输入动物，经检疫不合格的，由口岸动植物检疫机关签发《检疫处理通知单》，通知货主或者其代理人作如下处理：

（一）检出一类传染病、寄生虫病的动物，连同其同群动物全群退回或者全群扑杀并销毁尸体；

（二）检出二类传染病、寄生虫病的动物，退回或者扑杀，同群其他动物在隔离场或者其他指定地点隔离观察。

输入动物产品和其他检疫物经检疫不合格的，由口岸动植物检疫机关签发《检疫处理通知单》，通知货主或者其代理人作除害、退回或者销毁处理。经除害处理合格的，准予进境。

第十七条 输入植物、植物产品和其他检疫物，经检疫发现有植物危险性病、虫、杂草的，由口岸动植物检疫机关签发《检疫处理通知单》，通知货主或者其代理人作除害、退回或者销毁处理。经除害处理合格的，准予进境。

第十八条 本法第十六条第一款第一项、第二项所称一类、二类动物传染病、寄生虫病的名录和本法第十七条所称植物危险性病、虫、杂草的名录，由国务院农业行政主管部门制定并公布。

第十九条 输入动植物、动植物产品和其他检疫物，经检疫发现有本法第十八条规定的名录之外，对农、林、牧、渔业有严重危险的其他病虫害的，由口岸动植物检疫机关依照国务院农业行政主管部门的规定，通知货主或者其代理人作除害、退回或者销毁处理。经除害处理合格的，准予进境。

第三章 出境检疫

第二十条 货主或者其代理人在动植物、动植物产品和其他检疫物出境前，向口岸动植物检疫机关报检。

出境前需经隔离检疫的动物，在口岸动植物检疫机关指定的隔离场所检疫。

第二十一条 输出动植物、动植物产品和其他检疫物，由口岸动植物检疫机关实施检疫，经检疫合格或者经除害处理合格的，准予出境；海关凭口岸动植物检疫机关签发的检疫证书或者在报关单上加盖的印章验放。检疫不合格又无有效方法作除害处理的，不准出境。

第二十二条 经检疫合格的动植物、动植物产品和其他检疫物，有下列情形之一的，货主或者其代理人应当重新报检：

（一）更改输入国家或者地区，更改好的输入国家或者地区又有不同检疫要求的；

（二）改换包装或者原未拼装后来拼装的；

（三）超过检疫规定有效期的。

第四章 过境检疫

第二十三条 要求运输动物过境的，必须事先商得中国国家动植物检疫机关同意，并按照指定的口岸和路线过境。

装载过境动物的运输工具、装载容器、饲料和铺垫材料，必须符合中国动植物检疫的规定。

第二十四条 运输动植物、动植物产品和其他检疫物过境的，由承运人或者押运人持货运单和输出国家或者地区政府动植物检疫机关出具的检疫证书，在进境时向口岸动植物检疫机关报检，出境口岸不再检疫。

第二十五条 过境的动物经检疫合格的，准予过境；发现有本法第十八条规定的名录所列的动物传染病、寄生虫病的，全群动物不准过境。

过境动物的饲料受病虫害污染的，作除害、不准过境或者销毁处理。

过境的动物的尸体、排泄物、铺垫材料及其他废弃物，必须按照动植物检疫机关的规定处理，不得擅自抛弃。

第二十六条 对过境植物、动植物产品和其他检疫物，口岸动植物检疫机关检查运输工具或者包装，经检疫合格的，准予过境；发现有本法第十八条规定的名录所列的病虫害的，作除害处理或者不准过境。

第二十七条 动植物、动植物产品和其他检疫物过境期间，未经动植物检疫机关批准，不得开拆包装或者卸离运输工具。

第五章 携带、邮寄物检疫

第二十八条 携带、邮寄植物种子、种苗以及其繁殖材料进境的，必须事先提出申请，办理检疫审批手续。

第二十九条 禁止携带、邮寄进境的动植物、动植物产品和其他检疫物的名录，由国务院农业行政主管部门制定并公布。

携带、邮寄前款规定的名录所列的动植物、动植物产品和其他检疫物进境的，作退回或者销毁处理。

第三十条 携带本法第二十九条规定的名录以外的动植物、动植物产品和其他检疫物进境的，在进境时向海关申报并接受口岸动物检疫机关检疫。

携带动物进境的，必须持有输出国家或者地区的检疫证书等证件。

第三十一条 邮寄本法第二十九条规定的名录以外的动植物、动植物产品和其他检疫物进境的，由口岸动植物检疫机关在国际邮件互换局实施检疫，必要时可以取回口岸动植物检疫机关检疫；未经检疫不得运递。

第三十二条 邮寄进境的动植物、动植物产品和其他检疫物，经检疫或者除害处理合格后放行；经检疫不合格又无有效方法作除害处理的，作退回或者销毁处理，并签发《检疫处理通知单》。

第三十三条 携带、邮寄出境的动植物、动植物产品和其他检疫物，物主有检疫要求的，由口岸动植物检疫机关实施检疫。

第六章 运输工具检疫

第三十四条 来自动植物疫区的船舶、飞机、火车抵达口岸时，由口岸动植物检疫机关实施检疫。发现有本法第十八条规定的名录所列的病虫害的，作不准带离运输工具、除害、封存或者销毁处理。

第三十五条 进境的车辆，由口岸动植物检疫机关作防疫消毒处理。

第三十六条 进出境运输工具上的泔水、动植物性废弃物，依照口岸动植物检疫机关的规定处理，不得擅自抛弃。

第三十七条 装载出境的动植物、动植物产品和其他检疫物的运输工具，应当符合动植物检疫和防疫的规定。

第三十八条 进境供拆船用的废旧船舶，由口岸动植物检疫机关实施检疫，发现有本法第十八条规定的名录所列的病虫害的，作除害处理。

第七章 法律责任

第三十九条 违反本法规定，有下列行为之一的，由口岸动植物检疫机关处以罚款：

（一）未报检或者未依法办理检疫审批手续的；

（二）未经口岸动植物检疫机关许可擅自将进境动植物、动植物产品或者其他检疫物卸离运输工具或者运递的；

（三）擅自调离或者处理在口岸动植物检疫机关指定的隔离场所中隔离检疫的动植物的。

第四十条 报检的动植物、动植物产品或者其他检疫物与实际不符合的，由口岸动植物检疫机关处以罚款；已取得检疫单证的，予以吊销。

第四十一条 违反本法规定，擅自开拆过境动植物、动植物产品或者其他检疫物的包装的，擅自将过境动植物、动植物产品或者其他检疫物卸离运输工具的，擅自抛弃过境动物的尸体、排泄物、铺垫材料或者其他废弃物的，由动植物检疫机关处以罚款。

第四十二条 违反本法规定，引起重大动植物疫情的，比照刑法第一百七十八条的规定追究刑事责任。

第四十三条 伪造、变造检疫单证、印章、标志、封识，依照刑法第一百六十七条的规定追究刑事责任。

第四十四条 当事人对动植物检疫机关的处罚决定不服的，可以在接到处罚通知之日起十五日内向作出处罚决定的机关的上一级机关申请复议；当事人也可以在接到处罚通知之日起十五日内直接向人民法院起诉。

复议机关应当在接到复议申请之日起六十日内作出复议决定。当事人对复议决定不服的，可以在接到复议决定之日起十五日内向人民法院起诉。复议机关逾期不作出复议决定的，当事人可以在复议期满之日起十五日内向人民法院起诉。

当事人逾期不申请复议也不向人民法院起诉，又不履行处罚决定的，作出处罚决定的机关可以申请人民法院强制执行。

第四十五条 动植物检疫机关检疫人员滥用职权，徇私舞弊，伪造检疫结果，或者玩忽职守，延误检疫出证，构成犯罪的，依法追究刑事责任；不构成犯罪的，给予行政处分。

第八章 附 则

第四十六条 本法下列用语的含义是：

（一）“动物”是指饲养、野生的活动物，如畜、禽、兽、蛇、龟、鱼、虾、蟹、贝、蚕、蜂等；

（二）“动物产品”是指来源于动物未经加工或者虽经加工但仍有可能传播疫病的产品，如生皮张、毛类、肉类、脏器、油脂、动物水产品、奶制品、蛋类、血液、精液、胚胎、骨、蹄、角等；

（三）“植物”是指栽培植物、野生植物及其种子、种苗及其他繁殖材料等；

（四）“植物产品”是指来源于植物未经加工或者虽经加工但仍有可能传播病虫害的产品，如粮食、豆、棉花、油、麻、烟草、籽仁、干果、鲜果、蔬菜、生药材、木材、饲料等；

（五）“其他检疫物”是指动物疫苗、血清、诊断液、动植物性废弃物等。

第四十七条 中华人民共和国缔结或者参加的有关动植物检疫的国际条约与本法有不同规定的，适用该国际条约的规定。但是，中华人民共和国声明保留的条款除外。

第四十八条 口岸动植物检疫机关实施检疫依照规定收费。收费办法由国务院农业行政主管部门会同国务院物价等有关主管部门制定。

第四十九条 国务院根据本法制定实施条例。

第五十条 本法自 1992 年 4 月 1 日起施行。1982 年 6 月 4 日国务院发布的《中华人民共和国进出口动植物检疫条例》同时废止。

附：刑法有关条款

第一百七十八条 违反国境卫生检疫规定，引起检疫传染病的传播、或者有引起检疫传染病传播严重危险的，处三年以下有期徒刑或者拘役，可以并处或者单处罚金。

第一百六十七条 伪造、变造或者盗窃、抢夺、毁灭国家机关、企业、事业单位、人民团体的公文、证件、印章的，处三年以下有期徒刑、拘役、管制或者剥夺政治权利；情节严重的，处三年以上十年以下有期徒刑。

附录5 中华人民共和国认证认可条例

（2003年8月20日国务院第十八次常务会议通过 自2003年11月1日起施行）

第一章 总 则

第一条 为了规范认证认可活动，提高产品、服务的质量和管理水平，促进经济和社会的发展，制定本条例。

第二条 本条例所称认证，是指由认证机构证明产品、服务、管理体系符合相关技术规范、相关技术规范的强制性要求或者标准的合格评定活动。

本条例所称认可，是指由认可机构对认证机构、检查机构、实验室以及从事评审、审核等认证活动人员的能力和执业资格，予以承认的合格评定活动。

第三条 在中华人民共和国境内从事认证认可活动，应当遵守本条例。

第四条 国家实行统一的认证认可监督管理制度。

国家对认证认可工作实行在国务院认证认可监督管理部门统一管理、监督和综合协调下，各有关方面共同实施的工作机制。

第五条 国务院认证认可监督管理部门应当依法对认证培训机构、认证咨询机构的活动加强监督管理。

第六条 认证认可活动应当遵循客观独立、公开公正、诚实信用的原则。

第七条 国家鼓励平等互利地开展认证认可国际互认活动。认证认可国际互认活动不得损害国家安全和社会公共利益。

第八条 从事认证认可活动的机构及其人员，对其所知悉的国家秘密和商业秘密负有保密义务。

第二章 认证机构

第九条 设立认证机构，应当经国务院认证认可监督管理部门批准，并依法取得法人资格后，方可从事批准范围内的认证活动。

未经批准，任何单位和个人不得从事认证活动。

第十条 设立认证机构，应当符合下列条件：

（一）有固定的场所和必要的设施；

（二）有符合认证认可要求的管理制度；

（三）注册资本不得少于人民币300万元；

（四）有10名以上相应领域的专职认证人员。

从事产品认证活动的认证机构，还应当具备与从事相关产品认证活动相适应的检测、检查等技术能力。

第十一条 设立外商投资的认证机构除应当符合本条例第十条规定的条件外，还应当符合下列条件：

（一）外方投资者取得其所在国家或者地区认可机构的认可；

（二）外方投资者具有3年以上从事认证活动的业务经历。

设立外商投资认证机构的申请、批准和登记，按照有关外商投资法律、行政法规和国家有关规定办理。

第十二条 设立认证机构的申请和批准程序：

（一）设立认证机构的申请人，应当向国务院认证认可监督管理部门提出书面申请，并提交符合本条例第十条规定条件的证明文件；

（二）国务院认证认可监督管理部门自受理认证机构设立申请之日起90日内，应当作出是否批准的决定。涉及国务院有关部门职责的，应当征求国务院有关部门的意见。决定批准的，向申请人出具批准文件，决定不予批准的，应当书面通知申请人，并说明理由；

（三）申请人凭国务院认证认可监督管理部门出具的批准文件，依法办理登记手续。

国务院认证认可监督管理部门应当公布依法设立的认证机构名录。

第十三条 境外认证机构在中华人民共和国境内设立代表机构，须经批准，并向工商行政管理部门依法办理登记手续后，方可从事与所从属机构的业务范围相关的推广活动，但不得从事认证活动。

境外认证机构在中华人民共和国境内设立代表机构的申请、批准和登记，按照有关外商投资法律、行政法规和国家有关规定办理。

第十四条 认证机构不得与行政机关存在利益关系。

认证机构不得接受任何可能对认证活动的客观公正产生影响的资助；不得从事任何可能对认证活动的客观公正产生影响的产品开发、营销等活动。

认证机构不得与认证委托人存在资产、管理方面的利益关系。

第十五条 认证人员从事认证活动，应当在一个认证机构执业，不得同时在两个以上认证机构执业。

第十六条 向社会出具具有证明作用的数据和结果的检查机构、实验室，应当具备有关法律、行政法规规定的基本条件和能力，并依法经认定后，方可从事相应活动，认定结果由国务院认证认可监督管理部门公布。

第三章 认 证

第十七条 国家根据经济和社会发展的需要，推行产品、服务、管理体系认证。

第十八条 认证机构应当按照认证基本规范、认证规则从事认证活动。认证基本规范、认证规则由国务院认证认可监督管理部门制定；涉及国务院有关部门职责的，国务院认证认可监督管理部门应当会同国务院有关部门制定。

属于认证新领域，前款规定的部门尚未制定认证规则的，认证机构可以自行制定认证规则，并报国务院认证认可监督管理部门备案。

第十九条 任何法人、组织和个人可以自愿委托依法设立的认证机构进行产品、服务、管理体系认证。

第二十条 认证机构不得以委托人未参加认证咨询或者认证培训等为理由，拒绝提供本认证机构业务范围内的认证服务，也不得向委托人提出与认证活动无关的要求或者限制条件。

第二十一条 认证机构应当公开认证基本规范、认证规则、收费标准等信息。

第二十二条 认证机构以及与认证有关的检查机构、实验室从事认证以及与认证有关的检查、检测活动，应当完成认证基本规范、认证规则规定的程序，确保认证、检查、检测的完整、客观、真实，不得增加、减少、遗漏程序。

认证机构以及与认证有关的检查机构、实验室应当对认证、检查、检测过程作出完整记录，归档留存。

第二十三条 认证机构及其认证人员应当及时作出认证结论，并保证认证结论的客观、真实。认证结论经认证人员签字后，由认证机构负责人签署。

认证机构及其认证人员对认证结果负责。

第二十四条 认证结论为产品、服务、管理体系符合认证要求的，认证机构应当及时向委托人出具认证证书。

第二十五条 获得认证证书的，应当在认证范围内使用认证证书和认证标志，不得利用产品、服务认证证书、认证标志和相关文字、符号，误导公众认为其管理体系已通过认证，也不得利用管理体系认证证书、认证标志和相关文字、符号，误导公众认为其产品、服务已通过认证。

第二十六条 认证机构可以自行制定认证标志，并报国务院认证认可监督管理部门备案。认证机构自行制定的认证标志的式样、文字和名称，不得违反法律、行政法规的规定，不得与国家推行的认证标志相同或者近似，不得妨碍社会管理，不得有损社会道德风尚。

第二十七条 认证机构应当对其认证的产品、服务、管理体系实施有效的跟踪调查，认证的产品、服务、管理体系不能持续符合认证要求的，认证机构应当暂停其使用直至撤销认证证书，并予公布。

第二十八条 为了保护国家安全、防止欺诈行为、保护人体健康或者安全、保护动植物生命或者健康、保护环境，国家规定相关产品必须经过认证的，应当经过认证并标注认证标志后，方可出厂、销售、进口或者在其他经营活动中使用。

第二十九条 国家对必须经过认证的产品，统一产品目录，统一技术规范的强制性要求、标准和合格评定程序，统一标志，统一收费标准。

统一的产品目录（以下简称目录）由国务院认证认可监督管理部门会同国务院有关部门制定、调整，由国务院认证认可监督管理部门发布，并会同有关方面共同实施。

第三十条 列入目录的产品，必须经国务院认证认可监督管理部门指定的认证机构进行认证。

列入目录产品的认证标志，由国务院认证认可监督管理部门统一规定。

第三十一条 列入目录的产品，涉及进出口商品检验目录的，应当在进出口商品检验时简化检验手续。

第三十二条 国务院认证认可监督管理部门指定的从事列入目录产品认证活动的认证机构以及与认证有关的检查机构、实验室（以下简称指定的认证机构、检查机构、实验室），应当是长期从事相关业务、无不良记录，且已经依照本条例的规定取得认可、具备从事相关认证活动能力的机构。国务院认证认可监督管理部门指定从事列入目录产品认证活动的认证机构，应当确保在每一列入目录产品领域至少指定两家符合本条例规定条件的机构。

国务院认证认可监督管理部门指定前款规定的认证机构、检查机构、实验室，应当事先公布有关信息，并组织在相关领域公认的专家组成专家评审委员会，对符合前款规定要求的认证机构、检查机构、实验室进行评审；经评审并征求国务院有关部门意见后，按照资源合理利用、公平竞争和便利、有效的原则，在公布的时间内作出决定。

第三十三条 国务院认证认可监督管理部门应当公布指定的认证机构、检查机构、实验室名录及指定的业务范围。

未经指定，任何机构不得从事列入目录产品的认证以及与认证有关的检查、检测活动。

第三十四条 列入目录产品的生产者或者销售者、进口商，均可自行委托指定的认证机构进行认证。

第三十五条 指定的认证机构、检查机构、实验室应当在指定业务范围内，为委托人提供方便、及时的认证、检查、检测服务，不得拖延，不得歧视、刁难委托人，不得牟取不当利益。

指定的认证机构不得向其他机构转让指定的认证业务。

第三十六条 指定的认证机构、检查机构、实验室开展国际互认活动，应当在国务院认证认可监督管理部门或者经授权的国务院有关部门对外签署的国际互认协议框架内进行。

第四章 认 可

第三十七条 国务院认证认可监督管理部门确定的认可机构（以下简称认可机构），独立开展认可活动。

除国务院认证认可监督管理部门确定的认可机构外，其他任何单位不得直接或者变相从事认可活动。其他单位直接或者变相从事认可活动的，其认可结果无效。

第三十八条 认证机构、检查机构、实验室可以通过认可机构的认可，以保证其认证、检查、检测能力持续、稳定地符合认可条件。

第三十九条 从事评审、审核等认证活动的人员，应当经认可机构注册后，方可从事相应的认证活动。

第四十条 认可机构应当具有与其认可范围相适应的质量体系，并建立内部审核制度，保证质量体系的有效实施。

第四十一条 认可机构根据认可的需要，可以选聘从事认可评审活动的人员。从事认可评审活动的人员应当是相关领域公认的专家，熟悉有关法律、行政法规以及认可规则和程序，具有评审所需要的良好品德、专业知识和业务能力。

第四十二条 认可机构委托他人完成与认可有关的具体评审业务的，由认可机构对评审结论负责。

第四十三条 认可机构应当公开认可条件、认可程序、收费标准等信息。

认可机构受理认可申请，不得向申请人提出与认可活动无关的要求或者限制条件。

第四十四条 认可机构应当在公布的时间内，按照国家标准和国务院认证认可监督管理部门的规定，完成对认证机构、检查机构、实验室的评审，作出是否给予认可的决定，并对认可过程作出完整记录，归档留存。认可机构应当确保认可的客观公正和完整有效，并对认可结论负责。

认可机构应当向取得认可的认证机构、检查机构、实验室颁发认可证书，并公布取得认可的认证机构、检查机构、实验室名录。

第四十五条 认可机构应当按照国家标准和国务院认证认可监督管理部门的规定，对从事评审、审核等认证活动的人员进行考核，考核合格的，予以注册。

第四十六条 认可证书应当包括认可范围、认可标准、认可领域和有效期限。认可证书的格式和认可标志的式样须经国务院认证认可监督管理部门批准。

第四十七条 取得认可的机构应当在取得认可的范围内使用认可证书和认可标志。取得认可的机构不当使用认可证书和认可标志的，认可机构应当暂停其使用直至撤销认可证书，并予公布。

第四十八条 认可机构应当对取得认可的机构和人员实施有效的跟踪监督，定期对取得认可的机构进行复评审，以验证其是否持续符合认可条件。取得认可的机构和人员不再符合认可条件的，认可机构应当撤销认可证书，并予公布。

取得认可的机构的从业人员和主要负责人、设施、自行制定的认证规则等与认可条件相关的情况发生变化的，应当及时告知认可机构。

第四十九条 认可机构不得接受任何可能对认可活动的客观公正产生影响的资助。

第五十条 境内的认证机构、检查机构、实验室取得境外认可机构认可的，应当向国务院认证认可监督管理部门备案。

第五章 监督管理

第五十一条 国务院认证认可监督管理部门可以采取组织同行评议，向被认证企业征求意见，对认证活动和认证结果进行抽查，要求认证机构以及与认证有关的检查机构、实验室报告业务活动情况的方式，对其遵守本条例的情况进行监督。发现有违反本条例行为的，应当及时查处，涉及国务院有关部门职责的，应当及时通报有关部门。

第五十二条 国务院认证认可监督管理部门应当重点对指定的认证机构、检查机构、实验室进行监督，对其认证、检查、检测活动进行定期或者不定期的检查。指定的认证机构、检查机构、实验室，应当定期向国务院认证认可监督管理部门提交报告，并对报告的真实性负责；报告应当对从事列入目录产品认证、检查、检测活动的情况作出说明。

第五十三条 认可机构应当定期向国务院认证认可监督管理部门提交报告，并对报告的真实性负责；报告应当对认可机构执行认可制度的情况、从事认可活动的情况、从业人员的工作情况作出说明。

国务院认证认可监督管理部门应当对认可机构的报告作出评价，并采取查阅认可活动档案资料、向有关人员了解情况等方式，对认可机构实施监督。

第五十四条 国务院认证认可监督管理部门可以根据认证认可监督管理的需要，就有关事项询问认可机构、认证机构、检查机构、实验室的主要负责人，调查了解情况，给予告诫，有关人员应当积极配合。

第五十五条 省、自治区、直辖市人民政府质量技术监督部门和国务院质量监督检验检疫部门设在地方的出入境检验检疫机构，在国务院认证认可监督管理部门的授权范围内，依照本条例的规定对认证活动实施监督管理。

国务院认证认可监督管理部门授权的省、自治区、直辖市人民政府质量技术监督部门和国务院质量监督检验检疫部门设在地方的出入境检验检疫机构，统称地方认证监督管理部门。

第五十六条 任何单位和个人对认证认可违法行为，有权向国务院认证认可监督管理部门和地方认证监督管理部门举报。国务院认证认可监督管理部门和地方认证监督管理部门应当及时调查处理，并为举报人保密。

第六章　法律责任

第五十七条 未经批准擅自从事认证活动的，予以取缔，处 10 万元以上 50 万元以下的罚款，有违法所得的，没收违法所得。

第五十八条 境外认证机构未经批准在中华人民共和国境内设立代表机构的，予以取缔，处 5 万元以上 20 万元以下的罚款。

经批准设立的境外认证机构代表机构在中华人民共和国境内从事认证活动的，责令改正，处 10 万元以上 50 万元以下的罚款，有违法所得的，没收违法所得；情节严重的，撤销批准文件，并予公布。

第五十九条 认证机构接受可能对认证活动的客观公正产生影响的资助，或者从事可能对认证活动的客观公正产生影响的产品开发、营销等活动，或者与认证委托人存在资产、管理方面的利益关系的，责令停业整顿；情节严重的，撤销批准文件，并予公布；有违法所得的，没收违法所得；构成犯罪的，依法追究刑事责任。

第六十条 认证机构有下列情形之一的，责令改正，处 5 万元以上 20 万元以下的罚款，有违法所得的，没收违法所得；情节严重的，责令停业整顿，直至撤销批准文件，并予公布：

（一）超出批准范围从事认证活动的；

（二）增加、减少、遗漏认证基本规范、认证规则规定的程序的；

（三）未对其认证的产品、服务、管理体系实施有效的跟踪调查，或者发现其认证的产品、服务、管理体系不能持续符合认证要求，不及时暂停其使用或者撤销认证证书并予公布的；

（四）聘用未经认可机构注册的人员从事认证活动的。

与认证有关的检查机构、实验室增加、减少、遗漏认证基本规范、认证规则规定的程序的，依照前款规定处罚。

第六十一条 认证机构有下列情形之一的，责令限期改正；逾期未改正的，处2万元以上10万元以下的罚款：

（一）以委托人未参加认证咨询或者认证培训等为理由，拒绝提供本认证机构业务范围内的认证服务，或者向委托人提出与认证活动无关的要求或者限制条件的；

（二）自行制定的认证标志的式样、文字和名称，与国家推行的认证标志相同或者近似，或者妨碍社会管理，或者有损社会道德风尚的；

（三）未公开认证基本规范、认证规则、收费标准等信息的；

（四）未对认证过程作出完整记录，归档留存的；

（五）未及时向其认证的委托人出具认证证书的。

与认证有关的检查机构、实验室未对与认证有关的检查、检测过程作出完整记录，归档留存的，依照前款规定处罚。

第六十二条 认证机构出具虚假的认证结论，或者出具的认证结论严重失实的，撤销批准文件，并予公布；对直接负责的主管人员和负有直接责任的认证人员，撤销其执业资格；构成犯罪的，依法追究刑事责任；造成损害的，认证机构应当承担相应的赔偿责任。

指定的认证机构有前款规定的违法行为的，同时撤销指定。

第六十三条 认证人员从事认证活动，不在认证机构执业或者同时在两个以上认证机构执业的，责令改正，给予停止执业6个月以上2年以下的处罚，仍不改正的，撤销其执业资格。

第六十四条 认证机构以及与认证有关的检查机构、实验室未经指定擅自从事列入目录产品的认证以及与认证有关的检查、检测活动的，责令改正，处10万元以上50万元以下的罚款，有违法所得的，没收违法所得。

认证机构未经指定擅自从事列入目录产品的认证活动的，撤销批准文件，并予公布。

第六十五条 指定的认证机构、检查机构、实验室超出指定的业务范围从事列入目录产品的认证以及与认证有关的检查、检测活动的，责令改正，处 10 万元以上 50 万元以下的罚款，有违法所得的，没收违法所得；情节严重的，撤销指定直至撤销批准文件，并予公布。

指定的认证机构转让指定的认证业务的，依照前款规定处罚。

第六十六条 认证机构、检查机构、实验室取得境外认可机构认可，未向国务院认证认可监督管理部门备案的，给予警告，并予公布。

第六十七条 列入目录的产品未经认证，擅自出厂、销售、进口或者在其他经营活动中使用的，责令改正，处 5 万元以上 20 万元以下的罚款，有违法所得的，没收违法所得。

第六十八条 认可机构有下列情形之一的，责令改正；情节严重的，对主要负责人和负有责任的人员撤职或者解聘：

（一）对不符合认可条件的机构和人员予以认可的；

（二）发现取得认可的机构和人员不符合认可条件，不及时撤销认可证书，并予公布的；

（三）接受可能对认可活动的客观公正产生影响的资助的。

被撤职或者解聘的认可机构主要负责人和负有责任的人员，自被撤职或者解聘之日起 5 年内不得从事认可活动。

第六十九条 认可机构有下列情形之一的，责令改正；对主要负责人和负有责任的人员给予警告：

（一）受理认可申请，向申请人提出与认可活动无关的要求或者限制条件的；

（二）未在公布的时间内完成认可活动，或者未公开认可条件、认可程序、收费标准等信息的；

（三）发现取得认可的机构不当使用认可证书和认可标志，不及时暂停其使用或者撤销认可证书并予公布的；

（四）未对认可过程作出完整记录，归档留存的。

第七十条 国务院认证认可监督管理部门和地方认证监督管理部门及其工作人员，滥用职权、徇私舞弊、玩忽职守，有下列行为之一的，对直接负责的主管人员和其他直接责任人员，依法给予降级或者撤职的行政处分；构成犯罪的，依法追究刑事责任：

（一）不按照本条例规定的条件和程序，实施批准和指定的；

（二）发现认证机构不再符合本条例规定的批准或者指定条件，不撤销批准文件或者指定的；

（三）发现指定的检查机构、实验室不再符合本条例规定的指定条件，不撤销指定的；

（四）发现认证机构以及与认证有关的检查机构、实验室出具虚假的认证以及与认证有关的检查、检测结论或者出具的认证以及与认证有关的检查、检测结论严重失实，不予查处的；

（五）发现本条例规定的其他认证认可违法行为，不予查处的。

第七十一条 伪造、冒用、买卖认证标志或者认证证书的，依照《中华人民共和国产品质量法》等法律的规定查处。

第七十二条 本条例规定的行政处罚，由国务院认证认可监督管理部门或者其授权的地方认证监督管理部门按照各自职责实施。法律、其他行政法规另有规定的，依照法律、其他行政法规的规定执行。

第七十三条 认证人员自被撤销执业资格之日起5年内，认可机构不再受理其注册申请。

第七十四条 认证机构未对其认证的产品实施有效的跟踪调查，或者发现其认证的产品不能持续符合认证要求，不及时暂停或者撤销认证证书和要求其停止使用认证标志给消费者造成损失的，与生产者、销售者承担连带责任。

第七章 附 则

第七十五条 药品生产、经营企业质量管理规范认证，实验动物质量合格认证，军工产品的认证，以及从事军工产品校准、检测的实验室及其人员的认可，不适用本条例。

依照本条例经批准的认证机构从事矿山、危险化学品、烟花爆竹生产经营单位管理体系认证，由国务院安全生产监督管理部门结合安全生产的特殊要求组织；从事矿山、危险化学品、烟花爆竹生产经营单位安全生产综合评价的认证机构，经国务院安全生产监督管理部门推荐，方可取得认可机构的认可。

第七十六条 认证认可收费，应当符合国家有关价格法律、行政法规的规定。

第七十七条 认证培训机构、认证咨询机构的管理办法由国务院认证认可监督管理部门制定。

第七十八条 本条例自2003年11月1日起施行。1991年5月7日国务院发布的《中华人民共和国产品质量认证管理条例》同时废止。

附录6 饲料和饲料添加剂管理条例

（1999年5月18日国务院第十七次常务会议通过 1999年5月29日中华人民共和国国务院令第二百六十六号发布 自发布之日起施行）

第一章 总 则

第一条 为了加强对饲料、饲料添加剂的管理，提高饲料、饲料添加剂的质量，促进饲料工业和养殖业的发展，维护人民身体健康，制定本条例。

第二条 本条例所称饲料，是指经工业化加工、制作的供动物食用的饲料，包括单一饲料、添加剂预混合饲料、浓缩饲料、配合饲料和精料补充料。

本条例所称饲料添加剂，是指在饲料加工、制作、使用过程中添加的少量或者微量物质，包括营养性饲料添加剂和一般饲料添加剂。饲料添加剂的品种目录由国务院农业行政主管部门制定并公布。

第三条 国务院农业行政主管部门负责全国饲料、饲料添加剂的管理工作。

县级以上地方人民政府负责饲料、饲料添加剂管理的部门（以下简称饲料管理部门），负责本行政区域内的饲料、饲料添加剂的管理工作。

第二章 审定与进口管理

第四条 国家鼓励研究、创制新饲料、新饲料添加剂。

新研制的饲料、饲料添加剂，在投入生产前，研制者、生产者（以下简称申请人）必须向国务院农业行政主管部门提出新产品审定申请，经国务院农业行政主管部门指定的机构检测和饲喂试验后，由全国饲料评审委员会根据检测和饲喂试验结果，对该新产品的安全性、有效性及其对环境的影响进行评审；评审合格的，由国务院农业行政主管部门发给新饲料、新饲料添加剂证书，并予以公布。

全国饲料评审委员会由养殖、饲料加工、动物营养、毒理、药理、代谢、卫生、化工合成、生物技术、质量标准和环境保护等方面的专家组成。

第五条 申请人提出饲料、饲料添加剂新产品审定申请时，除应当提供新产品的样品外，还应当提供下列资料：

（一）该新产品的名称、主要成分和理化性质；

（二）该新产品的研制方法、生产工艺、质量标准和检测方法；

（三）该新产品的饲喂效果、残留消解动态和毒理；

（四）环境影响报告和污染防治措施。

第六条 国务院农业行政主管部门公布的新饲料、新饲料添加剂的产品质量标准，为行业标准；需要制定国家标准的，依照标准化法的有关规定办理。

第七条 首次进口饲料、饲料添加剂的，应当向国务院农业行政主管部门申请登记，并提供该饲料、饲料添加剂的样品和下列资料：

（一）商标、标签和推广应用情况；

（二）生产国批准生产、销售的证明和生产国以外的其他国家的登记资料；

（三）本条例第五条规定的资料。

前款饲料、饲料添加剂经审查确认安全、有效、不污染环境的，由国务院农业行政主管部门颁发产品登记证。

第三章 生产、经营管理

第八条 设立饲料、饲料添加剂生产企业，除应当符合有关法律、行政法规规定的企业设立条件外，还应当具备下列条件：

（一）有与生产饲料、饲料添加剂相适应的厂房、设备、工艺及仓储设施；

（二）有与生产饲料、饲料添加剂相适应的专职技术人员；

（三）有必要的产品质量检验机构、检验人员和检验设施；

（四）生产环境符合国家规定的安全、卫生要求；

（五）污染防治措施符合国家环境保护要求。

经国务院农业行政主管部门或者省、自治区、直辖市人民政府饲料管理部门按照权限审查，符合前款规定条件的，方可办理企业登记手续。

第九条 生产饲料添加剂、添加剂预混合饲料的企业，经省、自治区、直辖市人民政府饲料管理部门审核后，由国务院农业行政主管部门颁发生产许可证。

前款企业取得生产许可证后，由省、自治区、直辖市人民政府饲料管理部门核发饲料添加剂、添加剂预混合饲料产品批准文号。

第十条 生产饲料、饲料添加剂的企业，应当按照产品质量标准组织生产，并实行生产记录和产品留样观察制度。

第十一条 企业生产饲料、饲料添加剂，不得直接添加兽药和其他禁用药品；允许添加的兽药，必须制成药物饲料添加剂后，方可添加；生产药物饲料添加剂，不得添加激素类药品。

第十二条 企业生产饲料、饲料添加剂，应当进行产品质量检验。检验合格的，应当附具产品质量检验合格证；无产品质量合格证的，不得销售。

第十三条 饲料、饲料添加剂的包装，应当符合国家有关安全、卫生的规定。

易燃或者其他有特殊要求的饲料、饲料添加剂的包装应当有警示标志或者说明，并注明储运注意事项。

饲料、饲料添加剂的包装物不得重复使用；但是，生产方和使用方另有约定的除外。

第十四条 饲料、饲料添加剂的包装物上应当附具标签。标签应当以中文或者适用符号标明产品名称、原料组成、产品成分分析保证值、净重、生产日期、保质期、厂名、厂址和产品标准代号。

饲料添加剂的标签，还应当标明使用方法和注意事项。

加入药物饲料添加剂的饲料的标签，还应当标明“加入药物饲料添加剂”字样，并标明其化学名称、含量、使用方法及注意事项。

饲料添加剂、添加剂预混合饲料的标签，还应当注明产品批准文号和生产许可证号。

第十五条 经营饲料、饲料添加剂的企业，应当具备下列条件：

（一）有与经营饲料、饲料添加剂相适应的仓储设施；

（二）有具备饲料、饲料添加剂使用、贮存、分装等知识的技术人员；

（三）有必要的产品质量管理制度。

第十六条 经营饲料、饲料添加剂的企业，进货时必须核对产品标签、产品质量合格证。

禁止经营无产品质量标准、无产品质量合格证、无生产许可证和产品批准文号的饲料、饲料添加剂。

第十七条 禁止生产、经营停用、禁用或者淘汰的饲料、饲料添加剂以及未经审定公布的饲料、饲料添加剂。

禁止经营未经国务院农业行政主管部门登记的进口饲料、进口饲料添加剂。

第十八条 饲料、饲料添加剂在使用过程中，证实对饲养动物、人体健康和环境有害的，由国务院农业行政主管部门决定限用、停用或者禁用，并予以公布。

第十九条 禁止对饲料、饲料添加剂作预防或者治疗动物疾病的说明或者宣传；但是，饲料中加入药物饲料添加剂的，可以对所加入的药物饲料添加剂的作用加以说明。

第二十条 从事饲料、饲料添加剂质量检验的机构，经国务院产品质量监督管理部门或者农业行政主管部门考核合格，或者经省、自治区、直辖市人民政府产品质量监督管理部门或者饲料管理部门考核合格，方可承担饲料、饲料添加剂的产品质量检验工作。

第二十一条 国务院农业行政主管部门根据国务院产品质量监督管理部门制定的全国产品质量监督抽查工作规划，可以进行饲料、饲料添加剂质量监督抽查；但是，不得重复抽查。

县级以上地方人民政府饲料管理部门根据饲料、饲料添加剂质量监督抽查工作规划，可以组织对饲料、饲料添加剂进行监督抽查，并会同同级产品质量监督管理部门公布抽查结果。

第四章 罚 则

第二十二条 违反本条例规定，未取得生产许可证，生产饲料添加剂、添加剂预混合饲料的，由县级以上地方人民政府饲料管理部门责令停止生产，没收违法生产的产品和违法所得，并处违法所得1倍以上5倍以下的罚款；对已取得生产许可证，但未取得产品批准文号的，责令停止生产，并限期补办产品批准文号。

第二十三条 违反本条例规定，经营未附具产品质量检验合格证和产品标签的饲料、饲料添加剂的，由县级以上地方人民政府饲料管理部门责令停止经营，没收违法经营的产品和违法所得，可以并处违法所得1倍以下的罚款。

第二十四条 饲料、饲料添加剂的包装不符合本条例第十三条的规定，或者附具的标签不符合本条例第十四条的规定的，由县级以上地方人民政府饲料管理部门责令限期改正；逾期不改正的，责令停止销售，可以处违法所得1倍以下的罚款。

第二十五条 不具备本条例第十五条规定的条件，经营饲料、饲料添加剂的，由县级以上地方人民政府饲料管理部门责令限期改正；逾期不改正的，责令停止经营，没收违法所得，可以并处违法所得1倍以上3倍以下的罚款。

第二十六条 违反本条例规定，生产、经营已经停用、禁用或者淘汰以及未经审定公布的饲料、饲料添加剂的，由县级以上地方人民政府饲料管理部门责令停止生产、经营，没收违法生产、经营的产品和违法所得，并处违法所得1倍以上5倍以下的罚款。

第二十七条 违反本条例规定，有下列行为之一的，由县级以上地方人民政府饲料管理部门责令停止生产、经营，没收违法生产、经营的产品和违法所得，并处违法所得1倍以上5倍以下的罚款；情节严重的，并由国务院农业行政主管部门吊销生产许可证；构成犯罪的，依法追究刑事责任：

（一）在生产、经营过程中，以非饲料、非饲料添加剂冒充饲料、饲料添加剂或者以此种饲料、饲料添加剂冒充他种饲料、饲料添加剂的；

（二）生产、经营的饲料、饲料添加剂所含成分的种类、名称与产品标签上注明的成分的种类、名称不符的；

（三）生产、经营的饲料、饲料添加剂不符合饲料、饲料添加剂产品质量标准的；

（四）经营的饲料、饲料添加剂失效、霉变或者超过保质期的。

第二十八条 经营未经国务院农业行政主管部门登记的进口饲料、进口饲料添加剂的，由县级以上地方人民政府饲料管理部门责令立即停止经营，没收未售出的产品和违法所得，并处违法所得1倍以上5倍以下的罚款。

第二十九条 假冒、伪造或者买卖饲料添加剂、添加剂预混合饲料生产许可证、产品批准文号或者产品登记证的，由国务院农业行政主管部门或者省、自治区、直辖市人民政府饲料管理部门按照职责权限收缴或者吊销生产许可证、产品批准文号或者产品登记证，没收违法所得，并处违法所得1倍以上5倍以下的罚款；构成犯罪的，依法追究刑事责任。

第五章 附 则

第三十条 本条例下列用语的含义：

（一）营养性饲料添加剂，是指用于补充饲料营养成分的少量或者微量物质，包括饲料级氨基酸、维生素、矿物质微量元素、酶制剂、非蛋白氮等；

（二）一般饲料添加剂，是指为保证或者改善饲料品质、提高饲料利用率而掺入饲料中的少量或者微量物质；

（三）药物饲料添加剂，是指为预防、治疗动物疾病而掺入载体或者稀释剂的兽药的预混物，包括抗球虫药类、驱虫剂类、抑菌促生长类等。

第三十一条 药物饲料添加剂的管理，依照《兽药管理条例》的规定执行。

第三十二条 本条例自发布之日起施行。

附录7 有机产品认证管理办法

（2004 年 9 月 27 日国家质量监督检验检疫总局局务会审议通过 2004 年 11 月 5 日国家质量监督检验检疫总局令第六十七号公布 自 2005 年 4 月 1 日起施行）

第一章 总 则

第一条 为促进有机产品生产、加工和贸易的发展，规范有机产品认证活动，提高有机产品的质量和管理水平，保护生态环境，根据《中华人民共和国认证认可条例》等有关法律、行政法规的规定，制定本办法。

第二条 本办法所称的有机产品，是指生产、加工、销售过程符合有机产品国家标准的供人类消费、动物食用的产品。

本办法所称的有机产品认证，是指认证机构按照有机产品国家标准和本办法的规定对有机产品生产和加工过程进行评价的活动。

第三条 在中华人民共和国境内从事有机产品认证活动以及有机产品生产、加工、销售活动，应当遵守本办法。

第四条 国家认证认可监督管理委员会（以下简称国家认监委）负责有机产品认证活动的统一管理、综合协调和监督工作。

地方质量技术监督部门和各地出入境检验检疫机构（以下统称地方认证监督管理部门）按照各自职责依法对所辖区域内有机产品认证活动实施监督检查。

第五条 国家制定统一的有机产品认证基本规范、规则，统一的合格评定程序，统一的标准，统一的标志。

第六条 国家按照平等互利的原则开展有机产品认证认可的国际互认。

从事有机产品认证的机构（以下简称有机产品认证机构），应当按照国家认监委对外签署的有机产品认证互认协议开展相关互认活动。

第二章 机构管理

第七条 有机产品认证机构应当依法设立，具有《中华人民共和国认证认可条例》规定的基本条件和从事有机产品认证的技术能力，并取得国家认监委确定的认可机构（以下简称认可机构）的认可后，方可从事有机产品认证活动。

境外有机产品认证机构在中国境内开展有机产品认证活动的，应当符合《中华人民共和国认证认可条例》和其他有关法律、行政法规以及本办法的有关规定。

第八条 从事有机产品认证的检查员应当经认可机构注册后，方可从事有机产品认证活动。

第九条 从事与有机产品认证有关的产地（基地）环境检测、产品样品检测活动的机构（以下简称有机产品检测机构）应当具备相应的检测条件和能力，并通过计量认证或者取得实验室认可。

第十条 国家认监委对符合本办法第七条规定的有机产品认证机构予以批准。

国家认监委定期公布符合本办法第七条和第九条规定的有机产品认证机构和有机产品检测机构的名录。不在目录所列范围之内的认证机构和产品检测机构，不得从事有机产品的认证和相关检测活动。

第三章 认证实施

第十一条 有机产品认证机构实施有机产品认证，应当依据有机产品国家标准。

出口的有机产品，应当符合进口国家或者地区的特殊要求。

第十二条 有机产品认证机构，应当公开有机产品认证依据的标准、认证基本规范、规则和收费标准等信息。

第十三条 有机产品生产、加工单位和个人或者其代理人（以下统称申请人），可以自愿向有机产品认证机构提出有机产品认证申请。申请时，应当提交下列书面材料：

（一）申请人名称、地址和联系方式；

（二）产品产地（基地）区域范围，生产、加工规模；

（三）产品生产、加工或者销售计划；

（四）产地（基地）、加工或者销售场所的环境说明；

（五）符合有机产品生产、加工要求的质量管理体系文件；

（六）有关专业技术和管理人员的资质证明材料；

（七）保证执行有机产品标准、技术规范和其他特殊要求的声明；

（八）其他材料。

申请人不是有机产品的直接生产者或者加工者的，还应当提供其与有机产品的生产者或者加工者签订的书面合同。

第十四条 有机产品认证机构应当自收到申请人书面申请之日起 10 日内，

完成申请材料的审核，并作出是否受理的决定；对不予受理的，应当书面通知申请人，并说明理由。

第十五条 有机产品认证机构受理有机产品认证后，应当按照有机产品认证基本规范、规则规定的程序实施认证活动，保证有机产品认证等过程的完整、客观、真实，并对认证过程作出完整记录，归档留存。

第十六条 有机产品认证机构应当按照相关标准或者技术规范的要求及时作出认证结论，并保证认证结论的客观、真实。

有机产品认证机构应当对其作出的认证结论负责。

第十七条 对符合有机产品认证要求的，有机产品认证机构应当向申请人出具有机产品认证证书，并允许其使用中国有机产品认证标志；对不符合认证要求的，应当书面通知申请人，并说明理由。

第十八条 按照有机产品国家标准在转换期内生产的产品，或者以转换期内生产的产品为原料的加工产品，证书中应当注明“转换”字样和转换期限，并应当使用中国有机转换产品认证标志。

第十九条 有机产品认证机构应当按照规定对获证单位和个人、获证产品进行有效跟踪检查，保证认证结论能够持续符合认证要求。

第二十条 有机产品认证机构不得对有机配料含量（指重量或者液体体积，不包括水和盐）低于95%的加工产品进行有机认证。

第二十一条 生产、加工、销售有机产品的单位及个人和有机产品认证机构，应当采取有效措施，按照认证证书确定的产品范围和数量销售有机产品，保证有机产品的生产和销售数量的一致性。

第四章 认证证书和标志

第二十二条 国家认监委规定有机产品认证证书的基本格式和有机产品认证标志的式样。

第二十三条 有机产品认证证书应当包括以下内容：

（一）获证单位和个人名称、地址；

（二）获证产品的数量、产地面积和产品种类；

（三）有机产品认证的类别；

（四）依据的标准或者技术规范；

（五）有机产品认证标志的使用范围、数量、使用形式或者方式；

（六）颁证机构、颁证日期、有效期和负责人签字；

（七）在有机产品转换期内生产的产品或者以转换期内生产的产品为原料的

加工产品，应当注明“转换”字样和转换期限。

第二十四条 有机产品认证证书有效期为一年。

第二十五条 获得有机产品认证证书的单位或者个人，在有机产品认证证书有效期内，发生下列情形之一的，应当向有机产品认证机构办理变更手续：

（一）获证单位或者个人发生变更的；

（二）有机产品生产、加工单位或者个人发生变更的；

（三）产品种类变更的；

（四）有机产品转换期满，需要变更的。

第二十六条 获得有机产品认证证书的单位或者个人，在有机产品认证证书有效期内，发生下列情形之一的，应当向有机产品认证机构重新申请认证：

（一）产地（基地）、加工场所或者经营活动发生变更的；

（二）其他不能持续符合有机产品标准、相关技术规范要求的。

第二十七条 获得有机产品认证证书的单位或者个人，发生下列情形之一的，认证机构应当及时作出暂停、撤销认证证书的决定：

（一）获证产品不能持续符合标准、技术规范要求的；

（二）获证单位或者个人发生变更的；

（三）有机产品生产、加工单位发生变更的；

（四）产品种类与证书不相符的；

（五）未按规定加施或者使用有机产品标志的。

对于撤销的证书，有机产品认证机构应当予以收回。

第二十八条 有机产品认证标志分为中国有机产品认证标志和中国有机转换产品认证标志，图案见附件。

中国有机产品认证标志标有中文“中国有机产品”字样和相应英文（ORGANIC）。

在有机产品转换期内生产的产品或者以转换期内生产的产品为原料的加工产品，应当使用中国有机转换产品认证标志。该标志标有中文“中国有机转换产品”字样和相应英文（CONVERSION TO ORGANIC）。

第二十九条 有机产品认证标志应当在有机产品认证证书限定的产品范围、数量内使用。

获证单位或者个人，应当按照规定在获证产品或者产品的最小包装上加施有机产品认证标志。

获证单位或者个人可以将有机产品认证标志印制在获证产品标签、说明书及广告宣传材料上，并可以按照比例放大或者缩小，但不得变形、变色。

第三十条 在获证产品或者产品最小包装上加施有机产品认证标志的同时，应当在相邻部位标注有机产品认证机构的标识或者机构名称，其相关图案或者文字应当不大于有机产品认证标志。

第三十一条 未获得有机产品认证的产品，不得在产品或者产品包装及标签上标注“有机产品”、“有机转换产品”（“ORGANIC”、“CONVERSION TO ORGANIC”）和“无污染”、“纯天然”等其他误导公众的文字表述。

第三十二条 有机配料含量等于或者高于 95%的加工产品，可以在产品或者产品包装及标签上标注“有机”字样。

有机配料含量低于 95%且等于或者高于 70%的加工产品，可以在产品或者产品包装及标签上标注“有机配料生产”字样。

有机配料含量低于 70%的加工产品，只能在产品成分表中注明某种配料为“有机”字样。

有机配料，应当获得有机产品认证。

第三十三条 有机产品认证机构在作出撤销、暂停使用有机产品认证证书的决定的同时，应当监督有关单位或者个人停止使用、暂时封存或者销毁有机产品认证标志。

第五章 监督检查

第三十四条 国家认监委应当组织地方认证监督管理部门和有关单位对有机产品认证以及有机产品的生产、加工、销售活动进行监督检查。监督检查可采取以下方式：

（一）组织同行进行评议；

（二）向被认证的企业或者个人征求意见；

（三）对认证及相关检测活动及其认证决定、检测结果等进行抽查；

（四）要求从事有机产品认证及检测活动的机构报告业务情况；

（五）对证书、标志的使用情况进行抽查；

（六）对销售的有机产品进行检查；

（七）受理认证投诉、申诉，查处认证违法、违规行为。

第三十五条 获得有机产品认证的生产、加工单位或者个人，从事有机产品销售的单位或者个人，应当在生产、加工、包装、运输、贮藏和经营等过程中，按照有机产品国家标准和本办法的规定，建立完善的跟踪检查体系和生产、加工、销售记录档案制度。

第三十六条 进口的有机产品应当符合中国有关法律、行政法规和部门规章的规定，并符合有机产品国家标准。

第三十七条 申请人对有机产品认证机构的认证结论或者处理决定有异议的，可以向作出结论、决定的认证机构提出申诉，对有机产品认证机构的处理结论仍有异议的，可以向国家认监委申诉或者投诉。

第六章 罚 则

第三十八条 违反本办法第二十条规定，对有机配料含量低于 95%的加工产品实施有机产品认证的，责令改正，并处 2 万元罚款。

第三十九条 违反本办法第二十一条规定的，责令改正，并处 1 万元以上 3 万元以下罚款。

第四十条 违反本办法第二十九条、第三十条和第三十一条规定的，责令改正，并处 1 万元以上 3 万元以下罚款。

第四十一条 违反本办法第三十二条规定的，责令改正，并处 1 万元以上 3 万元以下罚款。

第四十二条 对伪造、冒用、买卖、转让有机产品认证证书、认证标志等其他违法行为，依照有关法律、行政法规、部门规章的规定予以处罚。

第四十三条 有机产品认证机构、有机产品检测机构以及从事有机产品认证活动的人员出具虚假认证结论或者出具的认证结论严重失实的，按照《中华人民共和国认证认可条例》第六章的规定予以处罚。

第七章 附 则

第四十四条 有机产品认证收费应当按照国家有关价格法律、行政法规的规定执行。

第四十五条 本办法由国家质量监督检验检疫总局负责解释。

第四十六条 本办法自 2005 年 4 月 1 日起施行。

附件：

有机产品认证标志图案

1. 中国有机产品认证标志：

2. 中国有机转换产品认证标志：

有机产品认证标志根据使用需要，分为 10 mm、15 mm、20 mm、30 mm 和 60 mm 五种规格。

附录 8　有机产品认证实施规则

1 目的

为规范有机产品认证活动，确保认证程序和管理基本要求的一致性和认证的有效性，根据《中华人民共和国认证认可条例》和《有机产品认证管理办法》的规定制定本规则。

2 适用范围

本规则适用于在中华人民共和国境内销售的有机产品的认证活动。

3 依据标准

GB/T 19630.1～19630.4—2005《有机产品》

4 认证程序

4.1 申请

4.1.1 认证机构应向申请人至少公开以下信息

4.1.1.1 国家认证认可监督管理委员会批准的认证范围和中国认证机构国家认可委员会认可的认证范围；

4.1.1.2 认证程序和认证要求；

4.1.1.3 认证依据标准；

4.1.1.4 认证收费标准；

4.1.1.5 认证机构和申请人的权利、义务；

4.1.1.6 认证机构处理申诉、投诉和争议的程序；

4.1.1.7 批准、暂停和撤销认证的规定和程序；

4.1.1.8 对获证单位或者个人使用中国有机产品认证标志、中国有机转换产品认证标志、认证机构的标识和名称的要求；

4.1.1.9 对获证单位或者个人按照认证证书的范围进行正确宣传的要求。

4.1.2 认证机构应要求申请人提交的文件资料

4.1.2.1 申请人的合法经营资质文件，如土地使用证、营业执照、租赁合同等；

当申请人不是有机产品的直接生产或加工者时，申请人还需要提交与各方签订的书面合同；

4.1.2.2 申请人及有机生产、加工的基本情况，包括申请人/生产者名称、地址、联系方式、产地（基地）/加工场所的名称、产地（基地）/加工场所情况；过去三年间的生产历史，包括对农事、病虫草害防治、投入物使用及收获情况的描述；生产、加工规模，包括品种、面积、产量、加工量等描述；申请和获得其他有机产品认证情况。

4.1.2.3 产地（基地）区域范围描述，包括地理位置图、地块分布图、地块图、面积、缓冲带，周围临近地块的使用情况的说明等；加工场所周边环境描述、厂区平面图、工艺流程图等。

4.1.2.4 申请认证的有机产品生产、加工、销售计划，包括品种、面积、预计产量、加工产品品种、预计加工量、销售产品品种和计划销售量、销售去向等；

4.1.2.5 产地（基地）、加工场所有关环境质量的证明材料；

4.1.2.6 有关专业技术和管理人员的资质证明材料；

4.1.2.7 保证执行有机产品标准的声明；

4.1.2.8 有机生产、加工的管理体系文件；

4.1.2.9 其他相关材料。

4.2 受理

4.2.1 认证机构应当自收到申请人书面申请之日起 10 个工作日内，完成对申请材料的评审，并做出是否受理的决定。

4.2.2 同意受理的，认证机构与申请人签订认证合同；不予受理的，应当书面通知申请人，并说明理由。

4.2.3 认证机构的评审过程应确保

4.2.3.1 认证要求规定明确、形成文件并得到理解；

4.2.3.2 和申请人之间在理解上的差异得到解决；

4.2.3.3 对于申请的认证范围、申请人的工作场所和特殊要求有能力开展认证服务。

4.2.4 认证机构应保存评审过程的记录。

4.3 检查准备与实施

4.3.1 下达检查任务

认证机构在检查前应下达检查任务书内容包括但不限于：

4.3.1.1 申请人的联系方式、地址等；

4.3.1.2 检查依据，包括认证标准和其他相关法律法规；

4.3.1.3 检查范围，包括检查产品种类和产地（基地）、加工场所等；

4.3.1.4 检查要点，包括管理体系、追踪体系和投入物的使用等；对于上一年度获得认证的单位或者个人，本次认证应侧重于检查认证机构提出的整改要求的执行情况等。

4.3.2 认证机构根据检查类别，委派具有相应资质和能力的检查员，并应征得申请人同意，但申请人不得指定检查员。对同一申请人或生产者/加工者不能连续 3 年或 3 年以上委派同一检查员实施检查。

4.3.3 文件评审

认证机构在现场检查前，应对申请人/生产者的管理体系等文件进行评审，确定其适宜性和充分性及与标准的符合性，并保存评审记录。

4.3.4 检查计划

4.3.4.1 认证机构应制订检查计划并在现场检查前与申请人进行确认。检查计划应包括：检查依据、检查内容、访谈人员、检查场所及时间安排等。

4.3.4.2 检查的时间应当安排在申请认证的产品生产过程的适当阶段，在生长期、产品加工期间至少需进行一次检查；对于产地（基地）的首次检查，检查范围应不少于 2/3 的生产活动范围。对于多农户参加的有机生产，访问的农户数不少于农户总数的平方根。

4.3.5 检查实施

根据认证依据标准的要求对申请人的管理体系进行评估，核实生产、加工过程与申请人按照 4.1.2 条款所提交的文件的一致性，确认生产、加工过程与认证依据标准的符合性。检查过程至少应包括：

a）对生产地块、加工、贮藏场所等的检查；

b）对生产管理人员、内部检查人员、生产者的访谈；

c）对 GB/T 19630.4—2005:《有机产品　第 4 部分：管理体系》4.2.6 条款所规定的生产、加工记录的检查；

d）对追踪体系的评价；

e）对内部检查和持续改进的评估；

f）对产地环境质量状况及其对有机生产可能产生污染的风险的确认和评估；

g）必要时，对样品采集与分析；

h）适用时，对上一年度认证机构提出的整改要求执行情况进行的检查；

i）检查员在结束检查前，对检查情况的总结。明确存在的问题，并进行确认。允许被检查方对存在的问题进行说明。

4.3.6 产地环境质量状况的评估和确认

4.3.6.1 认证机构在实施检查时应确保产地（基地）的环境质量状况符合 GB/T 19630—2005《有机产品》规定的要求；

4.3.6.2 当申请人不能提供对于产地环境质量状况有效的监测报告（证明），认证机构无法确定产地环境质量是否符合 GB/T 19630—2005《有机产品》规定的要求时，认证机构应要求申请人委托有资质的监测机构对产地环境质量进行监测并提供有效的监测报告（证明）。

4.3.7 样品采集与分析

4.3.7.1 认证机构应按照相应的国家标准，制定样品采集与分析程序（包括残留物和转基因分析等）。

4.3.7.2 如果检查员怀疑申请人使用了认证标准中禁止使用的物质，或者产地环境、产品可能受到污染等情况，应在现场采集样品；

4.3.7.3 采集的样品应交给具有相关资质的检测机构进行分析。

4.3.8 检查报告

4.3.8.1 检查报告应采用认证机构规定的格式。

4.3.8.2 检查报告和检查记录等书面文件应提供充分的信息以使认证机构有能力做出客观的认证决定。

4.3.8.3 检查报告应含有风险评估和检查员对生产者的生产、加工活动与认证标准的符合性判断，对检查过程中收集的信息和不符合项的说明等相关方面进行描述。

4.3.8.4 检查员应对申请人/生产者执行标准的总体情况做出评价，但不应对申请认证的产地（基地）/加工者、产品是否通过认证做出书面结论。

4.3.8.5 检查报告应得到申请人的书面确认。

4.4 认证决定

4.4.1 当生产过程检查完成后，认证机构根据认证过程中收集的所有信息进行评价，做出认证决定并及时通知申请人。

4.4.2 申请人/生产者符合下列条件之一，予以批准认证：

4.4.2.1 生产活动及管理体系符合认证标准的要求。

4.4.2.2 生产活动、管理体系及其他相关信息不完全符合认证标准的要求，认证机构应提出整改要求，申请人已经在规定的期限内完成整改或已经提交整改措施并有能力在规定的期限内完成整改以满足认证要求的，认证机构经过验证后可批准认证。

4.4.3 申请人/生产者的生产活动存在以下情况之一，不予批准认证：

4.4.3.1 未建立管理体系，或建立的管理体系未有效实施；

4.4.3.2 使用禁用物质；
4.4.3.3 生产过程不具有可追溯性；
4.4.3.4 未按照认证机构规定的时间完成整改或提交整改措施；所提交的整改措施未满足认证要求。
4.4.3.5 其他严重不符合有机标准要求的事项。
4.5 认证机构应对批准认证的申请人及时颁发认证证书，准许其使用认证标志/标识。
4.6 认证机构应当与获得认证的单位或者个人签订有机产品标志/标识使用合同，明确标志/标识使用的条件和要求。

5 认证后管理

5.1 认证机构应对获得认证的单位或个人、产品采取有效的管理措施，必要时实施未通知检查，以保证持续符合认证要求；
5.2 认证机构应对获证产品的标志使用情况进行跟踪管理，确保使用有机标志/标识的产品与认证证书规定范围一致（包括标志的数量）；
5.3 认证机构应及时获得有关变更的信息，并采取适当的措施进行管理，以确保获得认证的单位或个人符合认证的要求；
5.4 违反《有机产品认证管理办法》第二十七条的规定，认证机构应及时撤销或暂停其认证证书，要求其停止使用认证标志/标识，并对外公布。

6 认证证书、标志和标识

6.1 认证机构应当采用国家认监委规定的有机产品认证证书和有机转换产品认证证书的基本格式。
6.2 认证证书的内容应当根据认证和被认可的实际情况如实填写依据的标准、认证类别和使用认可标志。
6.3 认证机构应当按照《认证证书和认证标志管理办法》和《有机产品认证管理办法》的规定使用国家有机产品标志、国家有机转换产品标志和认证机构的标识。
6.4 认证机构自行制定的认证标志应当报国家认监委备案。

7 认证收费

认证机构按照《国家计委 国家质量技术监督局 关于印发产品质量认证收费管理办法和收费标准的通知》（计价格[1999]1610 号）有关规定收取。

附录 9　认证证书和认证标志管理办法

（2004 年 4 月 30 日国家质量监督检验检疫总局局务会审议通过　自 2004 年 8 月 1 日起施行）

第一章　总　则

第一条　为加强对产品、服务、管理体系认证的认证证书和认证标志（以下简称认证证书和认证标志）的管理、监督，规范认证证书和认证标志的使用，维护获证组织和公众的合法权益，促进认证活动健康有序的发展，根据《中华人民共和国认证认可条例》（以下简称条例）等有关法律、行政法规的规定，制定本办法。

第二条　本办法所称的认证证书是指产品、服务、管理体系通过认证所获得的证明性文件。认证证书包括产品认证证书、服务认证证书和管理体系认证证书。

本办法所称的认证标志是指证明产品、服务、管理体系通过认证的专有符号、图案或者符号、图案以及文字的组合。认证标志包括产品认证标志、服务认证标志和管理体系认证标志。

第三条　本办法适用于认证证书和认证标志的制定、发布、备案、使用和监督检查。

第四条　国家认证认可监督管理委员会（以下简称国家认监委）依法负责认证证书和认证标志的管理、监督和综合协调工作。

地方质量技术监督部门和各地出入境检验检疫机构（以下统称地方认证监督管理部门）按照各自职责分工，依法负责所辖区域内的认证证书和认证标志的监督检查工作。

第五条　禁止伪造、冒用、转让和非法买卖认证证书和认证标志。

第二章　认证证书

第六条　认证机构应当按照认证基本规范、认证规则从事认证活动，对认证合格的，应当在规定的时限内向认证委托人出具认证证书。

第七条　产品认证证书包括以下基本内容：

（一）委托人名称、地址；

（二）产品名称、型号、规格，需要时对产品功能、特征的描述；

（三）产品商标、制造商名称、地址；

（四）产品生产厂名称、地址；

（五）认证依据的标准、技术要求；

（六）认证模式；

（七）证书编号；

（八）发证机构、发证日期和有效期；

（九）其他需要说明的内容。

第八条 服务认证证书包括以下基本内容：

（一）获得认证的组织名称、地址；

（二）获得认证的服务所覆盖的业务范围；

（三）认证依据的标准、技术要求；

（四）认证证书编号；

（五）发证机构、发证日期和有效期；

（六）其他需要说明的内容。

第九条 管理体系认证证书包括以下基本内容：

（一）获得认证的组织名称、地址；

（二）获得认证的组织的管理体系所覆盖的业务范围；

（三）认证依据的标准、技术要求；

（四）证书编号；

（五）发证机构、发证日期和有效期；

（六）其他需要说明的内容。

第十条 获得认证的组织应当在广告、宣传等活动中正确使用认证证书和有关信息。获得认证的产品、服务、管理体系发生重大变化时，获得认证的组织和个人应当向认证机构申请变更，未变更或者经认证机构调查发现不符合认证要求的，不得继续使用该认证证书。

第十一条 认证机构应当建立认证证书管理制度，对获得认证的组织和个人使用认证证书的情况实施有效跟踪调查，对不能符合认证要求的，应当暂停其使用直至撤销认证证书，并予以公布；对撤销或者注销的认证证书予以收回；无法收回的，予以公布。

第十二条 不得利用产品认证证书和相关文字、符号误导公众认为其服务、管理体系通过认证；不得利用服务认证证书和相关文字、符号误导公众认为其产品、管理体系通过认证；不得利用管理体系认证证书和相关文字、符号，误导公众认为其产品、服务通过认证。

第三章 认证标志

第十三条 认证标志分为强制性认证标志和自愿性认证标志。

自愿性认证标志包括国家统一的自愿性认证标志和认证机构自行制订的认证标志。

强制性认证标志和国家统一的自愿性认证标志属于国家专有认证标志。

认证机构自行制定的认证标志是指认证机构专有的认证标志。

第十四条 强制性认证标志和国家统一的自愿性认证标志的制定和使用，由国家认监委依法规定，并予以公布。

第十五条 认证机构自行制定的认证标志的式样（包括使用的符号）、文字和名称，应当遵守以下规定：

（一）不得与强制性认证标志、国家统一的自愿性认证标志或者已经国家认监委备案的认证机构自行制定的认证标志相同或者近似；

（二）不得妨碍社会管理秩序；

（三）不得将公众熟知的社会公共资源或者具有特定含义的认证名称的文字、符号、图案作为认证标志的组成部分（如使用表明安全、健康、环保、绿色、无污染等的文字、符号、图案）；

（四）不得将容易误导公众或者造成社会歧视、有损社会道德风尚以及其他不良影响的文字、符号、图案作为认证标志的组成部分；

（五）其他法律、行政法规，或者国家制定的相关技术规范、标准的规定。

第十六条 认证机构自行制定的认证标志应当自发布之日起 30 日内，报国家认监委备案。

第十七条 认证机构备案时应当提交认证标志的式样（包括使用的符号）、文字、名称、应用范围、识别方法、使用方法等其他情况的书面材料。

国家认监委应当自收到备案材料之日起 30 日内，依照本办法有关规定对认证机构提交的材料进行核查，对于符合本办法第十五条规定的，予以备案并公布；不符合的，告知其改正。

第十八条 认证机构应当建立认证标志管理制度，明确认证标志使用者的权利和义务，对获得认证的组织使用认证标志的情况实施有效跟踪调查，发现其认证的产品、服务、管理体系不能符合认证要求的，应当及时做出暂停或者停止其使用认证标志的决定，并予以公布。

第十九条 获得产品认证的组织应当在广告、产品介绍等宣传材料中正确使用产品认证标志，可以在通过认证的产品及其包装上标注产品认证标志，但不得利用产品认证标志误导公众认为其服务、管理体系通过认证。

第二十条 获得服务认证的组织应当在广告等有关宣传中正确使用服务认证标志，可以将服务认证标志悬挂在获得服务认证的区域内，但不得利用服务认证标志误导公众认为其产品、管理体系通过认证。

第二十一条 获得管理体系认证的组织应当在广告等有关宣传中正确使用管理体系认证标志，不得在产品上标注管理体系认证标志，只有在注明获证组织通过相关管理体系认证的情况下方可在产品的包装上标注管理体系认证标志。

第四章　监督检查

第二十二条 国家认监委组织地方认证监督管理部门对认证证书和认证标志的使用情况实施监督检查，对伪造、冒用、转让和非法买卖认证证书和认证标志的违法行为依法予以查处。

第二十三条 国家认监委对认证机构的认证证书和认证标志管理情况实施监督检查。

认证机构应当对其认证证书和认证标志的管理情况向国家认监委提供年度报告。年度报告中应当包括其对获证组织使用认证证书和认证标志的跟踪调查情况。

第二十四条 境外认证标志所有人或者其授权的委托人可以向国家认监委办理境外认证标志备案。备案内容包括认证标志的式样（包括使用的符号）、文字、名称、应用范围、识别方法，认证标志持有人，以及使用变更等情况。

在中国境内设立的外商投资认证机构自行制定的认证标志应当按照本办法第十六条的规定办理备案。

第二十五条 认证机构应当公布本机构认证证书和认证标志使用等相关信息，以便于公众进行查询和社会监督。

第二十六条 任何单位和个人对伪造、冒用、转让和非法买卖认证证书和认证标志等违法、违规行为可以向国家认监委或者地方认证监督管理部门举报。

第五章　罚　则

第二十七条 违反本办法第十二条规定，对混淆使用认证证书和认证标志的，地方认证监督管理部门应当责令其限期改正，逾期不改的处以2万元以下罚款。

未通过认证，但在其产品或者产品包装上、广告等其他宣传中，使用虚假文字表明其通过认证的，地方认证监督管理部门应当按伪造、冒用认证标志、违法行为进行处罚。

第二十八条 违反本办法规定，伪造、冒用认证证书的，地方认证监督管理部门应当责令其改正，处以3万元罚款。

第二十九条 违反本办法规定，非法买卖或者转让认证证书的，地方认证监督管理部门责令其改正，处以3万元罚款；认证机构向未通过认证的认证委托人出卖或转让认证证书的，依照条例第六十二条规定处罚。

第三十条 认证机构自行制定的认证标志违反本办法第十五条规定的，依照条例第六十一条规定处罚；违反其他法律、行政法规规定的，依照其他法律、行政法规处罚。

第三十一条 认证机构发现其认证的产品、服务、管理体系不能持续符合认证要求，不及时暂停其使用认证证书和认证标志，或者不及时撤销认证证书或者停止其使用认证标志的，依照条例第六十条规定处罚。

第三十二条 认证机构未按照规定向社会公布本机构认证证书和认证标志使用等相关信息，责令限期改正，逾期不改的，予以警告。

第三十三条 伪造、冒用、非法买卖认证标志的，依照《中华人民共和国产品质量法》和《中华人民共和国进出口商品检验法》等有关法律、行政法规的规定处罚。

第六章 附 则

第三十四条 认证证书和认证标志的收费按照国家有关价格法律、行政法规的规定执行。

第三十五条 本办法由国家质量监督检验检疫总局负责解释。

第三十六条 本办法自2004年8月1日起施行。1992年2月10日原国家技术监督局发布的《产品质量认证证书和认证标志管理办法》和1995年9月21日原国家商检局发布的《进出口商品标志管理办法》中有关认证标志的部分规定同时废止。

附录 10 环境空气质量标准

（GB 3095—1996 代替 GB 3095—82）

1 主题内容与适用范围

本标准规定了环境空气质量功能区划分、标准分级、污染物项目、取值时间及浓度限值，采样与分析方法及数据统计的有效性规定。

本标准适用于全国范围的环境空气质量评价。

2 引用标准

GB/T 15262 空气质量 二氧化硫的测定——甲醛吸收副玫瑰苯胺分光光度法

GB 8970 空气质量 二氧化硫的测定——四氯汞盐副玫瑰苯胺分光光度法

GB/T 15432 环境空气 总悬浮颗粒物测定——重量法

GB 6921 空气质量 大气飘尘浓度测定方法

GB/T 15436 环境空气 氮氧化物的测定——Saltzman 法

GB/T 15435 环境空气 二氧化氮的测定——Saltzman 法

GB/T 15437 环境空气 臭氧的测定——靛蓝二磺酸钠分光光度法

GB/T 15438 环境空气 臭氧的测定——紫外光度法

GB 9801 空气质量 一氧化碳的测定——非分散红外法

GB 8971 空气质量 苯并[a]芘的测定——乙酰化滤纸层析荧光分光光度法

GB/T 15439 环境空气 苯并[a]芘的测定——高效液相色谱法

GB/T 15264 空气质量 铅的测定——火焰原子吸收分光光度法

GB/T 15434 环境空气 氟化物质量浓度的测定——滤膜氟离子选择电极法

GB/T 15433 环境空气 氟化物的测定——石灰滤纸氟离子选择电极法

3 定义

3.1 总悬浮颗粒物（TSP）：指能悬浮在空气中，空气动力学当量直径≤100 μm 的颗粒物。

3.2 可吸入颗粒物（PM_{10}）：指悬浮在空气中，空气动力学当量直径≤10 μm 的颗粒物。

3.3 氮氧化物（以 NO_2 计）：指空气中主要以一氧化氮和二氧化氮形式存在的氮的氧化物。

3.4 铅（Pb）：指存在于总悬浮颗粒物中的铅及其化合物。

3.5 苯并[a]芘（B[a]P）：指存在于可吸入颗粒物中的苯并[a]芘。

3.6 氟化物（以 F 计）：以气态及颗粒态形式存在的无机氟化物。

3.7 年平均：指任何一年的日平均浓度的算术均值。

3.8 季平均：指任何一季的日平均浓度的算术均值。

3.9 月平均：指任何一月的日平均浓度的算术均值。

3.10 日平均：指任何一日的平均浓度。

3.11 一小时平均：指任何一小时的平均浓度。

3.12 植物生长季平均：指任何一个植物生长季月平均浓度的算术均值。

3.13 环境空气：指人群、植物、动物和建筑物所暴露的室外空气。

3.14 标准状态：指温度为 273 K，压力为 101.325 kPa 时的状态。

4 环境空气质量功能区的分类和标准分级

4.1 环境空气质量功能区分类

一类区为自然保护区、风景名胜区和其他需要特殊保护的地区。

二类区为城镇规划中确定的居住区、商业交通居民混合区、文化区、一般工业区和农村地区。

三类区为特定工业区。

4.2 环境空气质量标准分级

环境空气质量标准分为三级。

一类区执行一级标准

二类区执行二级标准

三类区执行三级标准

5 浓度限值

本标准规定了各项污染物不允许超过的浓度限值，见表 1。

表 1　各项污染物的浓度限值

污染物名称	取值时间	浓度限值			
		一级标准	二级标准	三级标准	浓度单位
二氧化硫 SO_2	年平均	0.02	0.06	0.10	mg/m^3（标准状态）
	日平均	0.05	0.15	0.25	
	1 小时平均	0.15	0.50	0.70	
总悬浮颗粒物 TSP	年平均	0.08	0.20	0.30	
	日平均	0.12	0.30	0.50	
可吸入颗粒物 PM_{10}	年平均	0.04	0.10	0.15	
	日平均	0.05	0.15	0.25	
氮氧化物 NO_x	年平均	0.05	0.05	0.10	
	日平均	0.10	0.10	0.15	
	1 小时平均	0.15	0.15	0.30	
二氧化氮 NO_2	年平均	0.04	0.04	0.08	
	日平均	0.08	0.08	0.12	
	1 小时平均	0.12	0.12	0.24	
一氧化碳 CO	日平均	4.00	4.00	6.00	
	1 小时平均	10.00	10.00	20.00	
臭氧 O_3	1 小时平均	0.12	0.16	0.20	
铅 Pb	季平均		1.50		μg/m^3（标准状态）
	年平均		1.00		
苯并[a]芘 B[a]P	日平均		0.01		
氟化物 F	日平均		7①		
	1 小时平均		20①		
	月平均	1.8②	3.0③		μg/（dm^2・d）
	植物生长季平均	1.2②	2.0③		

注：① 适用于城市地区；② 适用于牧业区和以牧业为主的半农半牧区，蚕桑区；③ 适用于农业和林业区。

6 监测

6.1 采样

环境空气监测中的采样点、采样环境、采样高度及采样频率的要求，按《环境监测技术规范》（大气部分）执行。

6.2 分析方法

各项污染物分析方法，见表 2。

表 2　各项污染物分析方法

污染物名称	分析方法	来源
二氧化硫	（1）甲醛吸收副玫瑰苯胺分光光度法 （2）四氯汞盐副玫瑰苯胺分光光度法 （3）紫外荧光法①	GB/T 15262—94 GB 8970—88
总悬浮颗粒物	重量法	GB/T 15432—95
可吸入颗粒物	重量法	GB 6921—86
氮氧化物（以 NO_2 计）	（1）Saltzman 法 （2）化学发光法②	GB/T 15436—95
二氧化氮	（1）Saltzman 法 （2）化学发光法②	GB/T 15435—95
臭氧	（1）靛蓝二磺酸钠分光光度法 （2）紫外光度法 （3）化学发光法③	GB/T 15437—95 GB/T 15438—95
一氧化碳	非分散红外法	GB 9801—88
苯并[a]芘	（1）乙酰化滤纸层析——荧光分光光度法 （2）高效液相色谱法	GB 8971—88 GB/T 15439—95
铅	火焰原子吸收分光光度法	GB/T 15264—94
氟化物（以 F 计）	（1）滤膜氟离子选择电极法④ （2）石灰滤纸氟离子选择电极法⑤	GB/T 15434—95 GB/T 15433—95

注：①②③分别暂用国际标准 ISO/CD 10498、ISO 7996，ISO 10313，待国家标准发布后，执行国家标准；④用于日平均和 1 小时平均标准；⑤用于月平均和植物生长季平均标准。

7 数据统计的有效性规定

各项污染物数据统计的有效性规定，见表 3。

表 3　各项污染物数据统计的有效性规定

污染物	取值时间	数据有效性规定
SO_2，NO_x，NO_2	年平均	每年至少有分布均匀的 144 个日均值，每月至少有分布均匀的 12 个日均值
TSP，PM_{10}，Pb	年平均	每年至少有分布均匀的 60 个日均值，每月至少有分布均匀的 5 个日均值
SO_2，NO_x，NO_2，CO	日平均	每日至少有 18 h 的采样时间
TSP，PM_{10}, B（a）P，Pb	日平均	每日至少有 12 h 的采样时间
SO_2，NO_x，NO_2，CO，O_3	1 小时平均	每小时至少有 45 min 的采样时间

污染物	取值时间	数据有效性规定
Pb	季平均	每季至少有分布均匀的 15 个日均值，每月至少有分布均匀的 5 个日均值
F	月平均	每月至少采样 15 d 以上
	植物生长季平均	每一个生长季至少有 70%个月平均值
	日平均	每日至少有 12 h 的采样时间
	1 小时平均	每小时至少有 45 min 的采样时间

8 标准的实施

8.1 本标准由各级环境保护行政主管部门负责监督实施。

8.2 本标准规定了小时、日、月、季和年平均浓度限值，在标准实施中各级环境保护行政主管部门应根据不同目的监督其实施。

8.3 环境空气质量功能区由地级市以上（含地级市）环境保护行政主管部门划分，报同级人民政府批准实施。

附录 11　生活饮用水卫生标准

（GB 5749—2006）

1 范围

本标准规定了生活饮用水水质卫生要求、生活饮用水水源水质卫生要求、集中式供水单位卫生要求、二次供水卫生要求、涉及生活饮用水卫生安全产品卫生要求、水质监测和水质检验方法。

本标准适用于城乡各类集中式供水的生活饮用水，也适用于分散式供水的生活饮用水。

2 规范性引用文件

下列文件中的条款通过本标准的引用而成为本标准的条款。凡是标注日期的引用文件，其随后所有的修改（不包括勘误内容）或修订版均不适用于本标准，然而，鼓励根据本标准达成协议的各方研究是否可使用这些文件的最新版本。凡是不注明日期的引用文件，其最新版本适用于本标准。

GB 3838 地表水环境质量标准

GB/T 5750 生活饮用水标准检验方法

GB/T 14848 地下水质量标准

GB 17051 二次供水设施卫生规范

GB/T 17218 饮用水化学处理剂卫生安全性评价

GB/T 17219 生活饮用水输配水设备及防护材料的安全性评价标准

CJ/T 206 城市供水水质标准

SL 308 村镇供水单位资质标准

卫生部　生活饮用水集中式供水单位卫生规范

3 术语和定义

下列术语和定义适用于本标准。

3.1 生活饮用水 drinking water

供人生活的饮水和生活用水。

3.2 供水方式 type of water supply

3.2.1 集中式供水 central water supply

自水源集中取水，通过输配水管网送到用户或者公共取水点的供水方式，包括自建设施供水。为用户提供日常饮用水的供水站和为公共场所、居民社区提供的分质供水也属于集中式供水。

3.2.2 二次供水 secondary water supply

集中式供水在入户之前经再度储存、加压和消毒或深度处理，通过管道或容器输送给用户的供水方式。

3.2.3 农村小型集中式供水 small central water supply for rural areas

日供水在 1 000 m^3 以下（或供水人口在 1 万人以下）的农村集中式供水。

3.2.4 分散式供水 non-central water supply

用户直接从水源取水，未经任何设施或仅有简易设施的供水方式。

3.3 常规指标 regular indices

能反映生活饮用水水质基本状况的水质指标。

3.4 非常规指标 non-regular indices

根据地区、时间或特殊情况需要的生活饮用水水质指标。

4 生活饮用水水质卫生要求

4.1 生活饮用水水质应符合下列基本要求，保证用户饮用安全。

4.1.1 生活饮用水中不得含有病原微生物。

4.1.2 生活饮用水中化学物质不得危害人体健康。

4.1.3 生活饮用水中放射性物质不得危害人体健康。

4.1.4 生活饮用水的感官性状良好。

4.1.5 生活饮用水应经消毒处理。

4.1.6 生活饮用水水质应符合表 1 和表 2 卫生要求。集中式供水出厂水中消毒剂限值、出厂水和管网末梢水中消毒剂余量均应符合表 2 要求。

4.1.7 农村小型集中式供水和分散式供水的水质因条件限制，部分指标可暂按照表 4 执行，其余指标仍按表 1、表 2 和表 3 执行。

4.1.8 当发生影响水质的突发性公共事件时，经市级以上人民政府批准，感官性状和一般化学指标可适当放宽。

4.1.9 当饮用水中含有附录 A 表 A.1 所列指标时，可参考此表限值评价。

表 1　水质常规指标及限值

指标	限值
1. 微生物指标①	
总大肠菌群（MPN/100 mL 或 CFU/100 mL）	不得检出
耐热大肠菌群（MPN/100 mL 或 CFU/100 mL）	不得检出
大肠埃希氏菌（MPN/100 mL 或 CFU/100 mL）	不得检出
菌落总数（CFU/mL）	100
2. 毒理指标	
砷（mg/L）	0.01
镉（mg/L）	0.005
铬（六价[2] mg/L）	0.05
铅（mg/L）	0.01
汞（mg/L）	0.001
硒（mg/L）	0.01
氰化物（mg/L）	0.05
氟化物（mg/L）	1.0
硝酸盐（以 N 计，mg/L）	10 地下水源限制时为 20
三氯甲烷（mg/L）	0.06
四氯化碳（mg/L）	0.002
溴酸盐（使用臭氧时，mg/L）	0.01
甲醛（使用臭氧时，mg/L）	0.9
亚氯酸盐（使用二氧化氯消毒时，mg/L）	0.7
氯酸盐（使用复合二氧化氯消毒时，mg/L）	0.7
3. 感官性状和一般化学指标	
色度（铂钴色度单位）	15
浑浊度（散射浊度单位）/NTU	1 水源与净水技术条件限制时为 3
臭和味	无异臭、异味
肉眼可见物	无
pH（pH 单位）	不小于 6.5 且不大于 8.5
铅（mg/L）	0.2
铁（mg/L）	0.3
锰（mg/L）	0.1
铜（mg/L）	1.0
锌（mg/L）	1.0

指标	限值
氯化物（mg/L）	250
硫酸盐（mg/L）	250
溶解性总固体（mg/L）	1 000
总硬度（以 $CaCO_3$ 计，mg/L）	450
耗氧量（COD_{Mn} 法，以 O_2 计，mg/L）	3 水源限制，原水耗氧量＞6 mg/L 时为 5
挥发酚类（以苯酚计，mg/L）	0.002
阴离子合成洗涤剂（mg/L）	0.3
4. 放射性指标②	指导值
总 α 放射性（Bq/L）	0.5
总 β 放射性（Bq/L）	1

注：① MPN 表示最可能数；CFU 表示菌落形成单位。当水样检出总大肠菌群时，应进一步检验大肠埃希氏菌或耐热大肠菌群；水样未检出总大肠菌群，不必检验大肠埃希氏菌或耐热大肠菌群。

② 放射性指标超过指导值，应进行核素分析和评价，判定能否饮用。

表 2　饮用水中消毒剂常规指标及要求

消毒剂名称	与水接触时间	出厂水中限值	出厂水中余量	管网末梢水中余量（mg/L）
氯气及游离氯制剂（游离氯，mg/L）	至少 30 min	4	≥0.3	≥0.05
一氯胺（总氯，mg/L）	至少 120 min	3	≥0.5	≥0.05
臭氧（O_3，mg/L）	至少 12 min	0.3		0.02 如加氯，总氯≥0.05
二氧化氯（ClO_2，mg/L）	至少 30 min	0.8	≥0.1	≥0.02

表 3　水质非常规指标及限值

指标	限值
1. 微生物指标	
贾第鞭毛虫（个/10 L）	＜1
隐孢子虫（个/10 L）	＜1
2. 毒理指标	
锑（mg/L）	0.005
钡（mg/L）	0.7
铍（mg/L）	0.002

指标	限值
硼（mg/L）	0.5
钼（mg/L）	0.07
镍（mg/L）	0.02
银（mg/L）	0.05
铊（mg/L）	0.000 1
氯化氰（以 CN^-计，mg/L）	0.07
一氯二溴甲烷（mg/L）	0.1
二氯一溴甲烷（mg/L）	0.06
二氯乙酸（mg/L）	0.05
1,2- 二氯乙烷（mg/L）	0.03
二氯甲烷（mg/L）	0.02
三卤甲烷（三氯甲烷、一氯二溴甲烷、二氯一溴甲烷、三溴甲烷的总和）	该类化合物中各种化合物的实测浓度与其各自限值的比值之和不超过 1
1，1，1- 三氯乙烷（mg/L）	2
三氯乙酸（mg/L）	0.1
三氯乙醛（mg/L）	0.01
2，4，6- 三氯酚（mg/L）	0.2
三溴甲烷（mg/L）	0.1
七氯（mg/L）	0.000 4
马拉硫磷（mg/L）	0.25
五氯酚（mg/L）	0.009
六六六（总量，mg/L）	0.005
六氯苯（mg/L）	0.001
乐果（mg/L）	0.08
对硫磷（mg/L）	0.003
灭草松（mg/L）	0.3
甲基对硫磷（mg/L）	0.02
百菌清（mg/L）	0.01
呋喃丹（mg/L）	0.007
林丹（mg/L）	0.002
毒死蜱（mg/L）	0.03
草甘膦（mg/L）	0.7
敌敌畏（mg/L）	0.001
莠去津（mg/L）	0.002
溴氰菊酯（mg/L）	0.02
2,4- 滴（mg/L）	0.03
滴滴涕（mg/L）	0.001

指标	限值
乙苯（mg/L）	0.3
二甲苯（mg/L）	0.5
1,1-二氯乙烯（mg/L）	0.03
1,2-二氯乙烯（mg/L）	0.05
1,2-二氯苯（mg/L）	1
1,4- 二氯苯（mg/L）	0.3
三氯乙烯（mg/L）	0.07
三氯苯（总量，mg/L）	0.02
六氯丁二烯（mg/L）	0.000 6
丙烯酰胺（mg/L）	0.000 5
四氯乙烯（mg/L）	0.04
甲苯（mg/L）	0.7
邻苯二甲酸二（2-乙基己基）酯（mg/L）	0.008
环氧氯丙烷（mg/L）	0.000 4
苯（mg/L）	0.01
苯乙烯（mg/L）	0.02
苯并（a）芘（mg/L）	0.000 01
氯乙烯（mg/L）	0.005
氯苯（mg/L）	0.3
微囊藻毒素-LR（mg/L）	0.001
3. 感官性状和一般化学指标	
氨氮（以 N 计，mg/L）	0.5
硫化物（mg/L）	0.02
钠（mg/L）	200

表 4　农村小型集中式供水和分散式供水部分水质指标及限值

指标	限值
1. 微生物指标	
菌落总数（CFU/mL）	500
2. 毒理指标	
砷（mg/L）	0.05
氟化物（mg/L）	1.2
硝酸盐（以 N 计，mg/L）	20
3. 感官性状和一般化学指标	
色度（铂钴色度单位）	20
浑浊度（散射浊度单位）NTU	3 水源与净水技术条件限制时为 5

指标	限值
pH（pH 单位）	不小于 6.5 且不大于 9.5
溶解性总固体（mg/L）	1 500
总硬度（以 $CaCO_3$ 计，mg/L）	550
耗氧量（COD_{Mn} 法，以 O_2 计，mg/L）	5
铁（mg/L）	0.5
锰（mg/L）	0.3
氯化物（mg/L）	300
硫酸盐（mg/L）	300

5 生活饮用水水源水质卫生要求

5.1 采用地表水为生活饮用水水源时应符合 GB 3838 要求。

5.2 采用地下水为生活饮用水水源时应符合 GB/T 14848 要求。

6 集中式供水单位卫生要求

集中式供水单位的卫生要求应按照卫生部《生活饮用水集中式供水单位卫生规范》执行。

7 二次供水卫生要求

二次供水的设施和处理要求应按照 GB 17051 执行。

8 涉及生活饮用水卫生安全产品卫生要求

8.1 处理生活饮用水采用的絮凝、助凝、消毒、氧化、吸附、pH 调节、防锈、阻垢等化学处理剂不应污染生活饮用水，应符合 GB/T 17218 要求。

8.2 生活饮用水的输配水设备、防护材料和水处理材料不应污染生活饮用水，应符合 GB/T 17219 要求。

9 水质监测

9.1 供水单位的水质检测

供水单位的水质检测应符合以下要求。

9.1.1 供水单位的水质非常规指标选择由当地县级以上供水行政主管部门和卫生行政部门协商确定。

9.1.2 城市集中式供水单位水质检测的采样点选择、检验项目和频率、合格率计算按照 CJ/T 206 执行。

9.1.3 村镇集中式供水单位水质检测的采样点选择、检验项目和频率、合格率计算按照 SL 308 执行。

9.1.4 供水单位水质检测结果应定期报送当地卫生行政部门，报送水质检测结果的内容和办法由当地供水行政主管部门和卫生行政部门商定。

9.1.5 当饮用水水质发生异常时应及时报告当地供水行政主管部门和卫生行政部门。

9.2 卫生监督的水质监测

卫生监督的水质监测应符合以下要求。

9.2.1 各级卫生行政部门应根据实际需要定期对各类供水单位的供水水质进行卫生监督、监测。

9.2.2 当发生影响水质的突发性公共事件时，由县级以上卫生行政部门根据需要确定饮用水监督、监测方案。

9.2.3 卫生监督的水质监测范围、项目、频率由当地市级以上卫生行政部门确定。

10 水质检验方法

生活饮用水水质检验应按照 GB/T 5750 执行。

附录 A

（资料性附录）

表 A.1 生活饮用水水质参考指标及限值

指 标	限 值
肠球菌（CFU/100 mL）	0
产气荚膜梭状芽孢杆菌（CFU/100 mL）	0
二(2-乙基己基)己二酸酯（mg/L）	0.4
二溴乙烯（mg /L）	0.000 05
二噁英（2,3,7,8-TCDD，mg/L）	0.000 000 03
土臭素（二甲基萘烷醇，mg /L）	0.000 01
五氯丙烷（mg/L）	0.03
双酚 A（mg/L）	0.01
丙烯腈（mg/L）	0.1
丙烯酸（mg/L）	0.5
丙烯醛（mg/L）	0.1
四乙基铅（mg /L）	0.000 1
戊二醛（mg/L）	0.07
甲基异莰醇-2（mg /L）	0.000 01
石油类(总量，mg/L）	0.3
石棉（>10 μm，万/L）	700
亚硝酸盐（mg/L）	1
多环芳烃（总量，mg /L）	0.002
多氯联苯（总量，mg /L）	0.000 5
邻苯二甲酸二乙酯（mg/L）	0.3
邻苯二甲酸二丁酯（mg/L）	0.003
环烷酸（mg/L）	1.0
苯甲醚（mg/L）	0.05
总有机碳（TOC，mg/L）	5
萘酚-β（mg/L）	0.4
黄原酸丁酯（mg /L）	0.001
氯化乙基汞（mg /L）	0.000 1
硝基苯（mg/L）	0.017
镭 226 和镭 228（pCi/L）	5
氡（pCi/L）	300

附录 12　渔业水质标准

（GB 11607—89）

为贯彻执行《中华人民共和国环境保护法》、《中华人民共和国水污染防治法》和《中华人民共和国海洋环境保护法》、《中华人民共和国渔业法》，防止和控制渔业水域水质污染，保证鱼、虾、贝、藻类正常生长、繁殖和水产品的质量，特制订本标准。

1 主题内容与适用范围

本标准适用于鱼、虾类的产卵场、索饵场、越冬场、洄游通道和水产增养殖区等海、淡水的渔业水域。

2 引用标准

GB 5750　生活饮用水标准检验法
GB 6920　水质　pH 值的测定　玻璃电极法
GB 7467　水质　六价铬的测定　二碳酰二肼分光光度法
GB 7468　水质　总汞测定　冷原子吸收分光光度法
GB 7469　水质　总汞测定　高锰酸钾-过硫酸钾消除法　双硫腙分光光度法
GB 7470　水质　铅的测定　双硫腙分光光度法
GB 7471　水质　镉的测定　双硫腙分光光度法
GB 7472　水质　锌的测定　双硫腙分光光度法
GB 7474　水质　铜的测定　二乙基二硫代氨基甲酸钠分光光度法
GB 7475　水质　铜、锌、铅、镉的测定　原子吸收分光光度法
GB 7479　水质　铵的测定　纳氏试剂比色法
GB 7481　水质　氨的测定　水杨酸分光光度法
GB 7482　水质　氟化物的测定　茜素磺酸锆　目视比色法
GB 7484　水质　氟化物的测定　离子选择电极法
GB 7485　水质　总砷的测定　二乙基二硫代氨基甲酸银分光光度法
GB 7486　水质　氰化物的测定　第一部分：总氰化物的测定
GB 7488　水质　五日生化需氧量（BOD_5）　稀释与接种法

GB 7489 水质 溶解氧的测定 碘量法
GB 7490 水质 挥发酚的测定 蒸馏后 4-氨基安替比林分光光度法
GB 7492 水质 六六六、滴滴涕的测定 气相色谱法
GB 8972 水质 五氯酚钠的测定 气相色谱法
GB 9803 水质 五氯酚的测定 藏红 T 分光光度法
GB 11891 水质 凯氏氮的测定
GB 11901 水质 悬浮物的测定 重量法
GB 11910 水质 镍的测定 丁二铜肟分光光度法
GB 11911 水质 铁、锰的测定 火焰原子吸收分光光度法
GB 11912 水质 镍的测定 火焰原子吸收分光光度法

3 渔业水质要求

3.1 渔业水域的水质，应符合渔业水质标准（见表 1）。

3.2 各项标准数值系指单项测定最高允许值。

3.3 标准值单项超标，即表明不能保证鱼、虾、贝正常生长繁殖，并产生危害，危害程度应参考背景值、渔业环境的调查数据及有关渔业水质基准资料进行综合评价。

表 1 渔业水质标准 mg/L

项目序号	项 目	标准值
1	色、臭、味	不得使鱼、虾、贝、藻类带有异色、异臭、异味
2	漂浮物质	水面不得出现明显油膜或浮沫
3	悬浮物质	人为增加的量不得超过 10，而且悬浮物质沉积于底部后，不得对鱼、虾、贝类产生有害的影响
4	pH 值	淡水 6.5～8.5，海水 7.0～8.5
5	溶解氧	连续 24 h 中，16 h 以上必须大于 5，其余任何时候不得低于 3，对于鲑科鱼类栖息水域冰封期其余任何时候不得低于 4
6	生化需氧量（五天、20℃）	不超过 5，冰封期不超过 3
7	总大肠菌群	不超过 5 000 个/L（贝类养殖水质不超过 500 个/L）
8	汞	≤0.000 5
9	镉	≤0.005
10	铅	≤0.05
11	铬	≤0.1
12	铜	≤0.01

项目序号	项　目	标准值
13	锌	≤0.1
14	镍	≤0.05
15	砷	≤0.05
16	氰化物	≤0.005
17	硫化物	≤0.2
18	氟化物（以F^-计）	≤1
19	非离子氨	≤0.02
20	凯氏氮	≤0.05
21	挥发性酚	≤0.005
22	黄磷	≤0.001
23	石油类	≤0.05
24	丙烯腈	≤0.5
25	丙烯醛	≤0.02
26	六六六（丙体）	≤0.002
27	滴滴涕	≤0.001
28	马拉硫磷	≤0.005
29	五氯酚钠	≤0.01
30	乐果	≤0.1
31	甲胺磷	≤1
32	甲基对硫磷	≤0.000 5
33	呋喃丹	≤0.01

4 渔业水质保护

4.1 任何企、事业单位和个体经营者排放的工业废水、生活污水和有害废弃物，必须采取有效措施，保证最近渔业水域的水质符合本标准。

4.2 未经处理的工业废水、生活污水和有害废弃物严禁直接排入鱼、虾类的产卵场、索饵场、越冬场和鱼、虾、贝、藻类的养殖场及珍贵水生动物保护区。

4.3 严禁向渔业水域排放含病源体的污水；如需排放此类污水，必须经过处理和严格消毒。

5 标准实施

5.1 本标准由各级渔政监督管理部门负责监督与实施，监督实施情况，定期报告同级人民政府环境保护部门。

5.2 在执行国家有关污染物排放标准中，如不能满足地方渔业水质要求时，省、自治区、直辖市人民政府可制定严于国家有关污染排放标准的地方污染物排放标准，以保证渔业水质的要求，并报国务院环境保护部门和渔业行政主管部门备案。

5.3 本标准以外的项目，若对渔业构成明显危害时，省级渔政监督管理部门应组织有关单位制订地方补充渔业水质标准，报省级人民政府批准，并报国务院环境保护部门和渔业行政主管部门备案。

5.4 排污口所在水域形成的混合区不得影响鱼类洄游通道。

6 水质监测

6.1 本标准各项目的监测要求，按规定分析方法（见表 2）进行监测。

6.2 渔业水域的水质监测工作，由各级渔政监督管理部门组织渔业环境监测站负责执行。

表 2 渔业水质分析方法

序号	项目	测定方法	试验方法标准编号
1	悬浮物质	重量法	GB 11901
2	pH 值	玻璃电极法	GB 6920
3	溶解氧	碘量法	GB 7489
4	生化需氧量	稀释与接种法	GB 7488
5	总大肠菌群	多管发酵法滤膜法	GB 5750
6	汞	冷原子吸收分光光度法 高锰酸钾-过硫酸钾消解　双硫腙分光光度法	GB 7468 GB 7469
7	镉	原子吸收分光光度法 双硫腙分光光度法	GB 7475 GB 7471
8	铅	原子吸收分光光度法 双硫腙分光光度法	GB 7475 GB 7470
9	铬	二苯碳酰二肼分光光度法（高锰酸盐氧化）	GB 7467
10	铜	原子吸收分光光度法 二乙基二硫代氨基甲酸钠分光光度法	GB 7475 GB 7474
11	锌	原子吸收分光光度法 双硫腙分光光度法	GB 7475 GB 7472
12	镍	火焰原子吸收分光光度法 丁二铜肟分光光度法	GB 11912 GB 11910
13	砷	二乙基二硫代氨基甲酸银分光光度法	GB 7485
14	氰化物	异烟酸-吡啶啉酮比色法　吡啶-巴比妥酸比色法	GB 7486

序号	项目	测定方法	试验方法标准编号
15	硫化物	对二甲氨基苯胺分光光度法 1)	
16	氟化物	茜素磺酸锆目视比色法 离子选择电极法	GB 7482 GB 7484
17	非离子氨 2)	纳氏试剂比色法 水杨酸分光光度法	GB 7479 GB 7481
18	凯氏氮		GB 11891
19	挥发性酚	蒸溜后 4-氨基安替比林分光光度法	GB 7490
20	黄磷		
21	石油类	紫外分光光度法 1)	
22	丙烯腈	高锰酸钾转化法 1)	
23	丙烯醛	4-己基间苯二酚分光光度法 1)	
24	六六六（丙体）	气相色谱法	GB 7492
25	滴滴涕	气相色谱法	GB 7492
26	马拉硫磷	气相色谱法 1)	
27	五氯酚钠	气相色谱法 藏红剂分光光度法	GB 8972 GB 9803
28	乐果	气相色谱法 3)	
29	甲胺磷		
30	甲基对硫磷	气相色谱法 3)	
31	呋喃丹		

注：暂时采用下列方法，待国家标准发布后，执行国家标准。

1）渔业水质检验方法为农牧渔业部 1983 年颁布。

2）测得结果为总氨浓度，然后按表 A1、表 A2 换算为非离子氨浓度。

3）地面水水质监测检验方法为中国医学科学院卫生研究所 1978 年颁布。

附录 A 总氨换算表（补充件）

表 A1 氨的水溶液中非离子氨的百分比

温度℃	pH 值								
	6.0	0.5	7.0	7.5	8.0	8.5	9.0	9.5	10.0
5	0.013	0.040	0.12	0.39	1.2	3.8	11	28	56
10	0.019	0.059	0.19	0.59	1.8	5.6	16	37	65
15	0.027	0.087	0.27	0.86	2.7	8.0	21	46	73
20	0.040	0.13	1.40	1.2	3.8	11	28	56	80
25	0.057	0.18	1.57	1.8	5.4	15	36	64	85
30	0.080	0.25	2.80	2.5	7.5	20	45	72	89

表 A2 总氨（NH_4^+＋NH_3）浓度，其中非离子氨浓度 0.020 mg/L（NH_3） mg/L

温度℃	pH 值								
	6.0	0.5	7.0	7.5	8.0	8.5	9.0	9.5	10.0
5	160	51	16	5.1	1.6	0.53	0.18	0.071	0.036
10	110	34	11	3.4	1.1	0.36	0.13	0.054	0.031
15	73	23	7.3	2.3	0.75	0.25	0.093	0.043	0.027
20	50	16	5.1	1.6	0.52	0.18	0.070	0.036	0.025
25	35	11	3.5	1.1	0.37	0.13	0.055	0.031	0.024
30	25	7.6	2.5	0.81	0.27	0.099	0.045	0.028	0.022

附录 13　畜禽养殖业污染物排放标准

（GB 18596—2001）

1 主题内容与适用范围

1.1 主题内容

本标准按集约化畜禽养殖业的不同规模分别规定了水污染物、恶臭气体的最高允许日均排放浓度、最高允许排水量，畜禽养殖业废渣无害化环境标准。

1.2 适用范围

本标准适用于全国集约化畜禽养殖场和养殖区污染物的排放管理，以及这些建设项目环境影响评价、环境保护设施设计、竣工验收及其投产后的排放管理。

1.2.1 本标准适用的畜禽养殖场和养殖区的规模分级，按表 1 和表 2 执行。

表 1　集约化畜禽养殖场的适用规模（以存栏数计）

类别 规模分级	猪/头 （25 kg 以上）	鸡/只		牛/头	
		蛋鸡	肉鸡	成年奶牛	肉牛
Ⅰ级	≥3 000	≥100 000	≥200 000	≥200	≥400
Ⅱ级	500≤Q<3 000	15 000≤Q<100 000	30 000≤Q<200 000	100≤Q<200	200≤Q<400

表 2　集约化畜禽养殖区的适用规模（以存栏数计）

类别 规模分级	猪/头 （25 kg 以上）	鸡/只		牛/头	
		蛋鸡	肉鸡	成年奶牛	肉牛
Ⅰ级	≥6 000	≥200 000	≥400 000	≥400	≥800
Ⅱ级	3 000≤Q<6 000	100 000≤Q<200 000	200 000≤Q<400 000	200≤Q<400	400≤Q<800

注：Q 表示养殖量。

1.2.2 对具有不同畜禽种类的养殖场和养殖区，其规模可将鸡、牛的养殖量换算成猪的养殖量，换算比例为：30 只蛋鸡折算成 1 头猪，60 只肉鸡折算成 1 头猪，1 头奶牛折算成 10 头猪，1 头肉牛折算成 5 头猪。

1.2.3 所有Ⅰ级规模范围内的集约化畜禽养殖场和养殖区，以及Ⅱ级规模范围内且地处国家环境保护重点城市、重点流域和污染严重河网地区的集约化畜禽养殖场和养殖区，自本标准实施之日起开始执行。

1.2.4 其他地区Ⅱ级规模范围内的集约化养殖场和养殖区，实施标准的具体时间可由县级以上人民政府环境保护行政主管部门确定，但不得迟于 2004 年 7 月 1 日。

1.2.5 对集约化养羊场和养羊区，将羊的养殖量换算成猪的养殖量，换算比例为：3 只羊换算成 1 头猪，根据换算后的养殖量确定养羊场或养羊区的规模级别，并参照本标准的规定执行。

2 定义

2.1 集约化畜禽养殖场

进行集约化经营的畜禽养殖场。集约化养殖是指在较小的场地内，投入较多的生产资料和劳动，采用新的工艺与技术措施，进行精心管理的饲养方式。

2.2 集约化畜禽养殖区

距居民区一定距离，经过行政区划确定的多个畜禽养殖个体生产集中的区域。

2.3 废渣

养殖场外排的畜禽粪便、畜禽舍垫料、废饲料及散落的毛羽等固体废物。

2.4 恶臭污染物

一切刺激嗅觉器官，引起人们不愉快及损害生活环境的气体物质。

2.5 臭气浓度

恶臭气体（包括异味）用无臭空气进行稀释，稀释到刚好无臭时所需的稀释倍数。

2.6 最高允许排水量

在畜禽养殖过程中直接用于生产的水的最高允许排放量。

3 技术内容

本标准按水污染物、废渣和恶臭气体的排放分为以下三部分。

3.1 畜禽养殖业水污染物排放标准

3.1.1 畜禽养殖业废水不得排入敏感水域和有特殊功能的水域。排放去向应符合国家和地方的有关规定。

3.1.2 标准适用规模范围内的畜禽养殖业的水污染物排放分别执行表 3、表 4 和表 5 的规定。

表 3 集约化畜禽养殖业水冲工艺最高允许排水量

种类	猪 m³/（百头·d）		鸡 m³/（千只·d）		牛 m³/（百头·d）	
季节	冬季	夏季	冬季	夏季	冬季	夏季
标准值	2.5	3.5	0.8	1.2	20	30

注：废水最高允许排放量的单位中，百头、千只均指存栏数。

春、秋季废水最高允许排放量按冬、夏两季的平均值计算。

表 4 集约化畜禽养殖业干清粪工艺最高允许排水量

种类	猪 m³/（百头·d）		鸡 m³/（千只·d）		牛 m³/（百头·d）	
季节	冬季	夏季	冬季	夏季	冬季	夏季
标准值	1.2	1.8	0.5	0.7	17	20

注：废水最高允许排放量的单位中，百头、千只均指存栏数。

春、秋季废水最高允许排放量按冬、夏两季的平均值计算。

表 5 集约化畜禽养殖业水污染物最高允许日均排放浓度

控制项目	五日生化需氧量 mg/L	化学需氧量 mg/L	悬浮物 mg/L	氨氮 mg/L	总磷（以 P 计）mg/L	粪大肠菌群数 个/100 mL	蛔虫卵 个/L
标准值	150	400	200	80	8.0	1 000	2.0

3.2 畜禽养殖业废渣无害化环境标准

3.2.1 畜禽养殖业必须设置废渣的固定储存设施和场所，储存场所要有防止粪液渗漏、溢流措施。

3.2.2 用于直接还田的畜禽粪便，必须进行无害化处理。

3.2.3 禁止直接将废渣倾倒入地表水体或其他环境中。畜禽粪便还田时，不能超过当地的最大农田负荷量，避免造成面源污染和地下水污染。

3.2.4 经无害化处理后的废渣，应符合表 6 的规定。

表 6 畜禽养殖业废渣无害化环境标准

控制项目	指标
蛔虫卵	死亡率≥95%
粪大肠菌群数/（个/kg）	≤10^5

3.3 畜禽养殖业恶臭污染物排放标准

3.3.1 集约化畜禽养殖业恶臭污染物的排放执行表 7 的规定。

表 7 集约化畜禽养殖业恶臭污染物排放标准

控制项目	标准值
臭气浓度（无量纲）	70

3.4 畜禽养殖业应积极通过废水和粪便的还田或其他措施对所排放的污染物进行综合利用，实现污染物的资源化。

4 监测

污染物项目监测的采样点和采样频率应符合国家环境监测技术规范的要求。污染物项目的监测方法按表 8 执行。

表 8 畜禽养殖业污染物排放配套监测方法

序号	项目	监测方法	方法来源
1	生化需氧（BOD_5）	稀释与接种法	GB/T 7488—1987
2	化学需氧（COD_{Cr}）	重铬酸钾法	GB/T 11914—1989
3	悬浮物（SS）	重量法	GB/T 11901—1989
4	氨氮（NH_3-N）	钠氏试剂比色法 水杨酸分光光度法	GB/T 7479—1987 GB/T 7481—1987
5	总 P（以 P 计）	钼蓝比色法	1）
6	粪大肠菌群数	多管发酵法	GB/T 5750—1985
7	蛔虫卵	吐温-80 柠檬酸缓冲液离心沉淀集卵法	2）
8	蛔虫卵死亡率	堆肥蛔虫卵检查法	GB 7959—1987
9	寄生虫卵沉降率	粪稀蛔虫卵检查法	GB 7959—1987
10	臭气浓度	三点式比较臭袋法	GB/T 14675

注：分析方法中，未列出国标的暂时采用下列方法，待国家标准方法颁布后执行国家标准。
1）水和废水监测分析方法（第三版），中国环境科学出版社，1989。
2）卫生防疫检验，上海科学技术出版社，1964。

5 标准的实施

5.1 本标准由县级以上人民政府环境保护行政主管部门实施统一监督管理。

5.2 省、自治区、直辖市人民政府可根据地方环境和经济发展的需要，确定严于本标准的集约化畜禽养殖业适用规模，或制定更为严格的地方畜禽养殖业污染物排放标准，并报国务院环境保护行政主管部门备案。